三菱 FX/Q 系列 PLC
从入门到精通

李方园　主　编

周庆红　王柏华　副主编

电子工业出版社

Publishing House of Electronics Industry

北京·BEIJING

内 容 简 介

本书通过从入门到精通的 56 个实例，以国内广泛使用的三菱 FX/Q 系列 PLC 为主体，按照基础知识、应用提高的结构体系，由浅入深、循序渐进地介绍三菱 PLC 的结构原理、硬件知识、常见指令、SFC 编程、模拟量编程、定位控制、通信编程等内容。

本书提供的实例源程序请到华信教育资源网 http://www.hxedu.com.cn 下载。

本书深入浅出、图文并茂，可作为高职高专电类相关专业的课程教材，也可供广大电工技术爱好者、求职者、下岗再就业者、职业培训人员参考。

未经许可，不得以任何方式复制或抄袭本书之部分或全部内容。

版权所有，侵权必究。

图书在版编目（CIP）数据

三菱 FX/Q 系列 PLC 从入门到精通/李方园主编．—北京：电子工业出版社，2019.9
ISBN 978-7-121-37296-4

Ⅰ．①三… Ⅱ．①李… Ⅲ．①PLC 技术 Ⅳ．①TM571.6

中国版本图书馆 CIP 数据核字（2019）第 184741 号

责任编辑：富　军
印　　刷：河北虎彩印刷有限公司
装　　订：河北虎彩印刷有限公司
出版发行：电子工业出版社
　　　　　北京市海淀区万寿路 173 信箱　邮编 100036
开　　本：787×1 092　1/16　印张：21　字数：537.6 千字
版　　次：2019 年 9 月第 1 版
印　　次：2025 年 5 月第 9 次印刷
定　　价：98.00 元

凡所购买电子工业出版社图书有缺损问题，请向购买书店调换。若书店售缺，请与本社发行部联系，联系及邮购电话：(010)88254888，88258888。

质量投诉请发邮件至 zlts@phei.com.cn，盗版侵权举报请发邮件至 dbqq@phei.com.cn。

本书咨询联系方式：(010)88254456。

前　言

　　作为一种用程序来改变控制功能的工业控制计算机，可编程控制器（PLC）不仅能执行逻辑运算、顺序控制、定时、计数及算术操作等面向用户的指令，还能通过数字量输入、输出或模拟量输入、输出来控制各种类型的机械或生产过程。它不仅继承了继电器-接触器的部分突出性能，还与现代计算机技术、通信技术结合起来，成为智能工厂的最重要节点之一。

　　三菱 PLC 包括三菱 FX 系列 PLC、三菱 Q 系列 PLC 等。它们共用 GX Works2 编程软件。FX3U PLC、FX5U PLC、FX2N PLC 是三菱 FX 系列的小型 PLC，目前 FX3U PLC 的市场应用最广泛。Q00U PLC、Q12H PLC 是三菱 Q 系列的大中型 PLC。

　　本书以国内广泛使用的三菱 FX 系列、Q 系列 PLC 为主体，按照基础知识、应用提高的结构体系，由浅入深、循序渐进地介绍三菱 PLC 的结构原理及硬件知识、常见指令与应用案例、SFC 编程、模拟量编程、定位控制、通信编程、触摸屏等，各部分内容既注重系统、全面、新颖，又力求叙述简练、层次分明、通俗易懂。本书介绍的从简单到复杂、从入门到实践的 56 个实例均在实训装置上测试通过。

　　本书共分 7 章。第 1 章为 FX3U PLC 入门，介绍了三菱 FX 系列 PLC 的外观与构成、程序处理方式及编程软件 GX Works2 的使用、定时器、计数器等内容。第 2 章为三菱 FX 系列 PLC 的仿真与应用指令，重点引入 FX-TRN 仿真软件，并以单方向交通灯控制、带闪动的交通灯控制、双向交通灯控制为实例解读仿真程序等内容。第 3 章为三菱 FX 系列 PLC 的 SFC 编程，从单流程结构编程方法出发，介绍了工作台电动机控制 SFC 编程、电镀槽生产线流程控制及多流程结构等内容。第 4 章为三菱 FX 系列 PLC 的模拟量编程，包括模拟量输入、模拟量输出和温度模拟量输入等内容。第 5 章为三菱 FX 系列 PLC 的定位控制，介绍了 FX3U PLC 实现定位控制的基础、晶体管输出的接线方式、定位控制的指令应用及步进电机控制、伺服电机控制等内容。第 6 章为三菱 Q 系列 PLC，介绍了数据类型、常见指令、控制系统、模拟量模块、SFC 编程等内容。第 7 章为三菱 FX/Q 系列 PLC 的通信，介绍了三菱 FX 系列 PLC 与三菱 FX 系列 PLC 之间的 $N:N$ 通信、三菱 Q 系列与两台三菱 FX 系列 PLC 之间的 CC-Link 通信、三菱 PLC 与触摸屏的通信及三菱 PLC MX Component4 通信控件等内容。

　　本书由浙江工商职业技术学院李方园主编，周庆红、王柏华任副主编，吕林锋、李霁婷参与编写。本书在编写过程中，三菱电机自动化公司、浙江力创科技有限公司、宁波市电工电气行业协会人工智能分会、宁波市自动化学会的相关技术人员提供了典型实例，同时还参考和引用了国内外许多专家、学者最新发表的论文和著作等，在此对相关人员表示衷心的感谢。

编　者

目 录

📑 导读

　　作为一种用程序来改变控制功能的工业控制计算机，可编程控制器（PLC）不仅能执行逻辑运算、顺序控制、定时、计数及算术操作等面向用户的指令，还能通过数字输入、输出或模拟量输入、输出来控制各种类型的机械或生产过程。FX3U PLC 是小型可编程控制器的典型代表。其特点是机身紧凑、处理高效、可达数百点的开关量控制。本章将主要介绍 PLC 概述、编程软件 GX Works2 的使用、定时器和计数器及其应用实例。

1.1　PLC 概述

1.1.1　PLC 的定义

　　可编程控制器（Programmable Logic Controller，PLC）是在传统顺序控制器的基础上引入微电子技术、计算机技术、自动控制技术和通信技术而形成的一代新型工业控制装置。其目的是用来取代继电器、执行逻辑、定时、计数等顺序控制功能，同时建立开放性控制平台。图 1-1 为三菱 FX 系列 PLC 和 Q 系列 PLC 的实物外形。

　　国际电工委员会（IEC）为规范产品，颁布了 PLC 的相关规定：PLC 是一种数字运算操作的电子系统，专为在工业环境下的应用而设计；PLC 采用可编程序存储器，存储执行逻辑运算、顺序控制、定时、计数及算术运算等操作指令，并通过数字量、模拟量输入和输出控制各种类型的机械或生产过程；PLC 及其有关设备都应按易于与工业控制系统形成一个整体、易于扩充功能的原则设计。

　　按照这个规定，PLC 的本质就是工业专用计算机，包含 CPU 模块、I/O 模块、内存、电

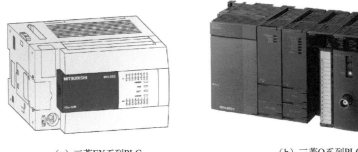

（a）三菱 FX系列PLC　　　　　　　（b）三菱 Q系列PLC

图 1-1　三菱 FX 系列 PLC 和三菱 Q 系列 PLC 的实物外形

源模块、底板或机架。其 I/O 容量可按用户的需要进行扩展与组合。图 1-2 为 PLC 的基本结构框图。

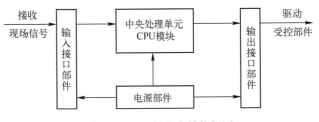

图 1-2　PLC 的基本结构框图

1.1.2　三菱 FX 系列 PLC 的外观与构成

三菱 FX 系列 PLC 的类型主要有 FX1N PLC、FX1S PLC、FX2N PLC、FX3U PLC、FX3G PLC、FX5U PLC 等。它们的编程方式一致，外观略有不同。目前市场上应用最多的是 FX3U PLC。FX3U PLC 的功能和编程完全兼容 FX2N PLC，内置高达 64KB 的大容量 RAM 存储器，每条基本指令的速度可达 $0.065\mu s$，输入/输出规模多达 16～384（包括 CC-LINK I/O）点。如果是晶体管输出型的 PLC，则还内置独立 3 轴 100kHz 定位功能。图 1-3 为 FX3U PLC 的外观构成。

1.1.3　三菱 FX 系列 PLC 的编程软元件

为了更好地表达逻辑控制关系，编程软元件按存储单元可划分成几个大类。PLC 内部的编程软元件是用户进行编程操作的对象。不同的编程软元件在程序工作过程中可完成不同的功能。

为了便于熟悉低压电器控制系统的工程人员理解，将编程软元件称为输入/输出继电器、辅助继电器、定时器、计数器等，但它们与真实电器元件有很大的差别，被称为"软继电器"。"软继电器"是系统软件用二进制位的"开"和"关"来模拟继电器的"通"和"断"。因此，"软继电器"的工作线圈没有工作电压等级、功耗大小和电磁惯性等，触点没有数量限制、没有机械磨损和电蚀等。

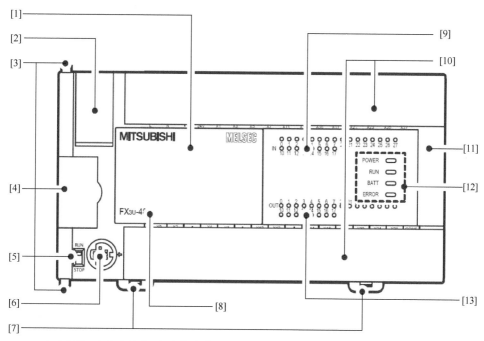

[1] 前盖；[2] 电池盖；[3] 特殊适配器连接插孔；[4] 功能扩展端口部虚拟盖板；
[5] RUN/STOP 开关；[6] 外部设备连接接口；[7] DIN 导轨安装挂钩；[8] 型号显示；
[9] 输入显示 LED；[10] 端子台盖板；[11] 扩展设备连接接口盖板；
[12] 动作状态显示 LED；[13] 输出显示 LED

图 1-3　FX3U PLC 的外观构成

　　因此，编程元件实质上是 PLC 存储器中的位或字，数量很大，为了区分，将其用字母标识，并进行编号。在 FX3U PLC 中，X 代表输入继电器，Y 代表输出继电器，M 代表辅助继电器，T 代表定时器，C 代表计数器，S 代表状态继电器，D 代表数据寄存器等。

1. 输入继电器（X）

　　FX3U PLC 的输入端子是从外部开关接收信号的窗口，在 FX3U PLC 内部与输入端子连接的输入继电器（X）是光电隔离的。它们的编号与接线端子的编号一致。

　　输入继电器线圈的吸合或释放只取决于与其相连的外部触点的状态，不能由程序来驱动，即在程序中不出现输入继电器的线圈，在程序中使用的是输入继电器常开/常闭两种触点，且使用次数不限。

　　基本单元输入继电器线圈的地址都按八进制编号，如 X0 ～ X7、X10 ～X17、X20 ～X27 等，又称为 I 元件，即 Input（输入）。如图 1-4 所示，输入继电器一般排列在机器的上端，其信号可以通过输入灯的亮、灭进行指示。基本单元输入继电器的编号是固定的。扩展单元和扩展模块是按与基本单元最靠近的编号进行排序。

2. 输出继电器（Y）

　　FX3U PLC 的输出端子是向外部负载输出信号的窗口。输出继电器的线圈由程序控制。其外部输出主触点接到输出端子上供外部负载使用，内部常开/常闭触点供内部程序使用。

　　输出继电器常开/常闭触点的使用次数不限，输出电路的时间常数是固定的，各基本单

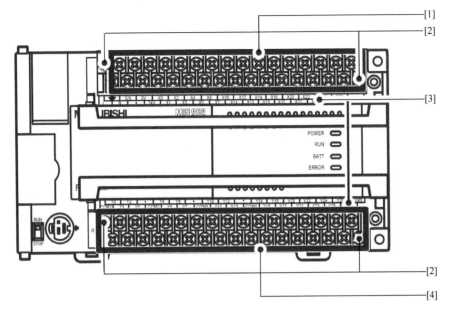

[1] 输入继电器（X）端子；[2] 端子台拆装用螺栓；[3] 端子名称；[4] 输出继电器（Y）端子

图 1-4　输入继电器和输出继电器

元都按八进制输出，如 Y0～Y7、Y10～Y17、Y20～Y27 等，又称为 O 元件，即 Output（输出），见图 1-4，一般位于机器的下端，也可以通过输出灯的亮、灭进行信号指示。与输入继电器（X）一样，基本单元输出继电器的编号是固定的。扩展单元和扩展模块的编号也是按与基本单元最靠近的编号进行排序。

输入继电器（X）和输出继电器（Y）在很多工程应用中通常被称为 I/O 元件。因此，一个工程项目的 I/O 元件表必须清晰表达，才可方便地进行系统配置、硬件接线和软件编程。

3. 辅助继电器（M）

在可编程控制器中有多个辅助继电器，软元件符号为 M。辅助继电器示意图如图 1-5 所示。在 FX3U PLC 中可以设置 M0～M7679 个辅助继电器。其中，M0～M1023 被设置为锁存继电器，即停电保持辅助继电器。顾名思义，这种继电器的数据在 FX3U PLC 彻底断电后会保存至下次开机（具体保存时间视不同型号的 FX3U PLC 而定），用途广泛，如设定好的数据可以一直不更改，避免每次开机后都要重新设定数据的烦恼。

与输入、输出继电器不同，辅助继电器（M）是既不能读取外部输入，也不能直接驱动外部负载程序的继电器。

4. 定时器（T）

在可编程控制器中有多个定时器，软元件符号为 T。定时器示意图如图 1-6 所示。

5. 计数器（C）

在可编程控制器中内置了多个计数器，软元件符号为 C。计数器示意图如图 1-7 所示。

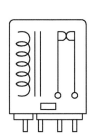

图 1-5　辅助继电器示意图

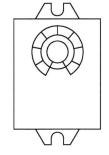

图 1-6　定时器示意图

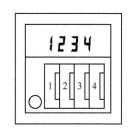

图 1-7　计数器示意图

除了以上软元件外，在可编程控制器中还有以下软元件：

① 各种常数数值，一般前缀 K 表示十进制数，H 表示十六进制数，E 表示实数（浮点数），可用作定时器、计数器等软元件的设定值及当前值，以及其他应用指令的操作数。

② 状态继电器（S），主要用于步进顺控的编程。

③ 数据寄存器（D），用来存放 16 位数据或参数，可以将两个数据寄存器合并起来存放 32 位数据。

1.1.4　三菱 FX 系列 PLC 的硬件接线

三菱 FX 系列 PLC 在工作前必须正确地接入控制系统，连线主要有电源接线、输入/输出口器件的接线、通信线、接地线等。

1. 电源接线及接地线

FX3U PLC 的电源接线及接地线如图 1-8 所示，可以为交流（AC）或直流（DC）电源输入。如果是 AC 电源输入，则 FX3U PLC 内自带 24V 直流电源，为输入器件和扩展模块供电。24V 端子不能外接电源。

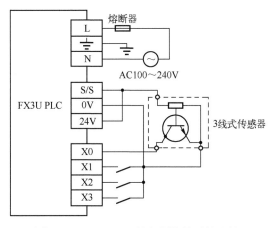

图 1-8　FX3U PLC 的电源接线及接地线

2. 输入口器件的接线

可编程控制器的输入口用来连接输入信号，可接收来自现场的状态和控制命令。输入口器件主要有开关、按钮及各种传感器。这些都是触点类的器件。图 1-8 中的 X1～X3 在接入 FX3U PLC 时，每个触点的两个接头分别连接一个输入点和输入公共端。这里的输入公共端一定要与 FX3U PLC 的进线电源有关，若为 AC 电源输入，则输入公共端既可以是 0V，也可以是 24V，按漏型输入、源型输入分别接线；若为 DC 电源输入，则输入公共端为进线端的 （+）或（-），而不是 0V、24V。图 1-9 为 AC 电源的漏型输入接线、源型输入接线。图 1-10 为 DC 电源的漏型输入接线、源型输入接线。

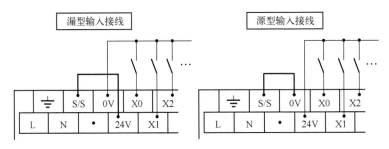

图 1-9　AC 电源的漏型输入接线、源型输入接线

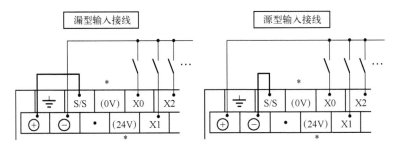

图 1-10　DC 电源的漏型输入接线、源型输入接线

3. 输出口器件的接线

FX3U PLC 的输出口用来驱动外部设备，以最常见的继电器输出为例，与 FX3U PLC 输出口相连的器件主要有中间继电器、接触器、电磁阀的线圈等。驱动负载的电源分为直流或交流。两种输出形式的外部配线图如图 1-11 所示。

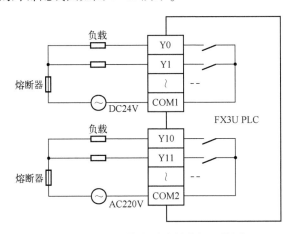

图 1-11　两种输出形式的外部配线图

　　FX3U PLC 输出端子的内部是一组开关接点，输出口器件受外部电源驱动，接入器件时，器件与外部电源串联连接，一端接输出端螺钉，另一端接相对应的公共端。由于输出口器件的类型不同，所需的电源电压也不同，因此将输出端子分为若干组，每组均有自己的公共端，而且各组是相互隔离的。

1.1.5　PLC 的梯形图编程

　　梯形图编程方式就是使用顺序符号和软元件编号在图示的画面上画顺控梯形图的方式。由于顺控回路是通过触点符号和线圈符号来表现的，所以程序的内容更加容易理解。在梯形图编程中，用┤├表示常开触点、┤╱├表示常闭触点、─( )─表示输出线圈。

　　在 PLC 的梯形图编程之前，需要了解三菱 PLC 输入、输出的定义情况：在硬件接线中，输入端子为 X0，在梯形图编程中自动调整为 X000（序号为三位数）；输出端子为 Y0，在梯形图编程中自动调整为 Y000（序号为三位数）。为了更加符合工程实际，在硬件接线和 I/O 表中，本书均采用 X0 等编号，而在梯形图中则都采用 X000 等编号。

　　在梯形图中最常见的是按照一定的控制要求进行逻辑组合，构成基本的逻辑控制，即与、或、异或及其组合。位逻辑指令使用 0、1 两个布尔操作数对逻辑信号状态进行逻辑操作，将逻辑操作的结果送入存储器状态字的逻辑操作结果位。

　　图 1-12 为逻辑"与"梯形图，是用串联的触点表示的。表 1-1 为对应的逻辑"与"真值表。

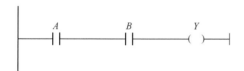

图 1-12　逻辑"与"梯形图

表 1-1　逻辑"与"真值表

A	B	Y
0	0	0
0	1	0
1	0	0
1	1	1

　　图 1-13 为逻辑"或"梯形图，是用并联的触点表示的。表 1-2 为对应的逻辑"或"真值表。

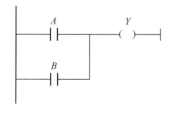

图 1-13　逻辑"或"梯形图

表 1-2　逻辑"或"真值表

A	B	Y
0	0	0
0	1	1
1	0	1
1	1	1

　　图 1-14 为逻辑"非"梯形图。表 1-3 为对应的逻辑"非"真值表。

图 1-14　逻辑"非"梯形图

表 1-3　逻辑"非"真值表

A	Y
0	1
1	0

如图 1-15 所示的梯形图是通过一个输入继电器 X000 常开触点的通、断来控制输出继电器线圈 Y000 的得电和失电。梯形图最左边的竖线为左母线，最右边的竖线为右母线，两根母线可看作具有交流 220V 或直流 24V 电压。当常开触点 X000 闭合时，线圈 Y000 的两端就被加上电压，线圈 Y000 得电。

图 1-15　输入、输出继电器的使用

稍微复杂的梯形图可以加上典型的逻辑"与""或"操作控制，如图 1-16 所示。

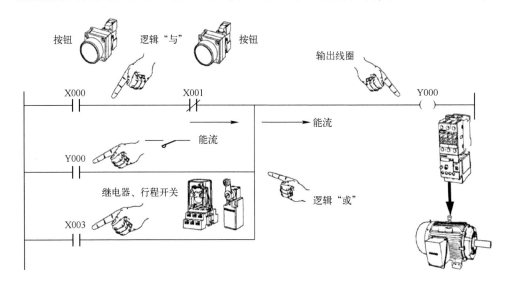

图 1-16　逻辑"与""或"操作控制电路

除了直接用输出线圈的方式来对输出继电器进行编程，还可以调用应用指令（如置位 SET 和复位 RST 指令等）来操作输出继电器。当置位 SET 指令前面的条件成立时（线路被接通），输出继电器被置位，即为得电状态。与直接用输出线圈方式的区别在于，即使之后前面的条件不成立（线路被断开），输出继电器仍然保持得电状态，直到复位 RST 指令被执行，输出继电器才被复位，因此出现置位 SET 指令必定要有复位 RST 指令配合，如图 1-17 所示。

图 1-17 用置位、复位指令控制输出继电器

由图 1-17 可知，在常开触点 X000 和 X001 中多一个向上的箭头，表示该触点为上升沿触点，即在 X000 得电的上升沿闭合一个扫描周期，在下一个扫描周期复位。

如图 1-18 所示，当边沿状态信号变化时会产生跳变沿，即从 0 变到 1 时产生一个上升沿（正跳沿），从 1 变到 0 时产生一个下降沿（负跳沿），在每个扫描周期均把信号状态与它前一个扫描周期的状态比较，若不同，则表明有一个跳变沿。因此，必须存储前一个扫描周期的信号状态，以便能与新的信号状态进行比较。

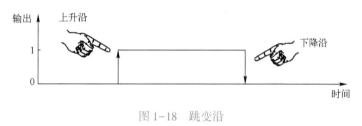

图 1-18 跳变沿

在图 1-17 的梯形图程序中，如果采用普通的触点，则当用户按下按钮后，即使只有 1s 的时间，由于 FX3U PLC 的一个扫描周期是低至 ns 级的，FX3U PLC 也会反复执行无数次。因此，置位和复位指令前面的执行条件一般采用上升沿或下降沿脉冲。

1.1.6 I/O 映像区

在 PLC 存储器中开辟了 I/O 映像区，系统的每一个输入点总有输入映像区的某一位与其对应，每一个输出点同样有输出映像区的某一位与其对应，每一个输入点、输出点的地址号均与 I/O 映像区映像寄存器的地址号相对应。

在工作时，PLC 将采集到的输入信号状态存放在输入映像区对应的位上，将运算的结果存放在输出映像区对应的位上。PLC 在执行用户程序时所需的输入继电器（X）、输出继电器（Y）的数据取自 I/O 映像区，而不直接与外部设备发生关系。

输入端 X 的 OFF 或 ON 信号在 PLC 输入映像区被存储为"0"或"1"，其工作示意图如图 1-19 所示。

PLC 输出映像区的"0"或"1"信号到输出端 Y 的"OFF"或"ON"状态如图 1-20 所示。

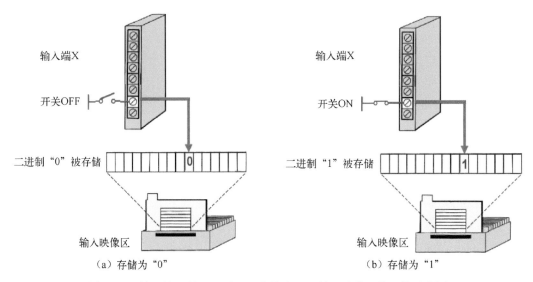

图 1-19   输入端 X 的 OFF 或 ON 信号在 PLC 输入映像区的工作示意图

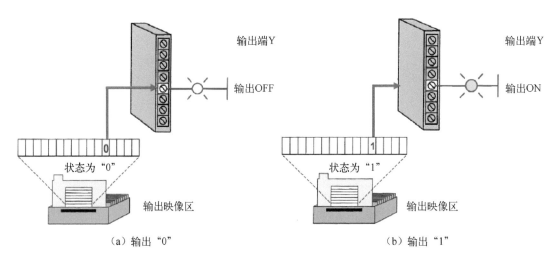

图 1-20   PLC 输出映像区的"0"或"1"信号到输出端 Y 的"OFF"或"ON"状态

1.1.7   PLC 程序的处理方式

PLC 的用户程序是从头至尾按顺序循环执行的。这一过程被称为扫描。这种处理方式被称为循环演算方式。PLC 的循环演算除中断处理外一直继续下去，直至停止运行，如图 1-21 所示。

1. 初始化处理

上电运行或复位时处理一次，并完成复位输入/输出模块、自诊断、清除数据区、输入/输出模块的地址分配及种类登记等任务。

2. 刷新输入映像区

在用户程序的演算处理之前，先将输入端口的接点状态读入，并以此刷新输入映像区。

3. 用户程序演算处理

将用户程序从头至尾依次进行演算处理，如图 1-22 所示。

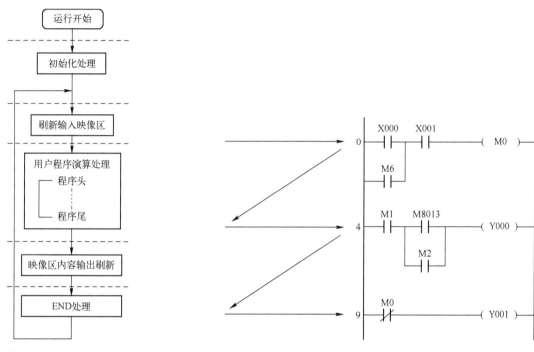

图 1-21　PLC 的循环演算　　　　　　　　图 1-22　用户程序演算处理

4. 映像区内容输出刷新

用户程序演算处理完毕，将输出映像区的内容传送到输出端口刷新输出。

5. END 处理

CPU 模块完成一次扫描后，为进入下一循环需要进行自诊断，计数器、定时器更新，同上位机、通信模块的通信处理及检查模式设定键状态。

Q：PLC 控制系统与继电器控制系统有什么区别？

A：继电器控制系统是采用硬件接线实现的，是利用继电器机械触点的串联或并联及延时继电器的滞后动作等组合形成逻辑控制，只能完成既定的逻辑控制。PLC 采用存储逻辑，其逻辑控制以程序方式存储在内存中，要改变逻辑控制，只需改变程序即可，即 PLC 控制系统采用软接线实现。图 1-23 为继电器控制系统与 PLC 控制系统的区别。

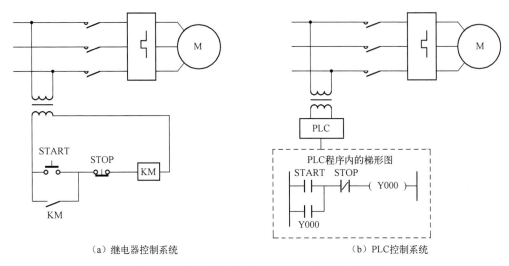

（a）继电器控制系统　　　　　　　　　　（b）PLC 控制系统

图 1-23　继电器控制系统与 PLC 控制系统的区别

1.2　编程软件 GX Works2 的使用

1.2.1　概述

三菱 PLC 的编程软件主要有 GX Developer、GX Works2 和 GX Works3。其中，GX Developer 是三菱公司早期为其 PLC 配套开发的编程软件，于 2005 年发布，适用于三菱 Q、FX 系列 PLC，支持梯形图、指令表、SFC、ST、FB 等编程语言，具有参数设定、在线编程、监控、打印等功能。在三菱 PLC 的普及过程中，作为一个功能强大的 PLC 开发软件，GX Developer 充分发挥了程序开发、监视、仿真调试及对可编程控制器 CPU 的读/写等功能。

2011 年，三菱公司推出综合编程软件 GX Works2。该软件有简单工程和结构工程两种编程方式，支持梯形图、SFC、ST、结构化梯形图等编程语言，集成了程序仿真软件 GX Simulator2。与 GX Developer 相比，GX Works2 可实现 PLC 与 HMI、运动控制器的数据共享，具备程序编辑、参数设定、网络设定、监控、仿真调试、在线更改、智能功能模块设置等功能，适用于三菱 Q、FX 等系列 PLC。

最近，三菱公司又推出了 GX Works2 的更新版 GX Works3，并向下兼容，支持 FX5U、iQ-R 等新一代 PLC 的强大功能。

1.2.2　GX Works2 的安装

下面将介绍目前市场上最主流的 GX Works2 编程软件的安装步骤。在如图 1-24 所示的安装文件夹中，双击 setup 执行安装。在安装过程中（见图 1-25），选择安装路径并输入序列号，该序列号可在三菱电机的公司网站获得（具体网址为 http://cn.mitsubishielectric.com）。

名称	修改日期	类型	大小
Doc	2013/6/20 14:05	文件夹	
DocFX	2013/6/20 14:05	文件夹	
LLUTL	2013/6/20 14:05	文件夹	
Manual	2013/6/24 10:46	文件夹	
SUPPORT	2013/6/25 9:41	文件夹	
data1	2013/6/19 10:35	WinRAR 压缩文件	1,325 KB
data1	2013/6/19 10:35	HDR 文件	425 KB
data2	2013/6/19 10:35	WinRAR 压缩文件	81,546 KB
engine32	2005/11/14 1:24	WinRAR 压缩文件	542 KB
GXW2	2013/6/18 18:23	文本文档	1 KB
Information	2013/4/12 20:02	文本文档	4 KB
layout.bin	2013/6/19 10:35	BIN 文件	1 KB
setup	2005/11/14 1:24	应用程序	119 KB
setup.ibt	2013/6/19 10:24	IBT 文件	460 KB
setup	2013/6/19 10:24	配置设置	1 KB
setup.inx	2013/6/19 10:24	INX 文件	337 KB

图 1-24　安装文件夹

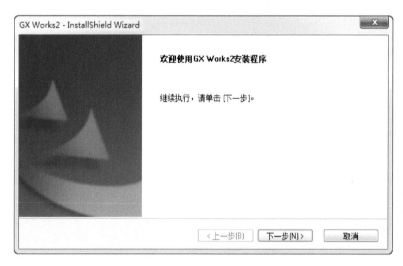

图 1-25　安装界面

　　在安装过程中，如果出现"可能安装失败"的提示界面，则是由于系统检测到还有其他的应用软件正在运行，此时应将其他能关闭的应用软件尽量关闭，然后单击确定，会出现"提示画面"。注意"安装"提示会再次提醒，在安装的时候，最好把其他的应用软件关闭，包括杀毒软件、防火墙、IE、办公软件等。因为这些应用软件可能会调用需要用到的系统文件，影响安装的正常进行。

　　安装结束后，会在桌面上出现 　　 图标，单击即可进入如图 1-26 所示的 GX Works2 软件操作界面。

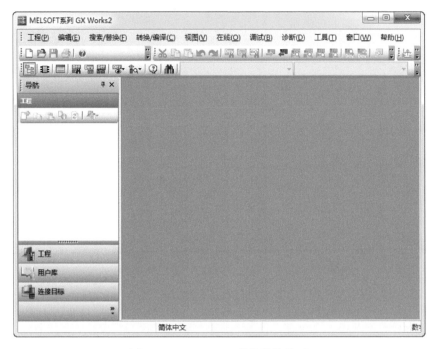

图 1-26　GX Works2 软件操作界面

1.2.3　GX Works2 操作界面

GX Works2 软件操作界面如图 1-27 所示。图中显示的是"电机正反转"的程序，共分为标题栏、菜单栏、工具栏、状态栏、程序编辑窗口和导航窗口。

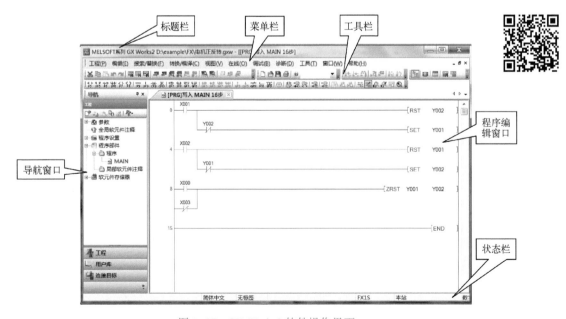

图 1-27　GX Works2 软件操作界面

标题栏显示了该程序的文件名与主程序步数。

菜单栏包括工程、编辑、搜索/替换、转换/编译、视图、在线、调试、诊断、工具、窗口、帮助等主菜单及相应的子菜单。

工具栏主要包括如下模块：

① 程序通用工具栏　：用来进行梯形图的剪切、复制、粘贴、撤销、搜索、PLC 程序的读/写、运行监视等操作。

② 窗口操作工具栏　：用来进行导航、部件选择、输出、软件元件使用列表、监视等窗口的打开/关闭操作。

③ 梯形图工具栏　：用来编辑梯形图的常开和常闭触头、线圈、功能指令、画线、删除线、边沿触发触头、软元件注释、声明、注解、梯形图放大/缩小等操作按钮。

④ 标准工具栏　：用来进行工程的创建、打开和关闭等操作。

⑤ 智能模块工具栏　：用来进行特殊功能模块的操作。

程序编辑窗口可以输入整个 PLC 程序，包括采用梯形图、SFC 等多种方式的编程。

状态栏可反映当前连接 PLC 的情况。

导航窗口包括工程、用户库和连接目标等内容。

1.2.4　【实例 1-1】用 GX Works2 编写电动机启/停控制程序并进行监控

实例说明

用三菱 FX3U-32MR PLC 控制三相交流异步电动机的启动与停止：

① 按下启动按钮，三相交流异步电动机单向连续运行；

② 按下停止按钮，三相交流异步电动机停止；

③ 具有过载保护等必要措施。

解析过程

（1）三相交流异步电动机启动与停止的控制原理图如图 1-28 所示。图中主要元器件的名称、代号和功能见表 1-4。

表 1-4　图 1-28 中主要元器件的名称、代号与功能

名　称	代　号	功　能
启动按钮	SB1	启动控制
停止按钮	SB2	停止控制
交流接触器	KM1	控制三相交流异步电动机
热继电器	FR1	过载保护

（2）三菱 FX3U-32MR PLC 输入/输出接线图如图 1-29 所示。图中，输入 X1 连接一个启动按钮 SB1，X2 连接一个停止按钮 SB2，X3 连接过载保护 FR1，都为常开触点；Y1 连接

一个接触器的线圈，接触器主触头接至三相交流异步电动机主电路。

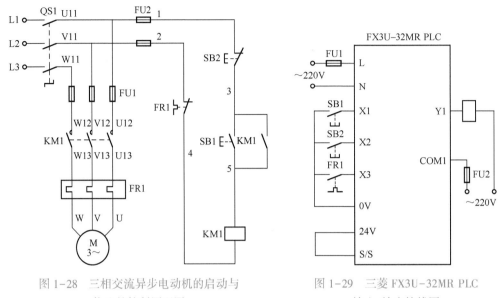

图 1-28　三相交流异步电动机的启动与　　　　图 1-29　三菱 FX3U-32MR PLC
　　停止的控制原理图　　　　　　　　　　　　输入/输出接线图

（3）设计 PLC 的控制程序。

本实例三相交流异步电动机的启/停控制可以通过自锁控制来实现。图 1-30 为其梯形图程序。图中，在 X001 的常开触点下并联一个 Y001 的常开触点，当 Y001 线圈得电后，Y001 的常开触点会由断开转为闭合，这个环节被称为自锁；当 X002 所连的开关闭合时，X002 动作，常闭按钮断开，从而切断了"电路"，Y001 线圈失电，Y001 常开触点也随之断开；所串联的 X003 过载保护功能与 X002 类似。

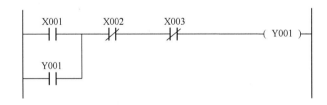

图 1-30　梯形图程序

（4）在 GX Works2 中输入 PLC 梯形图程序。

① 当要开始一个程序的编写或输入时，首先要创建一个新工程。双击打开 GX Works2 软件，在菜单栏中单击"工程"后，再单击"新建"（见图 1-31），出现如图 1-32 所示的"新建工程"窗口，依次选择本实例所需要的"工程类型"为"简单工程"、"PLC 系列"为"FXCPU"（见图 1-33）、"PLC 类型"为"FX3U/FX3UC"、"程序语言"为"梯形图"。

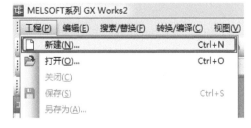

图 1-31　"新建"菜单

　　根据所使用的硬件，选择好 PLC 类型（见图 1-34）后，就进入如图 1-35 所示的新工程编程界面。这里需要说明的一点是，如果在新建工程时类型选择错误，则编写好的程序将不能正确下载到 PLC 中。此时，需要通过"工程"菜单中的"PLC 类型更改"命令重新选择 PLC 类型。

图 1-32　"新建工程"窗口

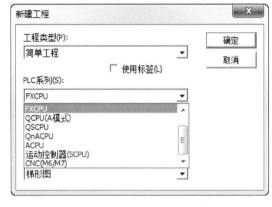

图 1-33　"PLC 系列（S）"下拉菜单

　　② 梯形图程序的输入。在输入梯形图程序前，需要了解如图 1-36 所示的指令及画线工具栏模块，主要包括三部分内容：触点、线圈、功能指令；边沿触发触点；画线及删除。通过这个工具栏模块可以完成常开、常闭触点的串、并联、线的连接和删除，线圈输出，功能语句及上升沿和下降沿触点的使用，可以在工具栏模块上直接单击选取，也可以采用每个工具栏模块下面所示的快捷键与 Shift 和 Fn 的组合键来选取。

图 1-34　"PLC 类型（T）"下拉菜单

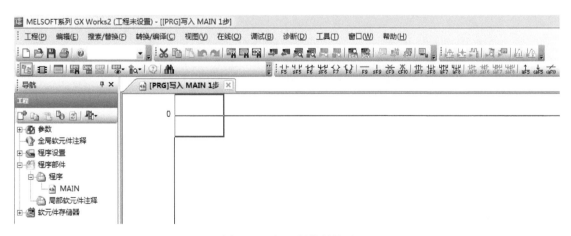

图 1-35　新工程编程界面

在如图 1-37、图 1-38 所示的编程界面中，依次进行"触点输入""竖线输入"等操作。

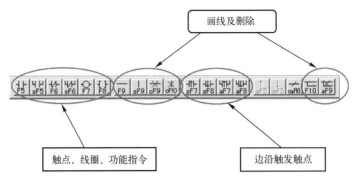

图 1-36   指令及画线工具栏模块

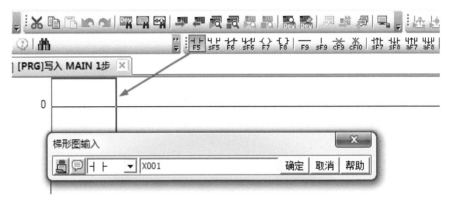

图 1-37   "触点输入"操作

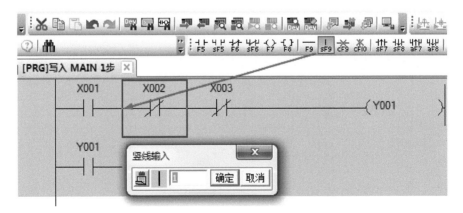

图 1-38   "竖线输入"操作

③ 梯形图程序的编译。在编译梯形图程序时，会发现梯形图程序的下面有阴影，这时可以选择如图 1-39 所示的"转换/编译（C）"菜单或 F4 功能键，会自动进行编译，并会

显示出错信息，编译之后，梯形图程序的阴影就消失了。

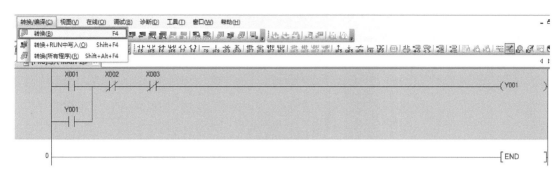

图 1-39　"转换/编译"菜单

（5）使用编程线连接 GX Works2 与 FX3U-32MR PLC，并建立通信连接。

① 将 FX3U-32MR PLC 及其外部按钮和接触器等进行正确接线，同时用三菱 PLC 的编程线（型号为 USB-SC09-FX，如图 1-40 所示）将 FX3U-32MR PLC 的编程口与计算机的 USB 口连接。

需要注意的是，使用 USB-SC09-FX 编程线需要安装驱动软件，待安装完成后，当在计算机的 USB 口插入该编程线时，在计算机的设备管理器中会自动显示端口号（见图 1-41），也就是计算机与 FX3U-32MR PLC 通信的端口号。

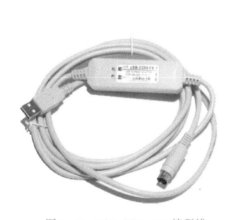

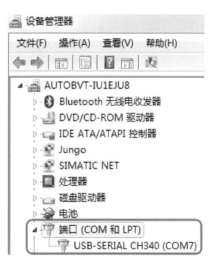

图 1-40　USB-SC09-FX 编程线　　　　图 1-41　设备管理器中的端口号

② 在 GX Works2 中执行"连接目标"→"Connection1"功能（见图 1-42），进入传输设置，设置对应的 COM 口（见图 1-43），同时进行通信测试，如图 1-44 所示，测试成功后，单击"确定"按钮。

③ 单击"在线（O）"菜单，执行"PLC 写入（W）"命令，如图 1-45、图 1-46 所示。

图 1-42　"连接目标"窗口

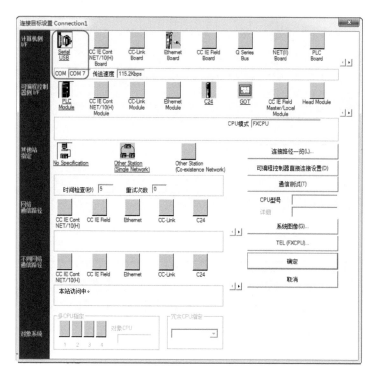

图 1-43　设置对应的 COM 口

图 1-44　测试成功

图 1-45　"PLC 写入（W）"命令

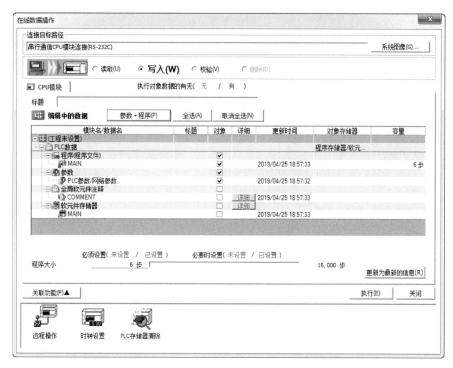

图 1-46　"在线数据操作"界面

由于 PLC 写入会覆盖原有程序，因此需要执行 PLC 写入前的安全确认，如图 1-47 所示。在下载程序后，重启程序时，也需要执行远程 RUN 的安全确认，如图 1-48 所示。这两步安全确认对于生产现场来说非常重要，可以防止程序因误删除出现动作机构异常，以及在重启新程序后的动作机构误动作。

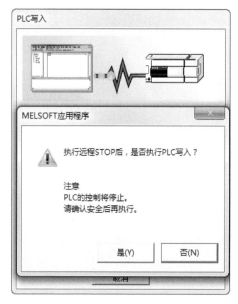

图 1-47　执行 PLC 写入前的安全确认

图 1-48　执行远程 RUN 的安全确认

④ 监视。单击"在线（O）"→"监视（M）"（见图 1-49）（或 F3 功能键）即可进入如图 1-50 所示的停止状态。图中，有阴影部分的状态为 1，其余状态为 0，此时 Y001 输出为 0，当按下启动按钮时，根据梯形图分析，为自锁控制，Y001 输出为 1，如图 1-51 所示。

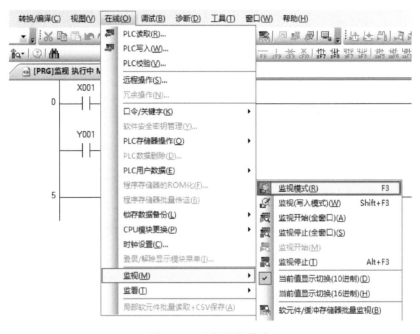

图 1-49　选择监视模式

图 1-50　停止状态

图 1-51　运行状态

　　Q：初学者很常见的一个疑问就是在 PLC 的连线上，停止按钮为什么使用的是按钮的常开触点，而不是常闭触点。

　　A：这是因为在 PLC 控制系统中，用梯形图代替了低压电器控制系统中的控制电路，所以在梯形图中出现的软继电器选择常闭触点或常开触点是以实际电路中的 ON 状态或 OFF 状态为标准的，而与实际接线没有关系。

1.2.5 【实例 1-2】电动机的正/反转控制

实例说明

用三菱 FX3U-32MR PLC 控制三相交流异步电动机的正转与反转：
① 能够用按钮控制三相交流异步电动机的正/反转、启动和停止；
② 具有过载保护等必要措施。

解析过程

（1）三相交流异步电动机的正/反转控制电气原理图如图 1-52 所示。图中主要元器件的名称、代号见表 1-5。

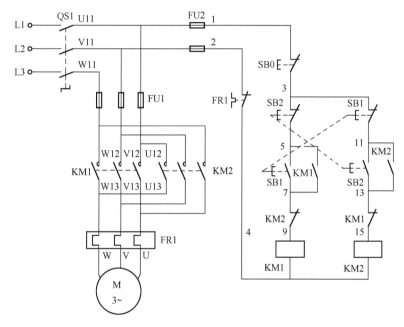

图 1-52　三相交流异步电动机的正/反转控制电气原理图

表 1-5　图 1-52 中主要元器件的名称、代号

名　称	代　号	名　称	代　号
正转启动按钮	SB1	正转接触器	KM1
反转启动按钮	SB2	反转接触器	KM2
停止按钮	SB0	热继电器	FR1

（2）定义输入/输出 I/O 表，见表 1-6。FX3U-32MR PLC 输入/输出接线图如图 1-53 所示。

表 1-6 输入/输出 I/O 表

输　入	对应元器件	输　出	对应元器件
X0	SB0	Y1	KM1
X1	SB1	Y2	KM2
X2	SB2		
X3	FR1		

（3）设计 FX3U-32MR PLC 控制程序，如图 1-54 所示，按照【实例 1-1】进行编译后下载。

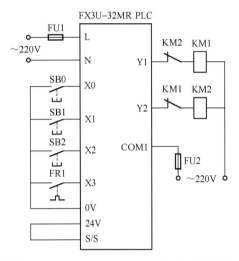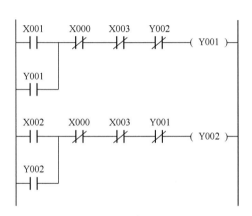

图 1-53　FX3U-32MR PLC 输入/输出接线图　　　　图 1-54　FX3U-32MR PLC 控制程序

Q：对于如图 1-55 所示的往复式平台负载，可以用接触器实现正/反转动作，一旦正转和反转同时动作，就具有危险性，此时该如何进行安全保护？

A：此时可以实施可编程控制器内程序中的互锁及如图 1-56 所示可编程控制器内部与外部互锁。

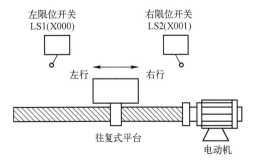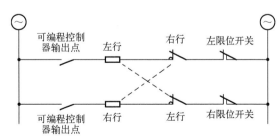

图 1-55　往复式平台负载　　　　图 1-56　可编程控制器内部与外部互锁

1.3　定时器

1.3.1　定时器的定时脉冲、分类与使用

1. 定时器的定时脉冲

在 FX3U PLC 内的定时器值是根据时钟脉冲积累的，当所计时间达到设定值时，其输出触点动作，时钟脉冲有 1ms、10ms、100ms。定时器可以用存储器内的常数 K 作为设定值，范围为 K1～K32767。

① 100ms 定时器 T0～T199，共 200 点，设定值：0.1～3276.7s；

② 10ms 定时器 T200～T245，共 46 点，设定值：0.01～327.67s；

③ 1ms 定时器 T256～T511，共 256 点，设定值：0.001～32.767s；

④ 1ms 积算定时器 T246～T249，共 4 点，设定值：0.001～32.767s；

⑤ 100ms 积算定时器 T250～T255，共 6 点，设定值：0.1～3276.7s。

100ms、10ms、1ms 定时器为通用定时器，如图 1-57、图 1-58 所示。当输入 X000 接通时，定时器 T200 从 0 开始对 10ms 时钟脉冲进行累积计数，当计数值与设定值 K123 相等时，定时器的常开触点接通 Y000，经过的时间为 123×0.01s=1.23s；当 X000 断开后，定时器复位，计数值变为 0，其常开触点断开，Y000 也随之断开。若外部电源断电，则定时器也将复位。图 1-59 为通用定时器 T200 的工作原理。

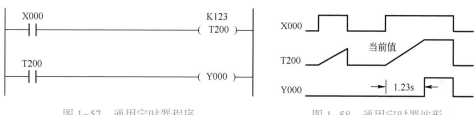

图 1-57　通用定时器程序　　　　　　　　图 1-58　通用定时器波形

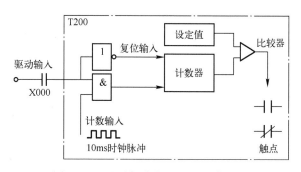

图 1-59　通用定时器 T200 的工作原理

积算定时器与通用定时器不同。积算定时器可以在定时脉冲计数期间碰到驱动输入 X000 等信号中断时而保持计时值。当 X000 等信号再次接通时，积算定时器值还可以在保持

计时值的基础上继续，直至定时时间到，输出触点接通。

2. 通用定时器定时时间的设定与复位

如图 1-60 所示的梯形图是通用定时器的基本使用实例。

当通用定时器线圈 T0 的驱动输入 X000 接通时，T0 的当前值计数器对 0.1s 的时钟脉冲进行累积计数，当当前值与设定值 K100 相等时，通用定时器的输出触点动作，即通用定时器的输出触点是在驱动线圈 10s（100×0.1s＝10s）后才动作，当 T0 触点吸合后，Y000 就有输出；当驱动输入 X000 断开或发生停电时，通用定时器就复位，输出触点也复位。通用定时器只有在复位后才能再次进行定时。

每个通用定时器只有一个输入，当线圈通电时，开始计时；当线圈断电时，自动复位。通用定时器有两个数据寄存器：一个为设定值寄存器；另一个为当前值寄存器。编程时，由用户设定累积值。使用软元件 T 时，其数据是当前值寄存器中的内容。

3. 积算定时器定时时间的设定与复位

积算定时器的工作方式不同，所编写的梯形图也不同，基本使用实例如图 1-61 所示。

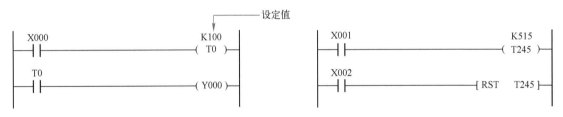

图 1-60　通用定时器的基本使用实例　　　　图 1-61　积算定时器的基本使用实例

当积算定时器线圈 T245 的驱动输入 X001 接通时，T245 的当前值计数器对 0.01s 的时钟脉冲进行累积计数，当计数值与设定值 K515 相等时，积算定时器的输出触点动作。在计数过程中，若驱动输入 X001 断开，则当前值会保存在寄存器中，若 X001 接通，则计数将继续，即积算定时器可以在多次断续的情况下累积计时，当累积时间（线圈得电时间的总和）为 5.15s（0.01s×515＝5.15s）时，输出触点动作；当复位输入 X002 接通时，积算定时器复位，输出触点也复位。

1.3.2 【实例 1-3】电动机延时停止

 实例说明

用三菱 FX3U-32MR PLC 来控制电动机延时停止，即要求电动机在工作一段时间后自动停止运转。

 解析过程

（1）定义输入/输出 I/O 表，见表 1-7。

表 1-7 输入/输出 I/O 表

输　入	功　能	输　出	功　能
X0	启动按钮	Y0	电动机接触器

（2）图 1-62 为延时停止梯形图，按照【实例 1-1】进行编译后下载。

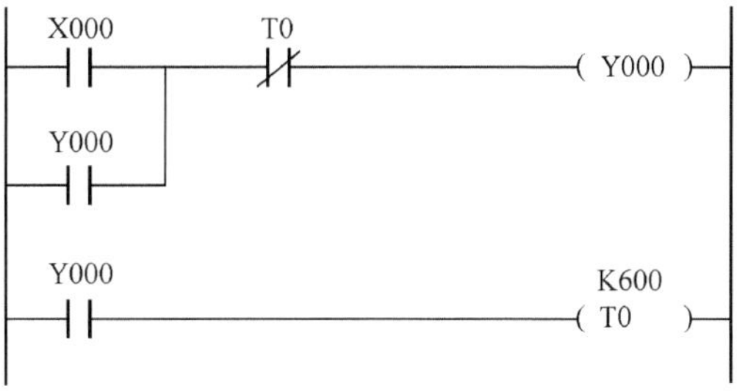

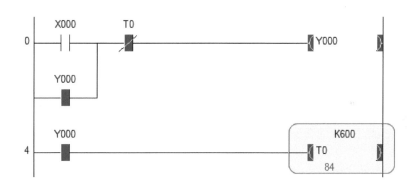

图 1-62 延时停止梯形图

（3）连机后进行监控，如图 1-63 所示，可以实现按下按钮后，电动机立即启动，1min 后，电动机自动停止。图中的框线阴影部分为定时器 T0 的实时时间，即 8.4s（84×100ms）。

图 1-63 监控

图 1-62 可以简化为图 1-64，功能完全相同，请读者自行分析。

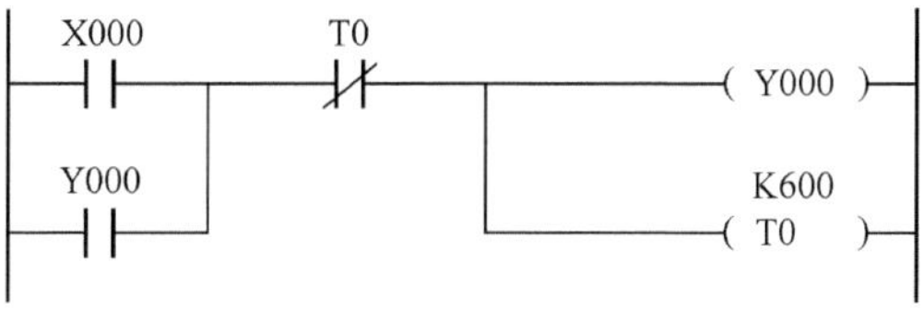

图 1-64 简化的延时停止梯形图

1.3.3 【实例 1-4】电动机延时启动

 实例说明

用三菱 FX3U-32MR PLC 来控制电动机延时启动，即要求在按下延时启动按钮，延时 10s 后电动机启动，按下停止按钮后电动机停止。

 解析过程

（1）定义输入/输出 I/O 表，见表 1-8。

表 1-8　输入/输出 I/O 表

输　　入	功　　能	输　　出	功　　能
X0	启动按钮	Y0	电动机接触器
X1	停止按钮		

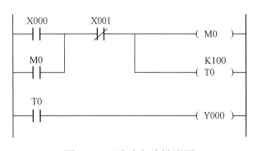

图 1-65　延时启动梯形图

（2）图 1-65 为延时启动梯形图，按照【实例 1-1】进行编译后下载。

图 1-65 所示延时启动梯形图与图 1-62 所示延时停止梯形图的形状相似。两者的区别在于延时停止是先驱动 Y000 线圈，再驱动定时器 T0；延时启动是先驱动定时器 T0，再驱动 Y000 线圈。

图 1-62 是先驱动线圈 Y000，线圈 Y000 可以形成自锁，而图 1-65 是先驱动定时器 T0，T0 不能形成自锁，因此需要辅助继电器 M0 来"帮忙"。M0 的线圈和 T0 的线圈并联，与 T0 同时得电，M0 的触点用来自锁，使得 T0 在定时期间一直得电。当定时时间到时，T0 动作，常开触点闭合，线圈 Y000 得电动作。当要停止电动机时，按下停止按钮 X001，X001 的常闭触点断开，T0 和 M0 的线圈失电，T0 的常开触点断开，继而线圈 Y000 也失电。

1.3.4 【实例 1-5】电磁阀分时动作

 实例说明

在一台液压设备上有两个电磁阀，即 1#电磁阀和 2#电磁阀，要求在按下启动按钮后，1#电磁阀立即动作，2#电磁阀在 10s 后动作，在按下停止按钮后，两个电磁阀同时断开，用三菱 FX3U-32MR PLC 来控制两个电磁阀分时动作。

 解析过程

（1）定义输入/输出 I/O 表，见表 1-9。

表 1-9　输入/输出 I/O 表

输　入	功　能	输　出	功　能
X0	启动按钮	Y0	1#电磁阀线圈
X1	停止按钮	Y1	2#电磁阀线圈

（2）图 1-66 为电磁阀分时动作梯形图，按照【实例 1-1】进行编译后下载。

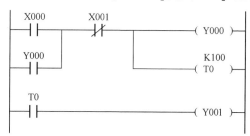

图 1-66　电磁阀分时动作梯形图

1.3.5　【实例 1-6】定时循环

　实例说明

有两盏（1#和 2#）彩灯，当按下开始按钮时，1#彩灯亮，10s 后熄灭，同时 2#彩灯亮，再过 10s 后，2#彩灯熄灭，1#彩灯又亮。按此循环，当按下停止按钮时，全部熄灭。

解析过程

（1）定义输入/输出 I/O 表，见表 1-10。

表 1-10　输入/输出 I/O 表

输　入	功　能	输　出	功　能
X0	启动按钮	Y0	1#彩灯
X1	停止按钮	Y1	2#彩灯

（2）图 1-67 为定时循环梯形图，按照【实例 1-1】进行编译后下载。

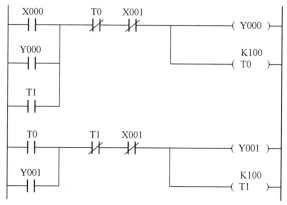

图 1-67　定时循环梯形图

【实例 1-6】对彩灯的控制要求有点像【实例 1-5】的电磁阀分时动作，不同是当 2#彩灯亮时 1#彩灯要熄灭，因此在 1#彩灯的线路中用 T0 的常闭触点控制 1#彩灯熄灭，导致 2#彩灯需要自锁环节。循环环节的完成需在 X000 常开触点下并联一个 T1 的常开触点。这两个触点的位置相当。

本例中有一个 T0 触点的动作先后问题，第一行有一个 T0 的常闭触点，第四行有一个 T0 常开触点，这两个触点哪一个先动作、哪一个后动作或同时动作呢？由 PLC 循环扫描的工作方式可以得出以下结论：由于第一行的 T0 常闭触点在 T0 线圈之前，因此当 T0 线圈定时时间到时，第四行的 T0 常开触点先动作，如果下面还有其他 T0 触点，则按照从上到下的顺序依次动作。结束这次程序的扫描后，程序又从头开始扫描，这时 T0 线圈前面的触点才开始动作。因此，在这个程序中，T0 常开触点先动作，T0 常闭触点在下一个周期才动作，使 T0 线圈失电、复位，给下一次使用 T0 做好准备。

1.3.6 【实例 1-7】最长延时

实例说明

单个定时器的最长延时是多少呢？选用时钟脉冲最长的定时器，并进行最大设定值的设定，即 100ms 定时器，设定值为 K32767，则最长延时为 3276.7s。

解析过程

（1）定义输入/输出 I/O 表，见表 1-11。

表 1-11   输入/输出 I/O 表

输　入	功　能	输　出	功　能
X0	启动按钮	Y0	指示灯

（2）图 1-68 为最长延时梯形图，按照【实例 1-1】进行编译后下载。

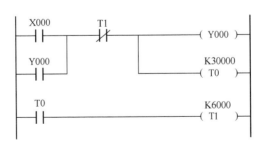

图 1-68   最长延时梯形图

图中，当 X000 闭合后，Y000 得电，一小时后，Y000 自动断开。可以采用一个定时器完成定时后，再用另一个定时器继续定时的"接力"方法，最终完成 3276.7s 的定时。

1.3.7 【实例 1-8】闪烁控制

 实例说明

用 PLC 控制灯的闪烁，即一亮一灭。

 解析过程

（1）定义输入/输出 I/O 表，见表 1-12。

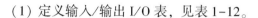
表 1-12　输入/输出 I/O 表

输　入	功　能	输　出	功　能
X0	拨码开关	Y0	指示灯

（2）图 1-69 为闪烁控制梯形图，按照【实例 1-1】进行编译后下载。

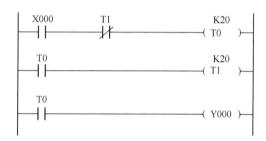

图 1-69　闪烁控制梯形图

图中，当与 X000 连接的拨码开关闭合时，与 Y000 连接的指示灯开始闪烁，周期为 4s，即 2s 开、2s 关。

图 1-70 为闪烁时序图。

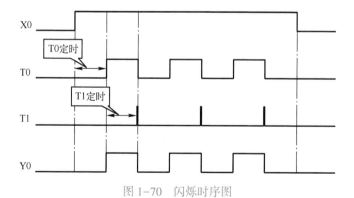

图 1-70　闪烁时序图

从图 1-70 中可以看出，T0 定时器用作断开的时间计时，T1 定时器用作接通的时间计时。当 T0 定时时间到时，T0 线圈动作，Y0 线圈得电，接通 T1 的线圈，使 T1 开始定时；当 T1 定时时间到时，T1 线圈动作，T1 的常闭触点使 T0 线圈断开，引起 T0 常开触点断开，从而使 T1 线圈断开，Y0 线圈断开。

1.3.8 【实例 1-9】按时间顺序控制三相交流异步电动机

 实例说明

按时间顺序控制三相交流异步电动机的控制要求如下：

① 按下启动按钮，三相交流异步电动机 M1 启动运行；

② 三相交流异步电动机 M1 启动运行 6s 后，三相交流异步电动机 M2 开始启动运行；

③ 按下停止按钮，三相交流异步电动机 M1、三相交流异步电动机 M2 同时停止运行。

解析过程

（1）按时间顺序控制三相交流异步电动机的电气原理图如图 1-71 所示。图中主要元器件的名称、代号和作用见表 1-13。

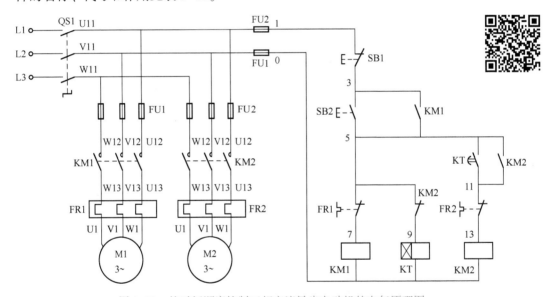

图 1-71　按时间顺序控制三相交流异步电动机的电气原理图

表 1-13　图 1-71 中主要元器件的名称、代号和作用

名　　　称	代　　　号	作　　　用
启动按钮	SB1	启动控制
停止按钮	SB2	停止控制
时间继电器	KT	定时控制
交流接触器 1	KM1	电源控制
交流接触器 2	KM2	星形连接
热继电器 1	FR1	M1 过载保护
热继电器 2	FR2	M2 过载保护

（2）FX3U-32MR PLC 的输入/输出接线图如图 1-72 所示，输入/输出 I/O 表见表 1-14。

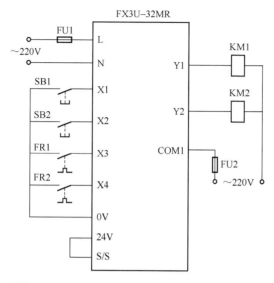

图 1-72　FX3U-32MR PLC 的输入/输出接线图

表 1-14　输入/输出 I/O 表

输　入	对应元器件	输　出	对应元器件
X1	SB1	Y0	KM1
X2	SB2	Y1	KM2
X3	FR1		
X4	FR2		

（3）图 1-73 为 FX3U-32MR PLC 按时间顺序控制三相交流异步电动机的梯形图，按照【实例 1-1】进行编译后下载运行。

图 1-73　FX3U-32MR PLC 按时间顺序控制三相交流异步电动机的梯形图

1.3.9 【实例1-10】三相交流异步电动机的星-三角降压启动控制

实例说明

对于大功率三相交流异步电动机来说，当负载对三相交流异步电动机的启动力矩无严格要求、需要限制三相交流异步电动机的启动电流，且三相交流异步电动机满足接线条件时，可以采用星-三角启动方法：

① 能够用按钮控制三相交流异步电动机的启动和停止；

② 三相交流异步电动机启动时，定子绕组接成星形，延时5s后，自动将定子绕组接成三角形；

③ 具有过载保护等措施。

解析过程

（1）图1-74为三相交流异步电动机星-三角降压启动控制电气原理图。图中主要元器件的名称、代号和作用见表1-15。

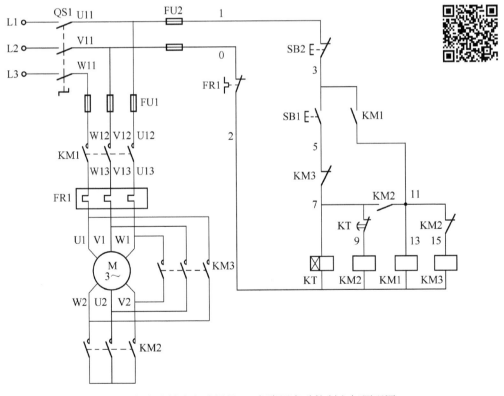

图1-74　三相交流异步电动机星-三角降压启动控制电气原理图

表 1-15　图 1-74 中主要元器件的名称、代号和作用

名　　称	代　　号	作　　用
交流接触器	KM1	电源控制
交流接触器	KM2	星形连接
交流接触器	KM3	三角形连接
时间继电器	KT	延时自动转换控制
启动按钮	SB1	启动控制
停止按钮	SB2	停止控制
热继电器	FR1	过载保护

（2）FX3U-32MR PLC 输入/输出接线图如图 1-75 所示，输入/输出 I/O 表见表 1-16。

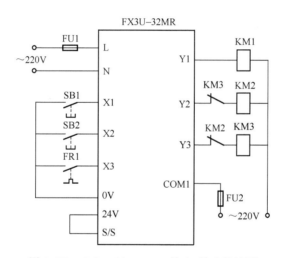

图 1-75　FX3U-32MR PLC 输入/输出接线图

表 1-16　输入/输出 I/O 表

输　　入	对应元器件	输　　出	对应元器件
X1	SB1	Y1	KM1
X2	SB2	Y2	KM2
X3	FR1	Y3	KM3

（3）图 1-76 为三相交流异步电动机星-三角降压启动控制梯形图，按照【实例 1-1】进行编译后下载运行。

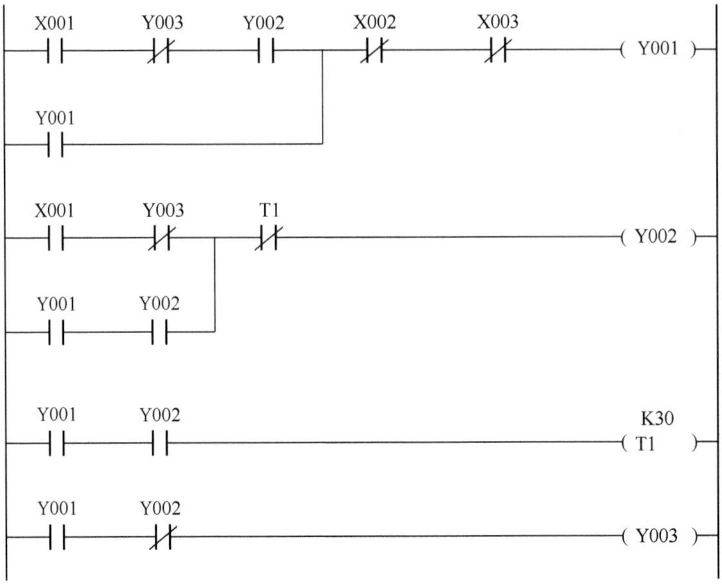

图 1-76　三相交流异步电动机星-三角降压启动控制梯形图

1.4　计数器

1.4.1　计数器的分类

FX3U PLC 的内部计数器可在执行扫描操作时对内部信号（如 X、Y、M、T 等）进行计数。内部输入信号的接通和断开时间应比 FX3U PLC 的扫描周期稍长，否则将无法正确计数。

1. 十六位增计数器（C0～C199）

十六位增计数器共 200 点。其中，C0～C99 为通用型；C100～C199 共 100 点，为断电保持型（断电后能保持当前值，待通电后继续计数）。十六位增计数器为递加计数，应用前先设置一设定值，当输入信号（上升沿）的个数累加到设定值时，开始动作，常开触点闭合，常闭触点断开。十六位增计数器的设定值为 1～32767（二进制 16 位），可以用常数 K 设定，也可以间接通过指定数据寄存器设定。

通用型十六位增计数器的工作原理如图 1-77 所示。图中，X10 为复位信号，当 X10 为 ON 时，C0 复位；X11 是计数输入，每当 X11 接通一次，当前值均增加 1（注意，X10 断开，十六位增计数器不会复位）；当当前值为设定值 10 时，C0 的输出触点动作，Y0 被接通，此后，即使输入 X11 再接通，当前值也保持不变；当复位信号 X10 接通时，执行 RST 复位指令，十六位增计数器复位，输出触点复位，Y0 被断开。

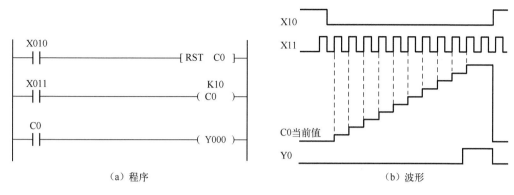

(a) 程序　　　　　　　　　　　　　　　(b) 波形

图 1-77　通用型十六位增计数器的工作原理

2. 三十二位增/减计数器（C200~C234）

三十二位增/减计数器共有 35 点。其中，C200~C219 共 20 点，为通用型；C220~C234 共 15 点，为断电保持型。三十二位增/减计数器与十六位增计数器相比除位数不同外，还能通过控制实现增/减双向计数。设定值的范围均为 −214783648~+214783647（32 位）。

C200~C234 是增计数还是减计数分别由特殊辅助继电器 M8200~M8234 设定。当对应的特殊辅助继电器被置为 ON 时为减计数，被置为 OFF 时为增计数。

三十二位增/减计数器的设定值与十六位计数器一样，可直接用常数 K 或间接用数据寄存器 D 的内容设定，通过间接设定时，要用编号紧连在一起的两个数据寄存器中的内容设定。

三十二位增/减计数器指令应用如图 1-78 所示。图中，X010 用来控制 M8200，当 X010 闭合时为减计数方式；X012 为计数输入；C200 的设定值为 5（可正、可负）；设置 C200 为增计数方式（M8200 为 OFF），当 X012 计数输入累加由 4→5 时，输出触点动作；当前值大于 5 时，仍为 ON 状态，只有当前值由 5→4 时才变为 OFF 状态，只要当前值小于 4，输出才保持为 OFF 状态；复位输入 X011 接通时，当前值为 0，输出触点复位。

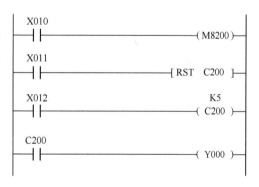

图 1-78　三十二位增/减计数器指令应用

3. 高速计数器（C235~C255）

高速计数器的输入频率高，应用灵活，有断电保持功能，通过参数设定也可变成非断电保持。FX3U PLC 包含 C235~C255 共 21 点的高速计数器，可由输入端口 X0~X7 输入。X0~X7 不能重复使用，即当某一个输入端口已被某个高速计数器占用时，就不能再用于其他应用。

高速计数器对应的输入端口见表 1-17。表中，U 为加计数输入；D 为减计数输入；B 为 B 相输入；A 为 A 相输入；R 为复位输入；S 为启动输入；X6、X7 只能用作启动信号，不能用作计数信号。

表 1-17　高速计数器对应的输入端口

输入端口		X0	X1	X2	X3	X4	X5	X6	X7
单相单计数输入高速计数器	C235	U/D							
	C236		U/D						
	C237			U/D					
	C238				U/D				
	C239					U/D			
	C240						U/D		
	C241	U/D	R						
	C242			U/D	R				
	C243				U/D	R			
	C244	U/D	R					S	
	C245			U/D	R				
单相双计数输入高速计数器	C246	U	D						
	C247	U	D	R					
	C248				U	D	R		
	C249	U	D	R				S	
	C250				U	D	R		S
双相双计数输入高速计数器	C251	A	B						
	C252	A	B	R					
	C253				A	B	R		
	C254	A	B	R				S	
	C255				A	B	R		S

（1）单相单计数输入高速计数器（C235~C245）

单相单计数输入高速计数器的触点动作与三十二位增/减计数器相同，可进行增计数或减计数，取决于 M8235~M8245 的状态。

图 1-79（a）为无启动/复位端单相单计数输入高速计数器的应用。图中，当 X010 断开，M8235 为 OFF 时，C235 为增计数方式，反之为减计数方式；由 X012 选中 C235，由表 1-17 可知其输入信号来自输入端口 X0，C235 对 X0 的输入信号进行增计数，当当前值达到 1234 时，C235 常开触点接通，Y000 得电；X011 为复位信号，当 X011 接通时，C235 复位。

图 1-79（b）为带启动/复位端单相单计数输入高速计数器的应用。由表 1-17 可知，X1 和 X6 分别为复位输入端口和启动输入端口，利用 X010 通过 M8244 可设定增/减计数方式，当 X012 接通，且输入端口 X6 也接通时，开始计数，计数的输入信号来自输入端口 X0，C244 的设定值由 D0 指定，除了可用输入端口 X1 立即复位外，也可用 X011 复位。

（2）单相双计数输入高速计数器（C246~C250）

单相双计数输入高速计数器有两个输入端：一个为增计数输入端；另一个为减计数输入端，利用 M8246~M8250 的 ON/OFF 动作可监控 C246~C250 的增计数/减计数动作。

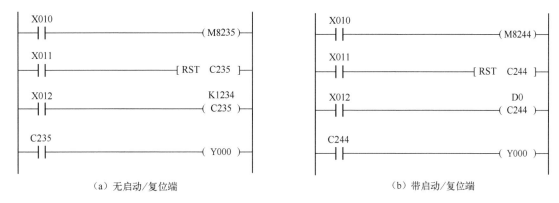

（a）无启动/复位端　　　　　　　　　　　（b）带启动/复位端

图 1-79　单相单计数输入高速计数器的应用

单相双计数输入高速计数器的应用如图 1-80 所示。图中，X010 为复位信号，有效（ON）时 C248 复位，由表 1-17 可知，也可利用输入端口 X5 复位；当 X011 接通时，选中 C248，输入信号来自输入端口 X3 和 X4，C248 的设定值由 D2 指定。

图 1-80　单相双计数输入高速计数器的应用

（3）双相双计数输入高速计数器（C251～C255）

双相双计数输入高速计数器的应用如图 1-81 所示。A 相和 B 相的输入信号决定增计数方式或减计数方式。当 A 相为 ON 状态时，B 相由 OFF 状态变为 ON 状态，则为增计数方式；当 A 相为 ON 状态时，若 B 相由 ON 状态变为 OFF 状态，则为减计数方式，如图 1-81（a）所示。

如图 1-81（b）所示，当 X012 接通时，C251 开始计数，由表 1-17 可知，其输入信号来自输入端口 X0（A 相）和 X1（B 相），只有在当前值超过设定值时，Y002 为 ON 状态；如果 X011 接通，则复位；根据不同的计数方向，Y003 为 ON 状态（增计数）或 OFF 状态（减计数），用 M8251～M8255 可监视 C251～C255 的加/减计数状态。

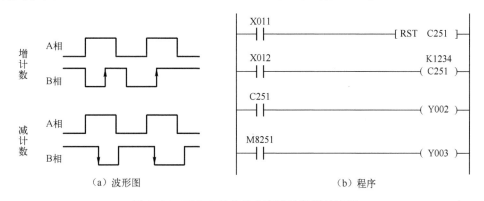

（a）波形图　　　　　　　　　　　　　　（b）程序

图 1-81　双相双计数输入高速计数器的应用

高速计数器输入信号的频率受两方面的限制：一是全部高速计数器的处理时间，因它们采用中断方式，所以高速计数器的数量越少，计数频率越高；二是输入端口的响应速度，其中 X0、X2、X3 的最高频率为 10kHz，X1、X4、X5 的最高频率为 7kHz。

1.4.2 【实例1-11】定时器与计数器的延时组合

 实例说明

采用定时器与计数器的组合对报警信号进行计时，如报警信号持续达 10s，则报警灯亮；如未达 10s，则报警灯不亮。

解析过程

（1）图 1-82 为 FX3U-32MR PLC 的接线图。输入/输出 I/O 表见表 1-18。

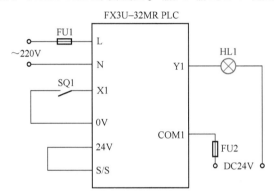

图 1-82　FX3U-32MR PLC 的接线图

表 1-18　输入/输出 I/O 表

输　　入	对应元器件	输　　出	对应元器件
X1	SQ1	Y1	HL1

（2）定时器与计数器延时组合计数梯形图如图 1-83 所示，由定时器 T0 和计数器 C0 组成组合电路。T0 可形成设定值为 1s 的自动复位定时器，当 X001 接通时，T0 线圈得电，延时 1s，T0 的常闭触点断开，T0 断开复位，待下一次扫描时，T0 的常闭触点才闭合，T0 线圈又重新得电，即 T0 常闭触点每次接通的时间均为一个扫描周期，计数器 C0 对接通脉冲信号进行计数，当计数

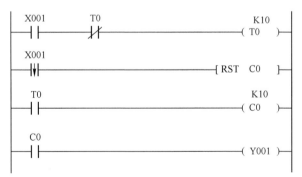

图 1-83　定时器与计数器延时组合计数梯形图

到 10 次时，C0 常开触点闭合，Y001 线圈接通。从 X001 接通到 Y001 有输出，延时时间为定时器 T0 和计数器 C0 设定值的乘积，即 $T_{总}$ = T0×C0 = 1×10 = 10(s)。

 Q：由于 PLC 的计数器都有一定的计数范围，如果需要的设定值超过计数范围，

该如何处理呢?

A: 可以通过几个计数器的串联组合来扩充计数范围, 如图1-84所示, 总的计数值 = C0×C1 = 20×3 = 60(s)。

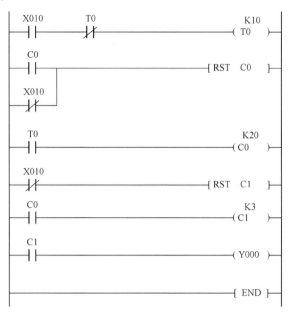

图 1-84 计数范围的扩充

1.4.3 【实例1-12】仓库物品统计

 实例说明

仓库管理员需要对每天存放进来的物品进行统计: 当物品达到150件时, 仓库监控室的绿灯亮; 当物品达到200件时, 仓库监控室的红灯按1s频率闪烁并报警。

解析过程

(1) 对本实例的分析如下: 需要有计数检测装置, 可在仓库进口设置传感器检测是否有物品进仓库; 需要采用计数器对物品进行计数统计; 按1s频率闪烁的红灯报警采用特殊辅助继电器M8013控制。

(2) FX3U PLC的I/O接线图如图1-85所示, 采用光电传感器, 源型接法, 即将0V与S/S短接。同理, 按钮SB也需要采用源型接法。

定义输入/输出I/O表见表1-19。

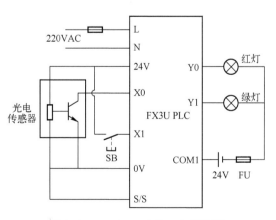

图 1-85 FX3U PLC 的 I/O 接线图

表 1-19　输入/输出 I/O 表

输　入	功　能	输　出	功　能
X0	物品进仓库检测光电传感器	Y0	监控室红灯
X1	监控启动（计数复位）按钮 SB	Y1	监控室绿灯

（3）仓库物品统计梯形图如图 1-86 所示。

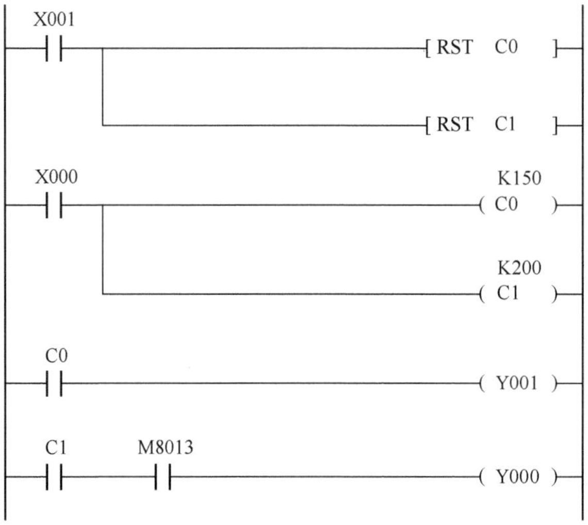

X001
RST C0
RST C1
X000
K150
C0
K200
C1
C0
Y001
C1
M8013
Y000

图 1-86　仓库物品统计梯形图

Q：连接 FX3U PLC 时，经常会碰到两种类型的传感器，如何连接呢？

A：图 1-87 为两种类型的传感器，即 NPN 型传感器需要采用漏型连接，将 S/S 与 24V 短接；PNP 型传感器需要采用源型连接，将 S/S 与 0V 短接。

S/S
24V
传感器
FX3U PLC
X
3
1
2
0V
S/S
0V
传感器
FX3U PLC
X
3
2
1
24V

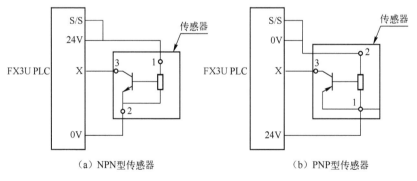

（a）NPN型传感器　（b）PNP型传感器

图 1-87　两种类型的传感器

1.4.4 【实例 1-13】工作台循环移动的计数控制

实例说明

用 FX3U PLC 控制工作台循环移动，工作台的前进和后退由电动机通过丝杠拖动。工作台示意图如图 1-88 所示。

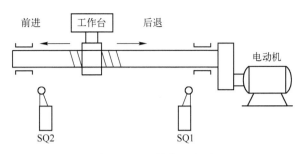

图 1-88　工作台示意图

① 按下启动按钮，工作台循环移动。

② 按下停止按钮，工作台停止。

③ 在调试时可以点动控制。

④ 6 次循环移动后停机。

解析过程

（1）对本实例的分析如下：工作台的前进和后退可以通过电动机的正/反转来实现；自动循环移动可以通过设置行程开关的连锁控制实现，即在电动机的正转结束位置，通过该位置上的行程开关来切断正转程序的执行，并启动电动机的反转程序，而在电动机的反转结束位置，通过该位置上的行程开关来切断反转程序的执行，并启动电动机的正转程序；点动控制通过解除自锁环节来实现；6 次循环移动通过计数器指令来实现。

（2）FX3U-32MR PLC 接线图如图 1-89 所示，输入/输出 I/O 表见表 1-20。

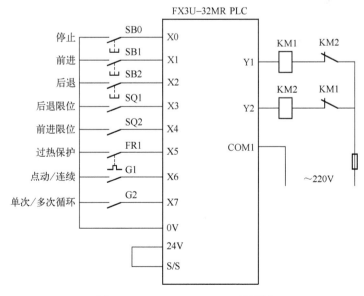

图 1-89　FX3U-32MR PLC 接线图

表 1-20　输入/输出 I/O 表

输　入	功　能	输　出	功　能
X0	SB0，停止	Y1	KM1，正转
X1	SB1，正转按钮（前进）	Y2	KM2，反转
X2	SB2，反转按钮（后退）		
X3	SQ1，后退限位		
X4	SQ2，前进限位		
X5	FR1，过热保护		
X6	G1，点动/连续		
X7	G2，单次/多次循环		

（3）工作台循环移动的计数控制梯形图如图 1-90 所示。

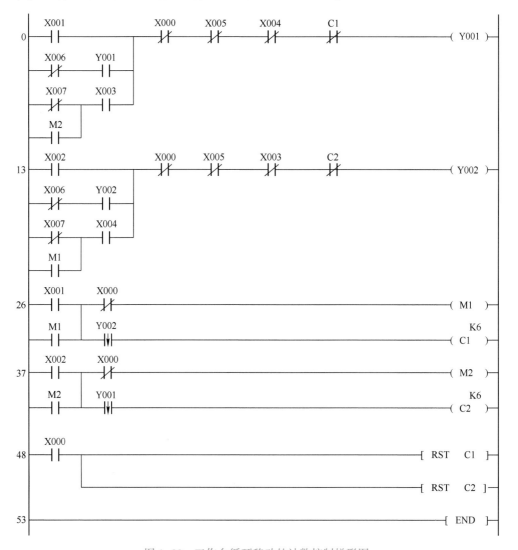

图 1-90　工作台循环移动的计数控制梯形图

① 接通 X6 输入端开关，系统处于点动调试状态。按下正转按钮 SB1，X001 接通，Y001 接通；按下反转按钮 SB2，X002 接通，Y002 随之接通。

② 断开 X6 输入端开关，系统处于连续运行状态。按下正转按钮 SB1，电动机前进，M1 自锁，记忆正转状态，工作台碰到前进限位 SQ2 后，终止前进，启动后退，此时 Y002 失电，下降沿触发计数器 C1 计数，C1 的当前值加 1，同时 SQ1 触发正转运行，工作台再次前进，如此循环 6 次后终止运行。

③ 在断开 X6 输入端开关的情况下，还可以按下反转按钮 SB2，电动机后退，碰到后退限位 SQ1 后前进，工作台碰到前进限位 SQ2 后，Y001 失电，下降沿触发计数器 C2 计数，如此循环 6 次后终止运行。

④ 接通 X7 输入端开关，解锁循环移动控制环节。

【思考与练习】

1. 请概述 PLC 的本质与特点。

2. 请说出 FX3U-32MR PLC 输出器件的类型、输入和输出点数。

3. PLC 程序既有生产厂家的_____程序，又有用户自己开发的_____程序。

4. 可编程控制器的输入口连接输入信号，接收来自现场的_____和_____，器件主要有_____、_____及各种_____，这些都是触点类型的器件。

5. 在接入 PLC 时，每个触点的两个接头分别连接一个输入点及_____。

6. 在继电器输出类型的 PLC 中，与 PLC 输出口相连的器件主要有_____、_____、电磁阀线圈等。

7. 判断下列说法正误，在后面的括号中用 T 表明正确，用 F 表明错误：

① PLC 可以安装在发热器件附近。　　　　　　　　　　　　　　　　　　（　　）

② PLC 可以安装在高温、结露、雨淋的场所。　　　　　　　　　　　　　（　　）

③ PLC 可以安装在粉尘多、油烟大、有腐蚀性气体的场合。　　　　　　　（　　）

④ PLC 要安装在远离强烈振动源及强烈电磁干扰源的场所。　　　　　　　（　　）

⑤ FX2N 系列 PLC 可以用普通的 220V 交流电供电。　　　　　　　　　（　　）

⑥ PLC 上部端子排中标有 L 及 N 的接线位为交流电源相线及中线的接入点。（　　）

⑦ PLC 一般提供 2~3 个输入公共端，它们是同位点。　　　　　　　　　（　　）

⑧ COM 端内部与直流电源连接，如果将交流电源接在输入端，则会损坏 PLC。（　　）

⑨ 对于同时接通会造成危险的正/反转接触器的线圈，除了 PLC 内部程序要连锁外，在外部线路中也一定要连锁。　　　　　　　　　　　　　　　　　　　　　（　　）

⑩ 在安装和配线时，可以带电操作。　　　　　　　　　　　　　　　　　（　　）

⑪ 在配线结束后，必须将端子盖板盖上以防触电事故。　　　　　　　　　（　　）

⑫ 可编程控制器的输入和输出线可以走同一电缆。　　　　　　　　　　　（　　）

⑬ 可编程控制器的输出线和其他动力线按间距 30~50mm 配线。　　　　　（　　）

8. 动手安装一个 FX3U PLC 并配线，要求连接电源、按钮、选择开关和 DC24V 输出继电器。

9. 双速电动机的电气线路如图 1-91 所示。请用三菱 FX3U PLC 进行控制回路改造，画出线路图，定义 I/O 表，编制梯形图。

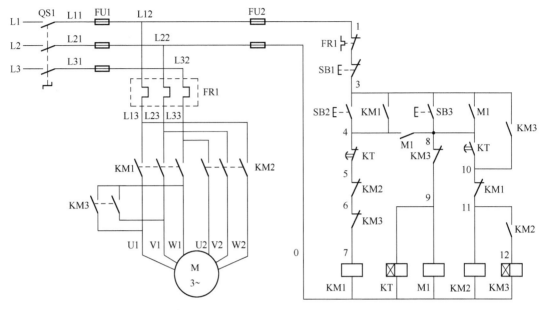

图 1-91　双速电动机的电气线路

10. 某停车场计数控制，要求当车辆达到 30 辆时进行报警闪烁，达到 40 辆时 STOP 灯亮，道闸关闭。请画出 FX3U PLC 的控制线路图，并进行编程。

第 2 章
三菱 FX 系列 PLC 的仿真与应用指令

 导读

　　虚拟对象是采用计算机软件技术在特定设备中模拟真实物体或环境，用来解决不适合对真实物体或环境进行操作的问题，并将控制对象与控制系统分离。MELSOFT FX TRAINER（以下简称 FX-TRN）是针对三菱 FX 系列 PLC 构建机械手、传送带、交通灯等虚拟对象的仿真软件，其三维造型的实物模型及逼真有趣的声、光多媒体效果，可使初学者有如操控各种自动控制设备的感受。本章将介绍交通灯控制、传送带分类和分拣控制的编程，以及应用指令的基本格式和规则，包括传送、比较和转换指令及四则运算指令、移位指令、批复位指令 ZRST 和块传送指令 BMOV 等。流程控制应用指令是 FX3U PLC 仿真必不可少的部分，如条件跳转指令 CJ、子程序调用指令 CALL、循环指令 FOR、NEXT 指令等。

2.1　交通灯控制仿真

2.1.1　FX-TRN 仿真软件

1. 概述

　　FX-TRN 是针对三菱 FX 系列 PLC 设计的一套基于虚拟对象的仿真软件，提供逼真的 3D 仿真画面、全中文操作界面，可以帮助初学者快速掌握和理解指令系统。

　　FX-TRN 有以下优点：

　　① 有完整的学习流程。从 PLC 的用途开始，逐步介绍软件的界面、程序编写中梯形图的具体输入方法、基本指令和元器件的使用案例，并慢慢加大难度，提供具有多种难度的挑战性案例，以便初学者循序渐进地提高 PLC 的编程水平，加深对 PLC 应用的认识。

　　② 虚拟工作场景。用各种 3D 模型虚拟各种现实的设备，如机械手、传送带等，可以部

分解决学校资金不足、设备不全的困难，同时也免去了在项目设计中的接线安装工作，使学习模式更加灵活。

③ 兼容性好，实用高效。在对自动控制场景模拟的同时，还可以将所编制的程序保存，其程序格式与三菱公司出品的其他 PLC 编程软件完全兼容，当因某些条件限制无法连机调试时，可以将其他 PLC 编程软件所编制的程序调入 FX-TRN 中模拟运行。

2. 安装方法

双击文件夹"FX 训练软件"，选择"SETEP. EXE"进行安装，"欢迎"界面如图 2-1所示，单击"下一步（N)"，按照提示进行安装。

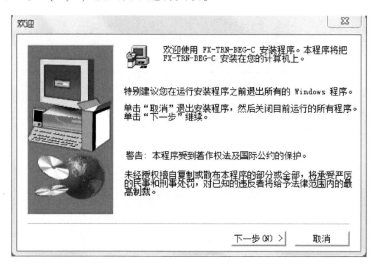

图 2-1　"欢迎"界面

3. 使用方法

安装后，启动 FX-TRN，会出现"用户登录"界面，如图 2-2 所示。

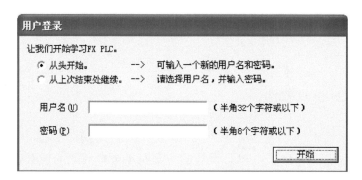

图 2-2　"用户登录"界面

登录后，出现主画面如图 2-3 所示。

培训画面如图 2-4 所示。

元件符号栏及编程热键在梯形图编辑区的下方，如图 2-5 所示。

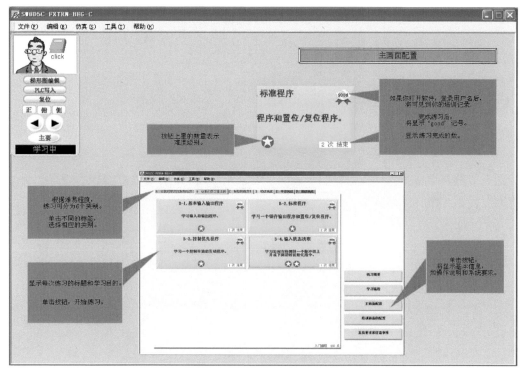

图 2-3　主画面

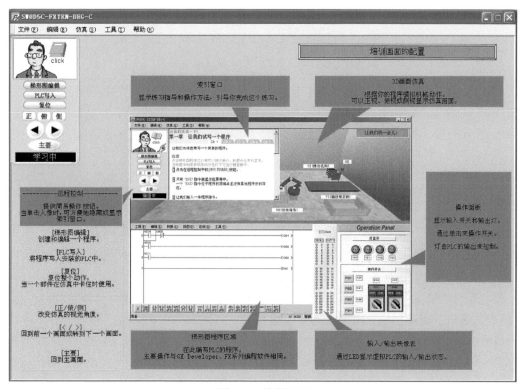

图 2-4　培训画面

图 2-5　元件符号栏及编程热键

2.1.2　【实例 2-1】单方向交通灯控制

实例说明

图 2-6 为路口单方向交通灯控制示意图。要求用三菱 FX 系列 PLC 实现。表 2-1 为单方向交通灯控制时序（南北方向）。

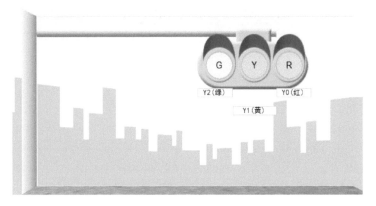

图 2-6　路口单方向交通灯控制示意图

表 2-1　单方向交通灯控制时序（南北方向）

交　通　灯	点　亮　时　间
南北绿灯	40s
南北黄灯	3s
南北红灯	33s

解析过程

（1）实例分析。一个十字路口分别有南北方向和东西方向两对共 4 组交通灯，由于同方向一对交通灯的变化完全相同，因此可以将同方向的一对交通灯合并起来，从控制角度来说，仅要完成东西方向和南北方向各三盏共六盏交通灯的控制。

两个方向的交通灯存在制约关系。这个制约关系是交通安全的保障，即东西红灯＝南北绿灯＋南北黄灯，也就是说，南北方向车辆通行时，东西方向车辆禁行。同理，可以得到对称的制约关系：南北红灯＝东西绿灯＋东西黄灯，表明东西方向车辆通行时，南北方向车辆禁行。

同方向的不同交通灯之间不存在制约关系，交通灯时间的长短取决于该方向的车流量状况，以及本路口的通行状况对该方向整条道路车辆通行的影响。在现代交通中，交通灯时间的长短有时根据道路的交通状况而变化，以利于交通的顺畅，因此应编写时间可调的程序。

根据表 2-1，一个完整的红、绿灯周期为 76s，两个方向的交通灯符合制约关系。

（2）南北方向交通灯控制 I/O 分配表见表 2-2。需要注意的是，表 2-2 中的输入/输出元器件是以 FX-TRN 的预设为依据的，如果读者想实际接线进行测试，则可以另外选择不同的 I/O 分配表。

表 2-2　南北方向交通灯控制 I/O 分配表

功　　能	输入/输出元器件
开始按钮	X20
停止按钮	X21
南北红灯	Y0
南北黄灯	Y1
南北绿灯	Y2

（3）单方向控制程序的编写。程序运行控制梯形图如图 2-7 所示。图中，当按下开始按钮 X020 时，运行控制辅助线圈 M0 接通并自锁，在交通灯运行的全过程中，M0 保持接通状态，直至停止按钮 X021 被按下，M0 断开。

图 2-7　程序运行控制梯形图

交通灯程序运行控制的关键是时序。当程序开始运行时，M0 线圈接通，第一个定时器 T1，也就是控制南北绿灯的定时器开始定时，因此首先接通定时器 T1 的线圈，T1 是 100ms 定时器，定时设定值为 400，此时 T1 的常开触点并没有接通，在 40s 定时完成后，T1 的常开触点才闭合，使定时器 T2 的线圈接通，为南北黄灯定时，T2 的定时设定值为 30。同样，此时 T2 的常开触点也没有接通，在 T2 的定时时间到后，T2 的常开触点闭合，定时器 T3 的线圈接通。T3 是为南北红灯定时的定时器，定时设定值为 300，如图 2-8 所示。

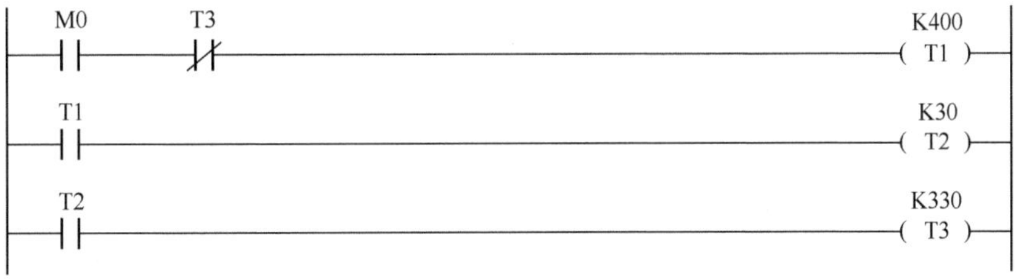

图 2-8　交通灯程序运行控制时序梯形图

由于 M0 在交通灯运行的全过程中始终是接通的，因此定时器在定时时间到后没有复位，在 T3 定时结束，即一个完整的交通灯运行周期结束后，T3 的常闭触点断开，T1、T2、T3 按照扫描流程相继断开，即 T3 的常闭触点直接断开 T1 的线圈后，引起 T1 的常开触点断开→T2 的线圈断开→T2 的常开触点断开→T3 的线圈断开→T3 的常闭触点闭合，T1 的线圈重新得电开始定时，新的运行周期重新开始。

解决了时序的问题后，交通灯的控制就变得顺理成章了。运行监控 M0 接通后，Y2（南北绿灯）直接得电点亮，直至定时时间到，T1 的常闭触点断开熄灭。绿灯的接通条件是开始运行，断开条件是绿灯定时时间到，因此运行监控的常开触点和 T1 定时器的常闭触点串联就完成了绿灯的控制。同理，黄灯的接通条件是绿灯定时结束，断开条件是黄灯定时结束；红灯的接通条件是黄灯定时结束，断开条件是红灯定时结束。交通灯控制梯形图如图 2-9 所示。

图 2-9　交通灯控制梯形图

（4）单方向控制程序的仿真。程序编写完成后，通过编程栏上方"转换"菜单中的"转换"命令来对程序进行转换，如图 2-10 所示，没有转换的程序是不能进行下载并仿真运行的。

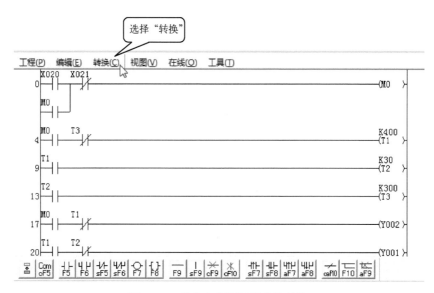

图 2-10　单方向交通灯程序的转换

转换程序后，可以通过编程栏上方"在线"菜单中的"写入 PLC（<u>W</u>）"命令下载程序，也可以通过主画面左上角的"PLC 写入"按钮写入程序，如图 2-11 所示。

下载或写入程序后，系统自动进入仿真运行，编程栏右边的"RUN"运行指示灯点亮。"RUN"运行指示灯的下方是输入、输出元器件的接通指示灯，在如图 2-12 所示中可以观察到输出元器件 Y2 的接通指示灯点亮。输入/输出接通指示灯可帮助在调试程序的过程中，

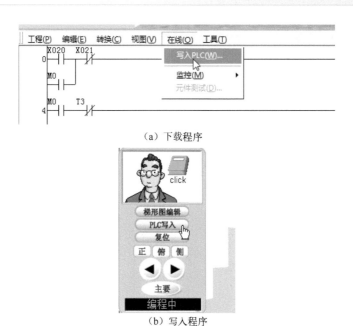

（a）下载程序

（b）写入程序

图 2-11　下载或写入程序

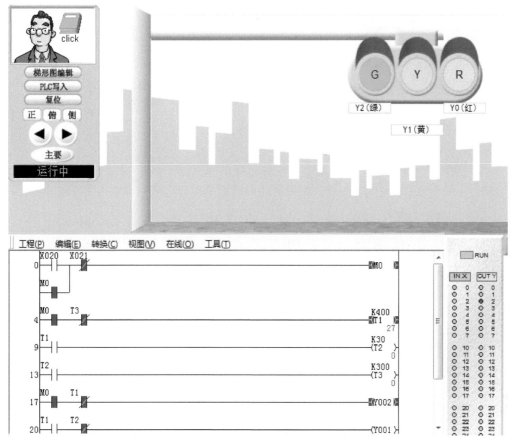

图 2-12　单方向交通灯控制程序的仿真运行

观察程序运行的状况和实际输入/输出元器件接通的状态是否一致，并在运行不正常时区分是程序运行故障还是硬件故障。

Q：在本实例中，由于时间是按照实际要求进行设置的，因此感觉时间有点太长，有没有什么有效的办法来避免呢？

A：在仿真运行时有一个提高效率的技巧，在这个程序中，绿灯和红灯亮的时间比较长，一个交通灯的周期就超过了 1min，使得调试过程需要很长时间的等待，比在实际路口等红灯要长得多，而且为了观察程序的运行，还需要观察几个周期，很费时间，因此可以将红灯和绿灯的定时设定值减少一位，即去掉一个 0，这样就把一个周期缩短到 10s 内，使调试效率大大提高了。

2.1.3 【实例 2-2】带闪动的交通灯控制

实例说明

交通灯的绿灯在接近定时时间时将出现闪动，要求在【实例 2-1】的时序基础上将绿灯亮的时间缩短 3s，再加入 3s 的闪动时序。

解析过程

（1）实例分析。

如果在【实例 2-1】的程序中加入绿灯闪动，则程序就更加接近实际了，此时要用到【实例 1-8】中讲述的闪动控制。绿灯开始一直亮，后来闪动，也就是说，绿灯在不同的时间段有两种不同的状态，需要避免两种状态的相互影响。

（2）程序编写。

加入闪动环节要在原有的时序基础上将绿灯亮的时间缩短 3s，再加入一个 3s 的闪动时序，如图 2-13 所示，双击 T1 线圈，在弹出的对话框中将设定值从 400 改为 370。

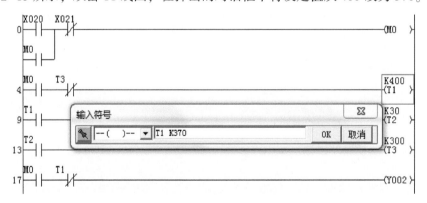

图 2-13　将绿灯亮的时间缩短 3s

在 T1 后面增加闪动定时器时，首先将光标放在要插入位置的下面一行，然后选择"编辑"菜单中的"行插入（N）"命令，如图 2-14 所示。

图 2-14 在 T1 与 T2 定时器中间插入一行

在 T1 与 T2 中间加入一个 3s 的定时器 T10，用来控制闪动环节的定时，如图 2-15 所示。

```
  M0        T3                                              K370
──┤├────────┤/├───────────────────────────────────────────( T1 )──

  T1                                                        K30
──┤├──────────────────────────────────────────────────────( T10 )──

  T10                                                       K30
──┤├──────────────────────────────────────────────────────( T2 )──

  T2                                                        K300
──┤├──────────────────────────────────────────────────────( T3 )──
```

图 2-15 加入 T10 定时器

完成闪动环节需要两个定时器配合动作，与其他时序程序没有关系，因此没有位置要求，为了不破坏时序程序的可读性，可将闪动环节的程序插入时序程序的后面，如图 2-16 所示。

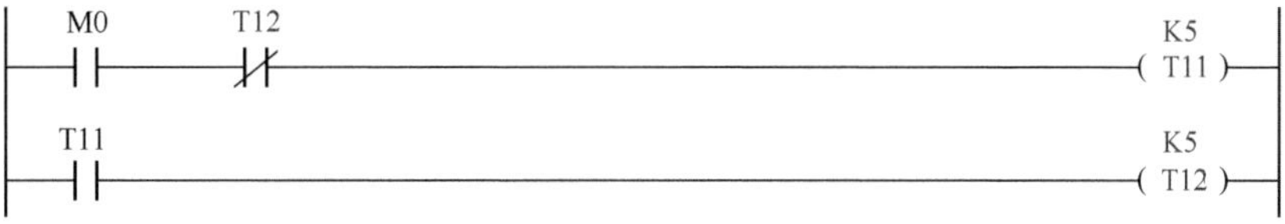

```
  M0        T12                                             K5
──┤├────────┤/├───────────────────────────────────────────( T11 )──

  T11                                                       K5
──┤├──────────────────────────────────────────────────────( T12 )──
```

图 2-16 插入闪动环节

由图 2-16 可知，T11 在 M0 接通时，交通灯在运行的全过程中都在闪动，如果直接将 T11 触点接在绿灯上，则绿灯一直闪动，不符合要求，而且还将原来红、绿灯的正常运行给破坏了，因此在什么时机将 T11 触点接在绿灯上是完成绿灯先亮后闪的关键。绿灯在亮的 40s 时段内有常亮和闪动两种状态。常亮动作编程已经完成。闪动的开始条件是常亮定时器 T1 的定时时间到，结束条件是闪动定时器 T10 定时时间到，在闪动时间段将闪动触点 T11

接进去。

如果将两种状态编写成绿灯的两次输出，如图 2-17 所示，则是错误的，因为 PLC 的梯形图不支持双线圈输出。

图 2-17 双线圈输出错误

对于图 2-17 中出现的双线圈输出错误，只要将双线圈合并即可，即让控制常亮的程序和控制闪动的程序并联。

这里需要提醒的是，原来黄灯的开始条件是 T1 定时结束，而现在是闪动定时结束，即 T10，加入闪动的交通灯控制梯形图如图 2-18 所示。

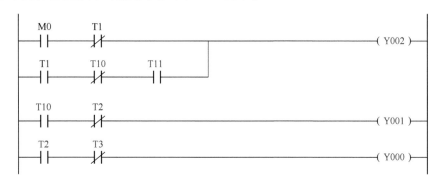

图 2-18 加入闪动的交通灯控制梯形图

2.1.4 【实例 2-3】 双向交通灯控制

 实例说明

根据表 2-3 中的交通灯控制时序表来完成双向交通灯控制。

表 2-3 交通灯控制时序表

交 通 灯	点 亮 时 间
南北绿灯	40s
南北黄灯	3s
南北红灯	33s
东西绿灯	30s
东西黄灯	3s
东西红灯	43s

解析过程

（1）实例分析。

完整的双向交通灯控制程序与【实例2-1】相比增加了东西方向的三盏交通灯。这三盏交通灯和南北方向的三盏交通灯同时运行，周期相同。

（2）建立完整的双向交通灯控制I/O分配表，见表2-4。

表 2-4　双向交通灯控制 I/O 分配表

功　　能	输入/输出元器件
开始按钮	X20
停止按钮	X21
南北红灯	Y0
南北黄灯	Y1
南北绿灯	Y2
东西红灯	Y3
东西绿灯	Y4
东西黄灯	Y5

（3）程序编制。

程序运行控制部分与【实例2-1】相同，只是根据表2-3中的时序，在时序程序中加入东西方向交通灯的时序程序即可，为了程序的编写及调试方便，可先将闪动环节去掉，恢复为没有闪动环节的程序，如图2-19所示。

图 2-19　双向交通灯控制的时序

图2-19中，一个周期开始时，首先是南北方向的绿灯亮，绿灯定时器T1首先开始定时，东西方向首先是红灯亮，东西方向的红灯定时器T4首先开始定时，定时设定值为430。南北方向交通灯的一个周期为绿灯-黄灯-红灯，东西方向的一个周期为红灯-黄灯-绿灯。

双向交通灯控制梯形图如图2-20所示。

```
   M0      T1
───┤├──────┤/├──────────────────────────────────────( Y002 )──

   T1      T2
───┤├──────┤/├──────────────────────────────────────( Y001 )──

   T2      T3
───┤├──────┤/├──────────────────────────────────────( Y000 )──

   M0      T4
───┤├──────┤/├──────────────────────────────────────( Y003 )──

   T4      T5
───┤├──────┤/├──────────────────────────────────────( Y005 )──

   T5      T6
───┤├──────┤/├──────────────────────────────────────( Y004 )──
```

图 2-20　双向交通灯控制梯形图

（4）仿真调试。

图 2-7、图 2-19、图 2-20 中的程序合并在一起即可构成完整的双向交通灯控制程序。在 FX TAIRNER 仿真软件中，初级挑战的 3D 仿真仅有一个方向，两个方向交通灯控制程序的调试只能通过观察输入/输出运行指示灯的变化情况进行判断，如图 2-21 所示的左边部分。如果感觉不够形象，还可以借助仿真软件中"灯显示"部分的三盏灯作为东西方向的交通灯，此时需要将东西方向的输出元器件 Y3、Y4、Y5 改为 Y20、Y21 和 Y22。

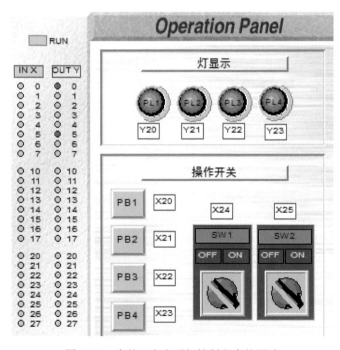

图 2-21　完整双向交通灯控制程序的调试

2.2　数据寄存器及其应用

2.2.1　数据寄存器（D）

可编程控制器中的数据寄存器都是用来存储模拟量控制、位置量控制、数据 I/O 所需的数据及工作参数的。每一个数据寄存器均为 16 位，最高位为符号位，如图 2-22 所示，可以将两个数据寄存器合并起来存储 32 位的数据。

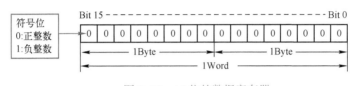

图 2-22　16 位的数据寄存器

1. 数据寄存器 D0～D199（200 点）

在数据寄存器中，只要不写入其他数据，则已写入的数据不会变化，但在 PLC 状态由运行（RUN）→停止（STOP）时，则全部数据将被清零。

若特殊辅助继电器 M8033 置 1，则在 PLC 状态由 RUN 转为 STOP 时，数据可以保持。

2. 停电保持数据寄存器 D200～D511（312 点）

在停电保持数据寄存器中，除非改写数据，否则原有数据不会丢失，且与电源是否接通、PLC 是否运行均无关，在两个 PLC 进行点对点通信时，D490～D509 被用作通信操作。

3. 特殊数据寄存器 D8000～D8255（256 点）

特殊数据寄存器用作监控 PLC 中各种元器件的运行方式，在接通电源时，将写入初始值（先全部清零，再由系统 ROM 写入初始值）。

4. 文件寄存器 D1000～D2999（2000 点）

文件寄存器用来存储大量的数据，如采集数据、统计计算数据、多组控制参数等。其数量由 CPU 的监控软件决定，可以通过扩充存储卡的方法加以扩充。文件寄存器占用程序存储器中的一个存储区，以 500 点为一个单位，最多可在参数设置时设置 2000 点，用编程器可进行写入操作。

2.2.2　变址寄存器（V/Z）

三菱 FX 系列 PLC 有 V0～V7 和 Z0～Z7 共 16 个变址寄存器。它们都是 16 位的寄存器。变址寄存器实际上是一种特殊用途的数据寄存器，用于改变元器件的编号，即变址，如 V0＝5，当执行 D20V0 时，则被执行的编号为 D25，即 D（20+5）。

变址寄存器可以像其他数据寄存器一样进行读/写，需要进行 32 位操作时，可以将 V、Z 串联使用（Z 为低位，V 为高位）。

2.2.3　常数（K/H）

K 是表示十进制数的符号，用来指定定时器或计数器的设定值及应用功能指令操作数中的数值；H 是表示十六进制数的符号，用来指定应用功能指令中的操作数值。

例如，20 用十进制表示为 K20，用十六进制则表示为 H14。十进制 512 以内的进制换算为

十 进 制	二 进 制	十 六 进 制
0	0	0
1	1	1
2	1	2
3	11	3
4	100	4
5	101	5
6	110	6
7	111	7
8	1000	8
9	1001	9
10	1010	A
11	1011	B
12	1100	C
13	1101	D
14	1110	E
15	1111	F
16	1 0000	10
17	1 0001	11
18	1 0010	12
19	1 0011	13
20	1 0100	14
⋮	⋮	⋮
126	111 1110	7E
127	111 1111	7F
128	1000 0000	80
⋮	⋮	⋮
510	1 1111 1110	1FE
511	1 1111 1111	1FF
512	10 0000 0000	200

十六进制 H1A7F 转化为十进制 K6783 的方法为

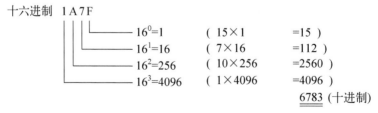

十六进制　1 A 7 F

$16^0=1$	（ 15×1	=15 ）
$16^1=16$	（ 7×16	=112 ）
$16^2=256$	（ 10×256	=2560 ）
$16^3=4096$	（ 1×4096	=4096 ）

6783（十进制）

2.2.4　【实例 2-4】时间可调的交通灯控制

 实例说明

在【实例 2-3】的基础上，实现时间可调的交通灯控制。

解析过程

（1）实例分析。设置定时器的设定值有两种方式：一种是立即数常数设置，就是直接给出一个设定值，在给出立即数的同时用字母 K 表示该立即数是十进制数，用字母 H 表示该立即数是十六进制数；另一种方式是采用数据寄存器设置设定值，给定时器分配一个数据寄存器，设定值储存在数据寄存器内，当需要改变设定值时，可以通过在程序中改变该数据寄存器的数值来改变。

（2）在程序中使用数据寄存器设置定时器的设定值。

图 2-23 为使用数据寄存器设置定时器的设定值，用 MOV 指令来赋值。

```
  X000                                              D0
──┤├──┬──────────────────────────────────────────( T20 )──
      │
      └──────────────────────────────┤ MOV  K100  D0 ├──
```

图 2-23　使用数据寄存器设置定时器的设定值

图 2-24 为采用数据寄存器设置定时器设定值的时序。黄灯时间固定为 3s，因此设置为不可变。

```
  M0      T3                                         D1
──┤├──────┤/├─────────────────────────────────────( T1 )──

  T1                                                K30
──┤├─────────────────────────────────────────────( T2 )──

  T2                                                D3
──┤├─────────────────────────────────────────────( T3 )──

  M0      T6                                         D4
──┤├──────┤/├─────────────────────────────────────( T4 )──

  T4                                                D5
──┤├─────────────────────────────────────────────( T5 )──

  T5                                                K30
──┤├─────────────────────────────────────────────( T6 )──
```

图 2-24　采用数据寄存器设置定时器设定值的时序

对数据寄存器的赋值梯形图如图 2-25 所示。MOV 指令可将原操作元器件中的数据传送到指定的目标操作元器件中。

图 2-26 为通过一组赋值语句来改变数据寄存器数值的梯形图。当南北方向的车流量加大时，考虑到道路的顺畅，应加长南北方向的绿灯时间，缩短东西方向的绿灯时间，同时东西方向的红灯时间相应加长。图 2-26 中，当 X022 触点接通时，对数据寄存器赋值，定时器的定时间相应发生改变。

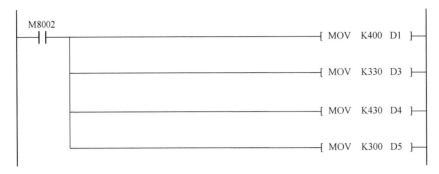

图 2-25　对数据寄存器的赋值梯形图

图 2-26　改变数据寄存器数值的梯形图

2.2.5 【实例2-5】通过比较定时器的值来实现交通灯控制

实例说明

交通灯示意图如图 2-27 所示，控制要求如下：合上开关后，东西方向的绿灯亮 4s 后闪 2s 灭，黄灯亮 2s 灭，红灯亮 8s，绿灯亮循环；相对应南北方向的红灯亮 8s，绿灯亮 4s 后闪 2s 灭，黄灯亮 2s 后，红灯亮循环。

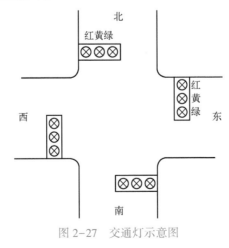

图 2-27　交通灯示意图

解析过程

（1）交通灯控制 I/O 分配表见表 2-5。

表 2-5　交通灯控制 I/O 分配表

输　　入		输　　出	
X0	启动按钮	Y0	南北绿灯
X2	停止按钮	Y1	东西黄灯
		Y2	南北红灯
		Y3	东西绿灯
		Y4	南北黄灯
		Y5	东西红灯

（2）通过比较定时器的值来实现交通灯控制梯形图如图 2-28 所示。定时器的值是整数，通过比较指令来实现交通灯控制的时序。比较指令与数学运算符号一致，如>、>=、=、<、<=等。

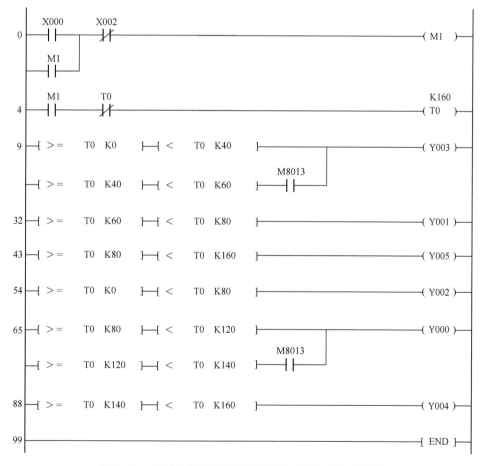

图 2-28　通过比较定时器的值来实现交通灯控制梯形图

2.3　传送带的分类与分拣控制

2.3.1　【实例 2-6】传送带的分拣控制

实例说明

在三菱 FX-TRN 中，传送带大小物件分拣界面如图 2-29 所示。传送带的分拣控制要求如下：

① 每按下一次供给按钮 PB1，机械手就供给一个元器件；

② 将开始操作旋钮拨到 ON，传送带正转；拨到 OFF，传送带停止；

③ 物件在传送带上移动，当通过上、中、下三个传感器时，物件的大、中、小被识别，并在面板上用三个指示灯显示，直至物件被移动到传送带末端的传感器位置，显示大、中、小的指示灯熄灭。

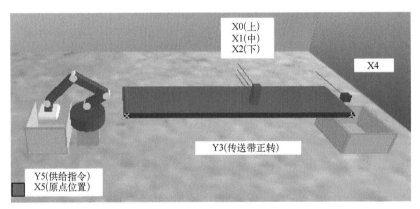

图 2-29　传送带大小物件分拣界面

解析过程

（1）传送带的分拣控制 I/O 分配表见表 2-6。

表 2-6　传送带的分拣控制 I/O 分配表

功　能	输入/输出元器件	功　能	输入/输出元器件
供给按钮 PB1	X10	机械手供给	Y5
开始操作旋钮	X14	传送带正转	Y3
上传感器	X0	大物件指示灯	Y10
中传感器	X1	中物件指示灯	Y11
下传感器	X2	小物件指示灯	Y12
传送带末端传感器	X4		

（2）物件供给及传送带控制梯形图如图 2-30 所示。

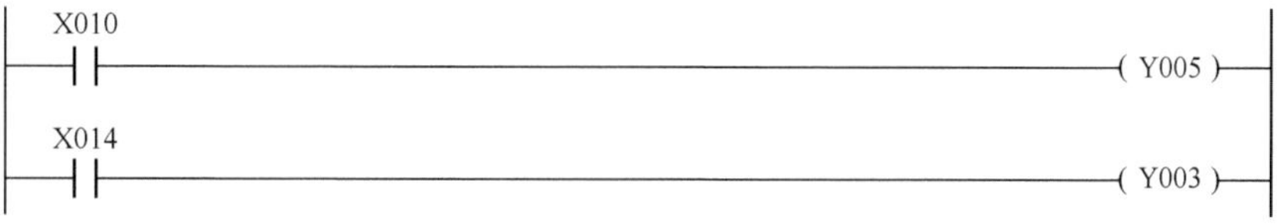

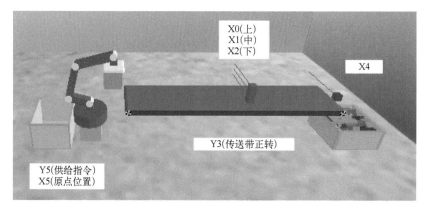

图 2-30　物件供给及传送带控制梯形图

将图 2-30 所示梯形图转换并写入后，仿真开始，物件供给及传送带的运行状况如图 2-31 所示。

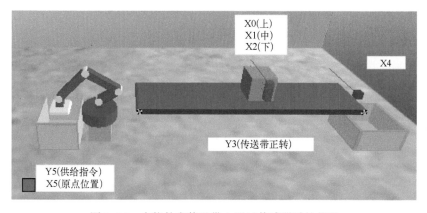

图 2-31　物件供给及传送带的运行状况

（3）物件的大、中、小判断。物件的大、中、小是依靠传送带中部的上、中、下三个传感器进行判断的。当物件通过传感器时，因物件的不同大小，会挡住不同的传感器，被挡住的传感器置 1，即常开触点闭合。图 2-32 是中物件在传送带上通过传感器时的状况。可以看到，中物件会挡住中和下两个传感器，两个传感器将变成红色，上传感器不变，还是灰色。

图 2-32　中物件在传送带上通过传感器时的状况

这里读者会认为，小物件挡住下传感器，中物件挡住中传感器，大物件挡住上传感器，于是就有了如图 2-33 所示错误的大、中、小物件分拣梯形图。

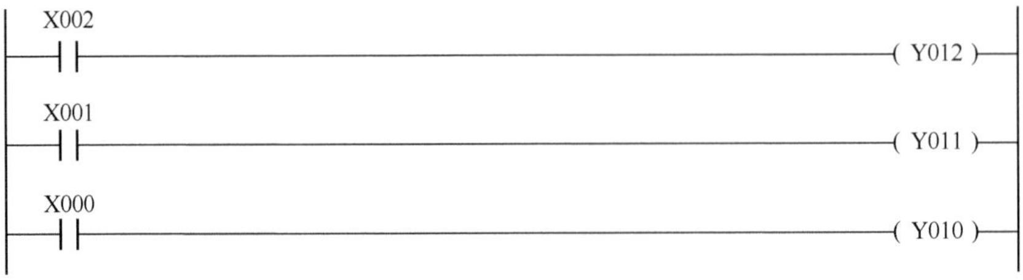

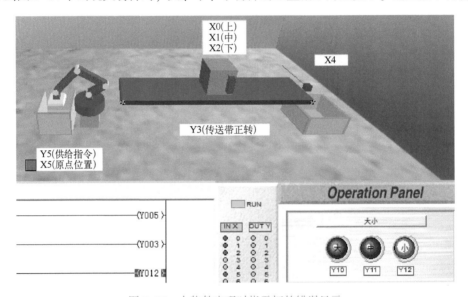

图 2-33　错误的大、中、小物件分拣梯形图

图 2-33 所示的梯形图在分拣小物件时还算正常，但是当分拣中物件和大物件时就有问题了，即当图 2-34 中出现大物件时，大、中、小物件的三盏指示灯全亮了。这显然不符合要求。

图 2-34　大物件出现时指示灯的错误显示

出现图 2-34 所示状况的原因在于，原来的设想是当大物件出现时只挡住上传感器，而图中的上、中、下三个传感器都被挡住了，也就是说，下传感器在每个物件通过时都会被挡住，因为下传感器低，连小物件都能挡住它，更何况中物件和大物件呢？同理，中物块和大物块通过时中传感器会被挡住，只有大物块才能挡住上传感器。

因此可以这样来考虑，大物件最特殊，只要上传感器被挡住，就一定是大物件；中传感器被挡住，排除大物件后，就是中物件；下传感器被挡住，要排除大物件和中物件后，才能确定是小物件。正确的大、中、小物件分拣梯形图如图 2-35 所示。

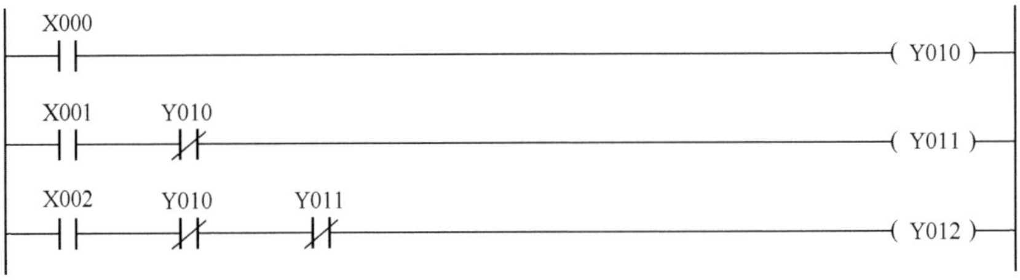

图 2-35　正确的大、中、小物件分拣梯形图

（4）大、中、小指示灯的控制。

仿真运行图 2-35 所示的程序后，发现大、中、小指示灯仅在物件通过时亮一下，随即就熄灭了。此时，应采用自锁方式锁存指示灯的状态，如图 2-36 所示。

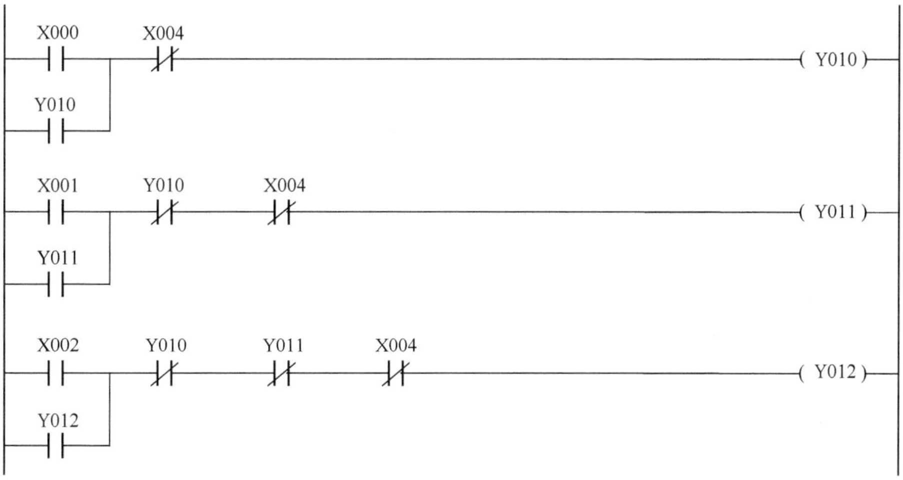

图 2-36 采用自锁方式锁存指示灯的状态

还可以采用置位和复位方式锁存指示灯的状态，如图 2-37 所示。

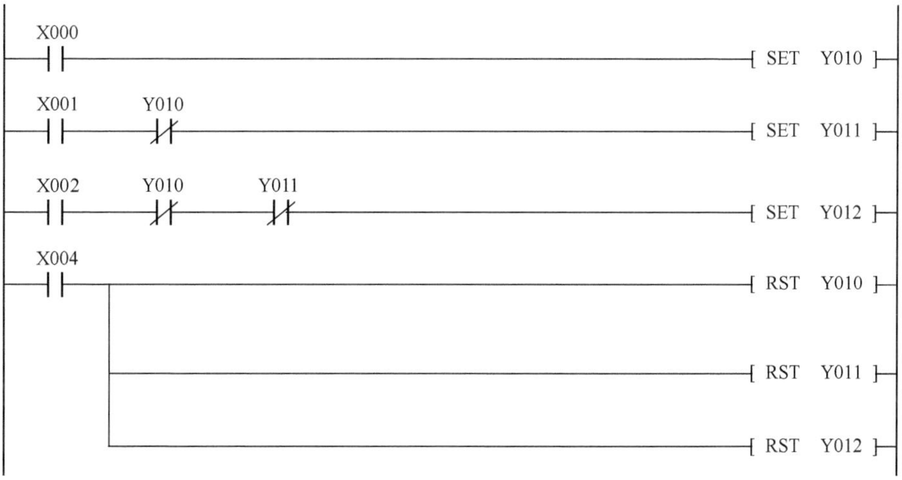

图 2-37 采用置位和复位方式锁存指示灯的状态

2.3.2 【实例 2-7】橘子包装流水线的控制

实例说明

在如图 2-38 所示的包装流水线仿真环境中，机械手将箱子放到传送带上，当箱子被运行到橘子供给设备下时，传送带停下并供给橘子，每供给一个橘子，传感器 X2 就发送一个脉冲。当箱子里有 5 个橘子后，停止供给橘子，传送带重新启动，最终运送到大包装箱中。

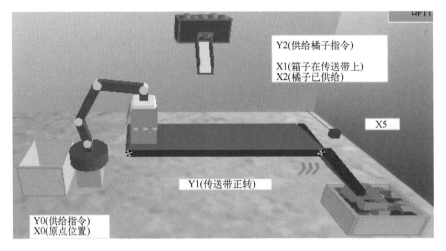

图 2-38　包装流水线仿真环境

 解析过程

（1）包装流水线控制 I/O 分配表见表 2-7。

表 2-7　包装流水线控制 I/O 分配表

输入/输出元器件	功　　能
X0	机械手在原点位置
X1	位置传感器
X2	供给橘子传感器
X5	传送带末端传感器
X20	供给按钮
X21	按钮开关
X24	传送带正转选择开关
Y0	机械手供给箱子
Y1	传送带正转
Y2	供给橘子

（2）供给计数控制环节。当箱子停在橘子供给设备下时，开始供给橘子，每供给一个橘子，传感器 X2 就发送一个脉冲，因此可以对 X2 计数，当计数到 5 时，计数器动作，用计数器的触点停止供给橘子。供给计数控制环节梯形图如图 2-39 所示。

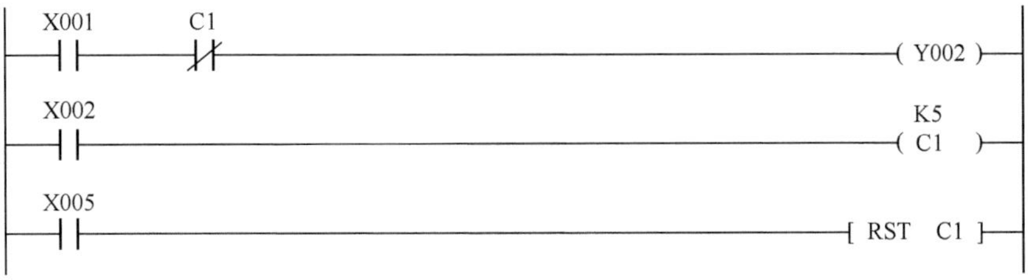

```
    X001    C1
    ├─┤├────┤/├──────────────────────────( Y002 )

    X002                                      K5
    ├─┤├────────────────────────────────────( C1 )

    X005
    ├─┤├───────────────────────────────[ RST  C1 ]
```

图 2-39　供给计数控制环节梯形图

（3）传送带的启/停控制环节。根据包装流水线的动作要求，首先让机械手供给一个箱子，并使传送带正转，将箱子传送到橘子供给设备的下方。机械手的供给很简单，就是使用供给按钮 X20 的触点驱动供给线圈。传送带采用选择开关 X24 启动，启动后，当箱子被传送到橘子供给设备的下方时，传送带自动停下，等待橘子被放入箱子中。此时选择开关 X24 仍然接通，不会自动复位，因此需要考虑新的启动控制编程方法。

（4）使用按钮开关 X21 启动传送带。先降低难度，将启动传送带的选择开关 X24 改成按钮开关 X21，当按下按钮开关 X21 时，传送带启动，按钮信号消失，传送带由于自锁继续运行，当传送到橘子供给设备的下方时，通过位置传感器 X1 使传送带停止。当橘子装到数量后，计数器动作，通过计数器的触点再次启动传送带。传送带的两次启动是在不同的条件下完成的。因此，这两种不同的条件是并联关系。

需要注意的是，在第二次启动时，箱子正处在橘子供给设备的下方，即传送带的断开条件仍然成立，如图 2-40 所示，传送带的第一次启动可以正常停止，但第二次无法正常启动。这是因为计数器 C1 的常开触点已经接通，说明计数已经完成，但传送带 Y1 线路中位置传感器 X1 的常闭触点断开，因此传送带不能运转。

```
     X020
0   ─┤ ├──────────────────────────────( Y000 )─
     X021        X001
2   ─┤ ├────┬───┤/├──────────────────( Y001 )─
     Y001   │
    ─┤ ├────┤
     C1     │
    ─┤ ┤────┘
```

图 2-40　无法第二次启动的梯形图

通过观察如图 2-41 所示系统的运行状况，在装橘子的过程中，由于箱子停在橘子供给设备的下方，因此位置传感器 X1 处于接通状态，要使位置传感器 X1 的状态改变，必须启动传送带使箱子离开现在的位置。

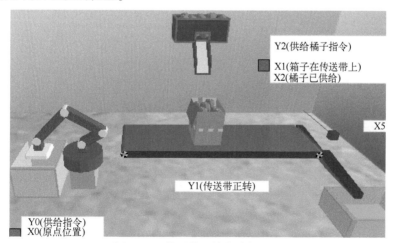

图 2-41　传送带不能启动状况图

图 2-42 是经过修改的启/停控制梯形图，Y1 线圈的接通不受 X1 触点的影响，当箱子一旦离开橘子的供给位置，则 X1 常闭触点闭合，Y1 线圈形成自锁。

图 2-42   经过修改的启/停控制梯形图

（5）使用按钮开关 X21 启动传送带的另一种梯形图

下面介绍使用置位/复位指令驱动线圈的方法。使用置位/复位指令驱动线圈与直接驱动线圈的区别在于，当置位指令条件满足时，线圈就被置位（动作），即使置位指令前的条件不再满足，线圈仍然保持置位状态。其最大优点是避开了双线圈的驱动问题，可以多次对同一个线圈进行置位和复位。

使用置位/复位指令的启/停控制梯形图（1）如图 2-43 所示。

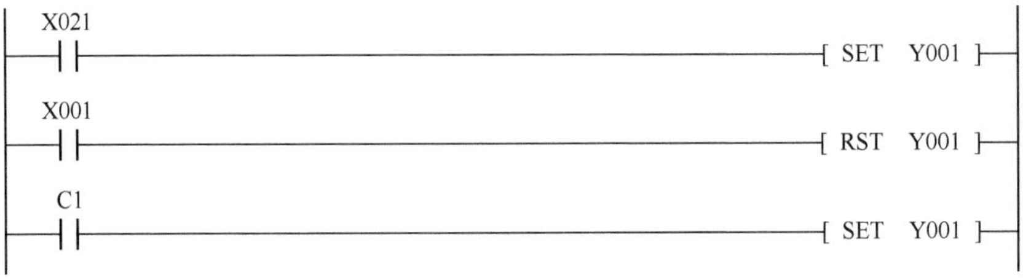

图 2-43   使用置位/复位指令的启/停控制梯形图（1）

由图 2-43 可知，置位/复位指令必须成对出现，X021 是第一次驱动传送带 Y1 的条件，用于驱动置位指令；位置传感器 X001 是停止传送带的条件，用于驱动复位指令。

在使用置位/复位指令时，由于驱动置位/复位指令的条件一旦满足，线圈就被置位或复位，因此在编程时需要使用短时间动作的触点来驱动置位/复位指令，图 2-43 中的 X021 就是短时间动作的触点。

使用工具栏上的上升/下降沿触点可以将不是短时间动作的触点转变为短时间动作的触点，如图 2-44 所示中的 X1、C1，即选择使用上升沿触点。

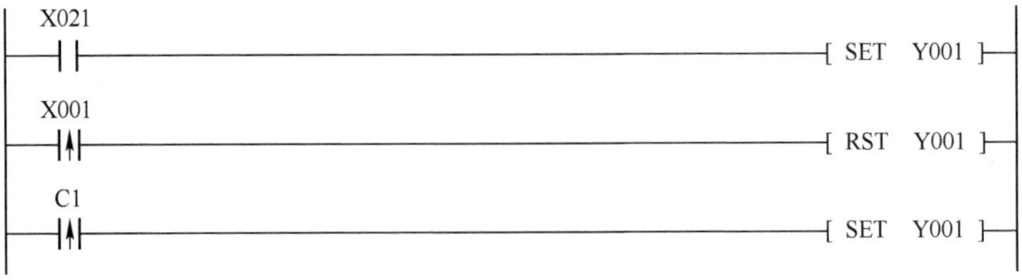

图 2-44   使用置位/复位指令的启/停控制梯形图（2）

（6）使用选择开关 X24 启动传送带

在传送带工作时，选择开关 X24 始终打开，在供给橘子时，又需要传送带自动停止，为了不使 X24 影响传送带的自动启/停，使用置位/复位指令驱动传送带正转，如图 2-45 所示。

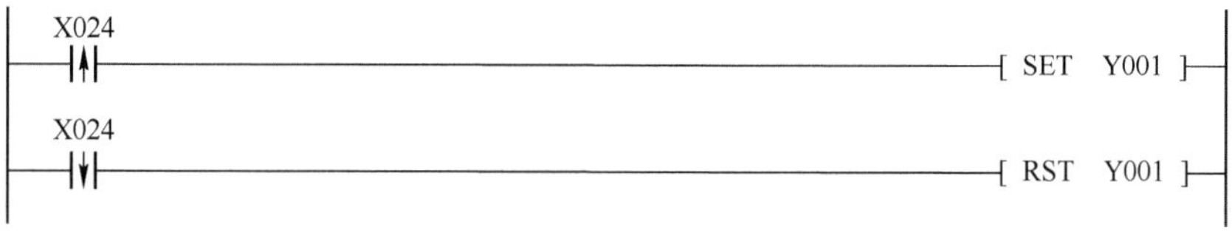

图 2-45　使用置位/复位指令驱动传送带正转梯形图

完整的控制梯形图如图 2-46 所示。

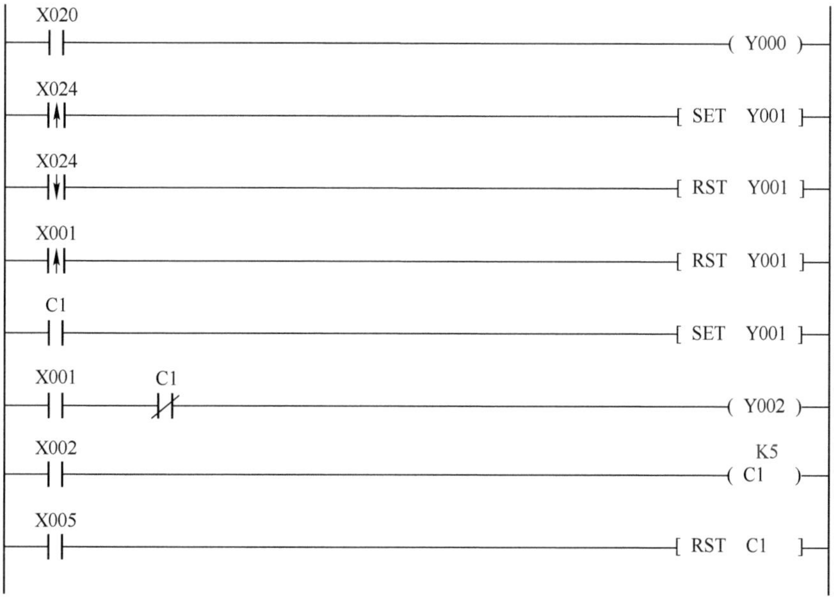

图 2-46　完整的控制梯形图

（7）连续自动运行控制

连续自动运行控制是系统在刚启动进行第一次供给箱子时使用 X20 供给按钮，然后使用一个在箱子装完橘子后能动作的触点来驱动箱子供给 Y0。这个触发条件就是传送带末端传感器 X5，每当箱子通过时 X5 就动作，是包装流程进入尾声的标志，也是下一个包装流程开始的控制命令，将 Y0 的驱动改为如图 2-47 所示的梯形图，其他不变，即可完成包装流水线的连续自动运行控制。

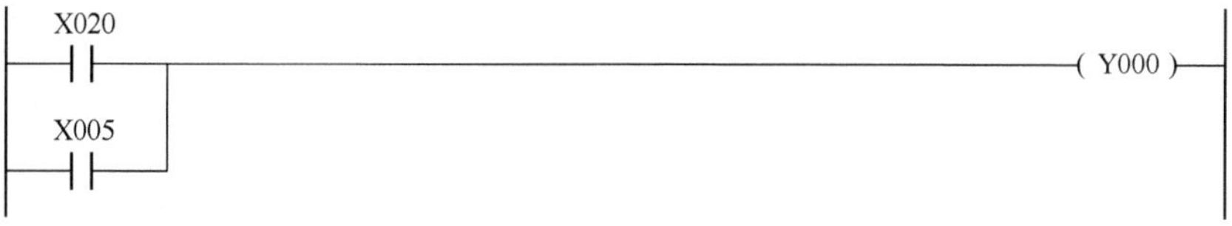

图 2-47　连续自动运行控制梯形图

2.3.3 【实例 2-8】 物件分拣与处理控制

 实例说明

图 2-48 为物件分拣与处理控制仿真环境示意图。当按下供给按钮 X20 时，机械手便供给一个物件，通过第一段传送带正转运送并检测大小；第二段传送带运转，根据检测的大小，利用分拣器的动作将大物件和小物件放到后部的传送带，中物件放到前部的传送带；中物件被前部的传送带传送到末端时，被机械手取下，放到箱子中；大物件被后部的传送带传送到末端后落下；小物件被后部的传送带传送到末端后被推出机构推出。

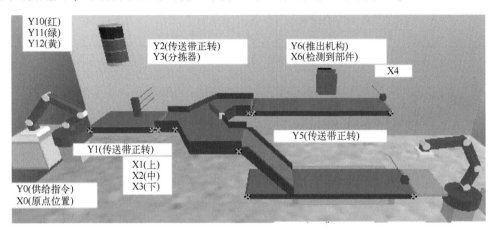

图 2-48　物件分拣与处理控制仿真环境示意图

 解析过程

（1）I/O 分配表见表 2-8。

表 2-8　I/O 分配表

输　　入	功　　能	输　　出	功　　能
X20	供给按钮	Y0	物件供给指令
X24	传送带正转控制	Y1	第一段传送带正转
X1	传送带上传感器	Y2	第二段传送带正转
X2	传送带中传感器	Y3	分拣器
X3	传送带下传感器	Y4	前部传送带正转
X4	后部传送带末端传感器	Y5	后部传送带正转
X5	前部传送带末端传感器	Y6	推出机构
X6	后部传送带检测物件传感器	Y7	前部传送带机械手取物
X10	原点位置	Y10	红灯
X11	前部传送带末端桌面传感器	Y11	绿灯
X12	机械手操作完成	Y12	黄灯

（2）控制程序的分析与分解

本实例要求包含物件供给，传送带启/停，大、中、小物件的判断与分拣，第二段传送带的启/停，不同物件的处理等几个部分。虽没有大、中、小物件的指示灯要求，但需要把物件的大小信息储存起来，即在判断好物件的大小后，分别驱动三个辅助继电器来表示物件的大小。当物件到达第二段传送带后，根据三个代表物件大小的辅助继电器对物件进行下一步的处理。

（3）物件供给、传送和判断控制部分

首先完成第一段传送带的控制。当按下供给按钮 X20 时，要求供给一个物件，如图 2-49 所示，只要让供给指令 Y0 接通，系统便会随机给出大、中、小不同的物件。

图 2-49　物件供给控制梯形图

第二步是完成传送带的启动控制。根据控制要求，按下选择开关 X24 时，传送带启动，包括 Y1、Y2、Y4、Y5，传送带启动控制梯形图如图 2-50 所示。

图 2-50　传送带启动控制梯形图

第三步是大、中、小物件的判断和分拣控制。根据控制要求，没有表示物件大小的指示灯，将物件的大小信息储存在辅助继电器的状态中：若为大物件，则 M1 被置 1，若为中物件，则 M2 被置 1，若为小物件，则 M3 被置 1，如图 2-51 所示。

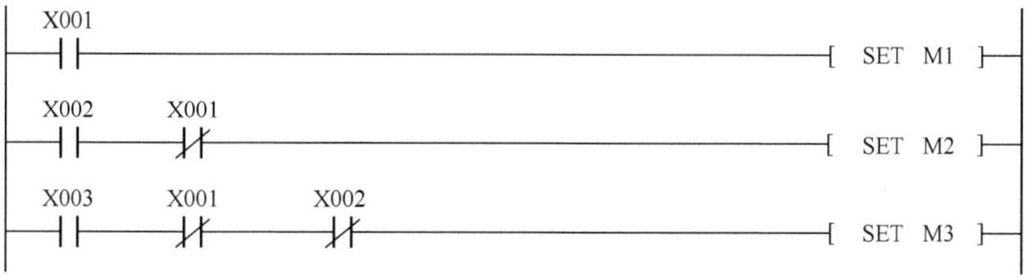

图 2-51　判断大、中、小物件的梯形图

在 M1、M2、M3 中储存着本工作周期被处理的物件的大小信息，为了不妨碍储存下一个工作周期被处理的物件的大小信息，必须在本工作周期结束或下一个工作周期开始时将

M1、M2、M3 的状态清零（复位）。图 2-52 为在下一个工作周期开始时清零，即当再次按下供给按钮 X20 时，使用 ZRST 指令对 M1、M2、M3 的状态清零。

图 2-52　在下一个工作周期开始时清零

最后一步是分拣控制。根据控制要求，大物件和小物件通过分拣器后被分拣到后部传送带上，中物件通过分拣器时不动，从而进入前部传送带，如图 2-53 所示，用代表大物件和小物件的 M1 和 M3 的常开触点驱动分拣器 Y3。

图 2-53　分拣控制梯形图

（4）大、中、小物件的后续处理

根据控制要求，大物件被送到后部传送带上后从右端落下；小物件被送到后部传送带上后，当传感器检测到小物件到推出机构前时，后部传送带停止，推出机构将小物件推到箱子中；中物件被前部传送带传送到末端的桌面上时，由机械手取下，放到箱子中。

分析控制要求，难点在后部传送带，后部传送带有大小两种不同的物件通过，且处理方式不同。

当本工作周期出现的物件是中物件时，接通辅助继电器 M2，当中物件被传送到桌面上时，传感器 X11 被接通，可以用 M2 和 X11 两个常开触点的串联来表示这两个条件同时满足，驱动机械手取物指令 Y7，如图 2-54 所示。

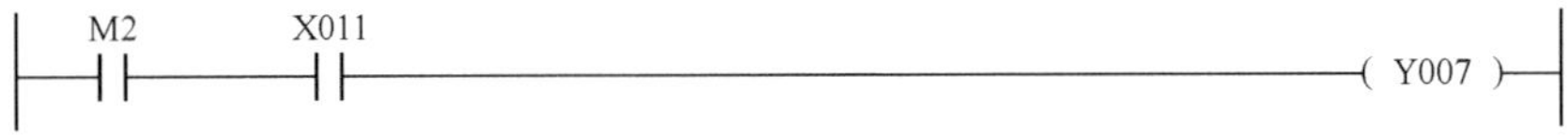

图 2-54　前部传送带控制梯形图

将梯形图下载至 PLC 运行，当出现中物件时，出现如图 2-55 所示的由机械手将中物件取下，放到箱子中的处理状况。

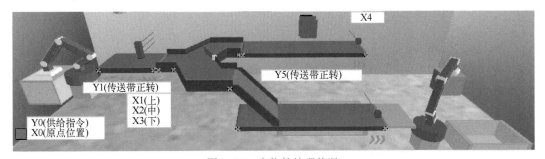

图 2-55　中物件处理状况

　　根据控制要求，大物件随着后部传送带传送到最右端时会从右端落下，小物件被传送到推出机构前时，后部传送带需要暂停，如果不暂停，则小物件会一边移动一边被推出，肯定不能落到原先预期的箱子中，同时又要保证大物件过来的时候，后部传送带不能停，否则大物件就不能从右端落下了。

　　图 2-56 为小物件处理控制梯形图，当满足当前物件是小物件时，辅助继电器 M3 被接通；当小物件被传送到推出机构前时，X6 被接通，因此 M3 和 X6 的常开触点串联表明两个条件同时满足。M10 表示小物件处理的中间环节，当接通 M10 后，驱动推出机构 Y6。

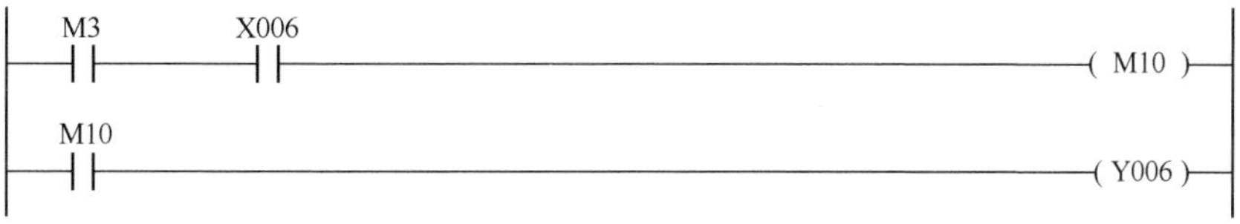

```
    M3      X006
 ┤├──────┤├─────────────────────────( M10 )

    M10
 ┤├─────────────────────────────────( Y006 )
```

图 2-56　小物件处理控制梯形图

　　如果将 M10 的常闭触点串联到后部传送带 Y5 的线路中，则当小物件处理条件满足时，后部传送带 Y5 停止。

　　图 2-57 为处理小物件时的状况，后部传送带 Y5 停止，同时推出机构 Y6 将小物件推出，注意在推出过程中，Y6 应始终保持接通，否则推出机构就不能完整地完成全部推出及回原位的动作了。

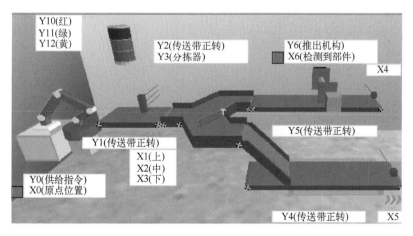

图 2-57　处理小物件时的状况

　　图 2-58 为处理大物件时的状况，当大物件被传送至推出机构前时，推出机构没有动作，传送带也没有停止，一直将大物件传送到最右边，然后落下。

　　(5) 修改控制要求并实现传送带节能运行

　　将控制要求修改为系统在启动时，使用选择开关 X24 启动 Y1、Y2，当物件通过 Y1 上的传感器时，Y4、Y5 启动，件处理完毕，Y4、Y5 停止，以实现传送带节能的目的。

　　根据新的控制要求，首先将原来 Y4、Y5 启动部分的程序删除，即将光标分别放在 Y4、Y5 所在的行，使用菜单中的"编辑（E）"→"行删除"删除，如图 2-59 所示。

Y10(红)
Y11(绿)
Y12(黄)
Y2(传送带正转)
Y3(分拣器)
Y6(推出机构)
X6(检测到部件)
X4
Y5(传送带正转)
Y1(传送带正转)
X1(上)
X2(中)
X3(下)
Y0(供给指令)
X0(原点位置)

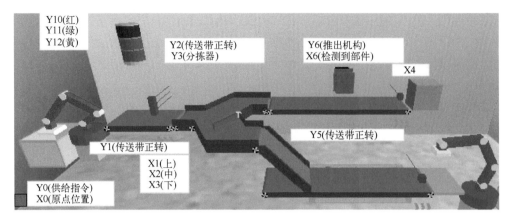

图 2-58　处理大物件时的状况

工程(P) 编辑(E) 转换(C) 视图(V) 在线(O) 工具(T)
撤消(U) Ctrl+Z
恢复至梯形图转换后(R)
剪切(T) Ctrl+X
复制(C) Ctrl+C
粘贴(P) Ctrl+V
行插入(N) Shift+Ins
行删除(E) Shift+Del
X0
2
Y001
Y002
Y004
Y005

图 2-59　删除 Y4、Y5 的启动程序

然后在分拣器驱动程序的前面插入空行（见图 2-60），以便编写新的传送带启动程序。

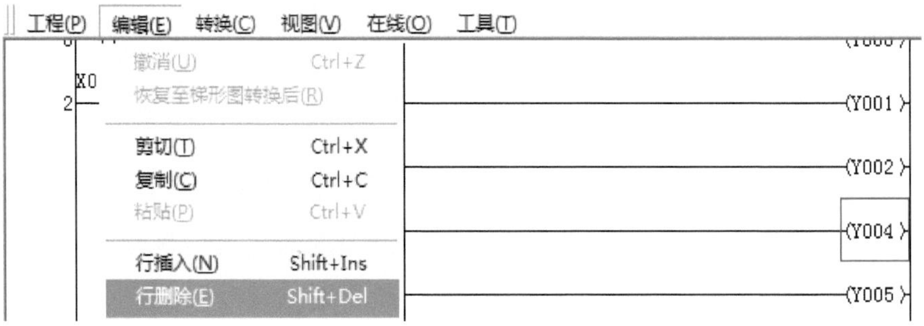

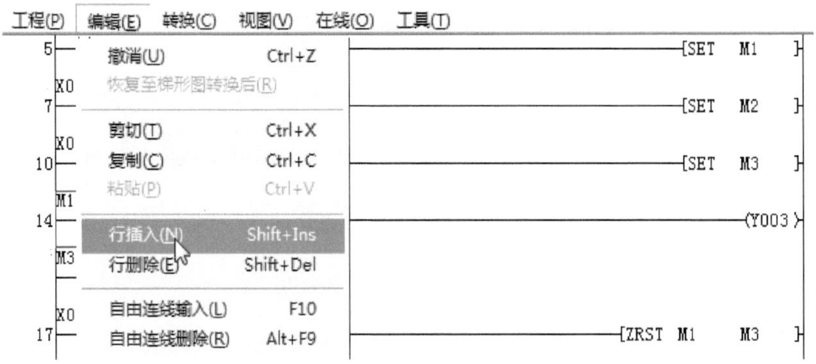

工程(P) 编辑(E) 转换(C) 视图(V) 在线(O) 工具(T)
撤消(U) Ctrl+Z
恢复至梯形图转换后(R)
剪切(T) Ctrl+X
复制(C) Ctrl+C
粘贴(P) Ctrl+V
行插入(N) Shift+Ins
行删除(E) Shift+Del
自由连线输入(L) F10
自由连线删除(R) Alt+F9
5
X0
7
X0
10
M1
14
M3
X0
17
SET M1
SET M2
SET M3
Y003
ZRST M1 M3

图 2-60　插入行

插入空行后，首先编写 Y4、Y5 启动程序。如果编写为只要有物件来，不管大小，Y4、Y5 都启动，则最简单的方法就是用 X3 来驱动 Y4、Y5。这里介绍的是根据需要启动 Y4 或 Y5 中的一个，也就是根据物件的大小来驱动 Y4 或 Y5 中的一个。因此，用大物件和小物件的标志 M1 和 M3 来驱动后部传送带 Y5，M2 来驱动前部传送带 Y4，如图 2-61 所示。

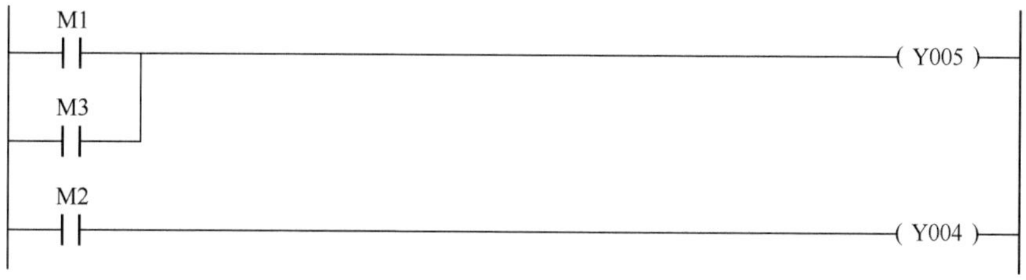
M1
M3
M2
Y005
Y004

图 2-61　启动 Y4、Y5 中的一个

启动完成后，再编写传送带的停止控制程序。前部传送带 Y4 的停止控制比较简单，当中物件通过传感器 X5 到达桌面上后，前部传送带就可以停止了，因此只需要使用 X5 的常闭触点串联在 Y4 的线路中即可，如图 2-62 所示。

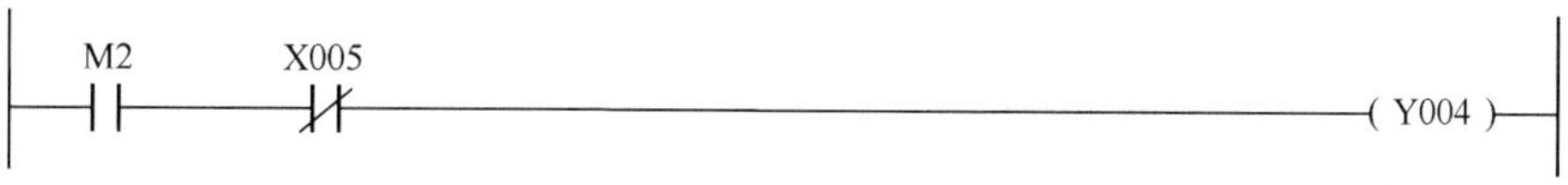
M2
X005
Y004

图 2-62　前部传送带 Y4 的停止控制梯形图

后部传送带 Y5 的停止有两种情况：一种情况是大物件通过传感器 X4 后落下，这时传送带应停止；另一种情况是小物件到达推出机构前，传感器 X6 动作，传送带应停止。在任意一种情况下，两个传感器的常闭触点均串联，如图 2-63 所示。

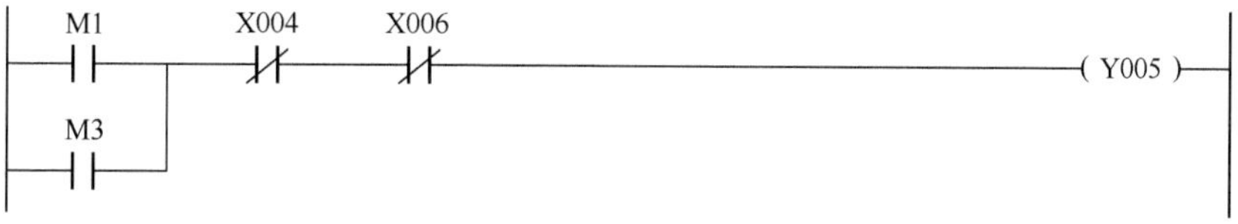
M1
X004
X006
Y005
M3

图 2-63　后部传送带 Y5 的停止控制梯形图

图 2-64 为将梯形图下载到 PLC 后发现的问题，即当小物件处理完毕，前部传送带 Y4 并没有停止，而是等到下一个物件供给的时候，前部传送带 Y4 才停止，在运行状态下观察 Y5 的控制程序，当小物件在推出机构前时，由于传感器 X6 动作，前部传送带确实停止了，因此小物件能够被正常推出，但在推出之后，由于没有小物件了，X6 复位，而 M3 信号依然存在，因此后部传感器 Y5 又接通了。

M1
X004
X006
Y005
M3

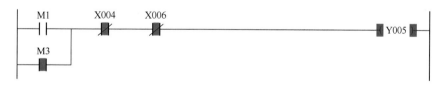

图 2-64　后部传送带 Y5 的停止控制运行状况（1）

当大物件被传送到推出机构前时，传送带停住了，导致大物件被卡在后部传送带上，如图 2-65 所示。

观察程序，当大物件被传送到推出机构前时，由于传感器 X6 动作，导致后部传送带 Y5 线路断开，Y5 停止，使大物件不能被传送到最右端，如图 2-66 所示。

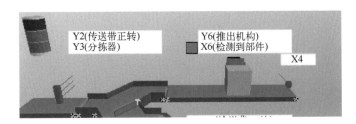

图 2-65　大物件被卡在后部传送带上

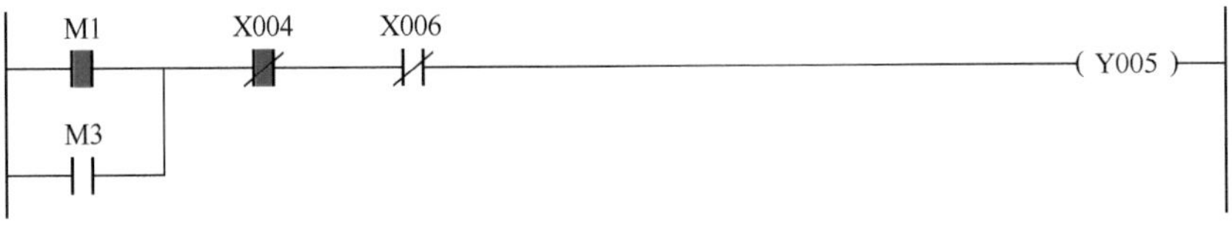

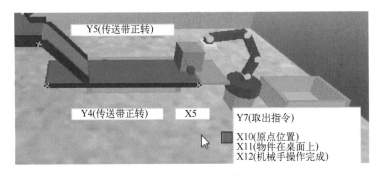

图 2-66　后部传送带 Y5 的停止控制运行状况（2）

当中物件被卡在前部传送带 Y4 和桌面中间时，机械手也不能进行抓取动作，如图 2-67 所示。

图 2-67　中物件被卡在前部传送带 Y4 和桌面中间

从运行状况来看，由于中物件在前部传送带 Y4 和桌面中间，所以传感器 X11 没有动作。为什么中物件会在前部传送带 Y4 和桌面中间呢？很显然，此时因为中物件有一定的厚度，中物件的前端一碰到传感器 X5，前部传送带就停止，如图 2-68 所示。

图 2-68　传感器 X11 没有动作

以上问题的核心是传送大、小物件的后部传送带的停止条件不一样，因此大、小物件的停止条件最好能分开控制，否则将影响大物件不能被传送到最右边。

图 2-69 为修改后的完整梯形图。

图 2-69 中增加了一个 M4，当传送小物件时，只要推出机构动作，M4 就被置位，同时 M4 的触点将使后部传送带停止；当传送大物件时，推出机构不动作，后部传送带也不停止，直至 M1 和 M3 被复位，后部传送带才停止。另外，区间复位指令的复位区间从 M1 到 M3 增加到从 M1 到 M4。

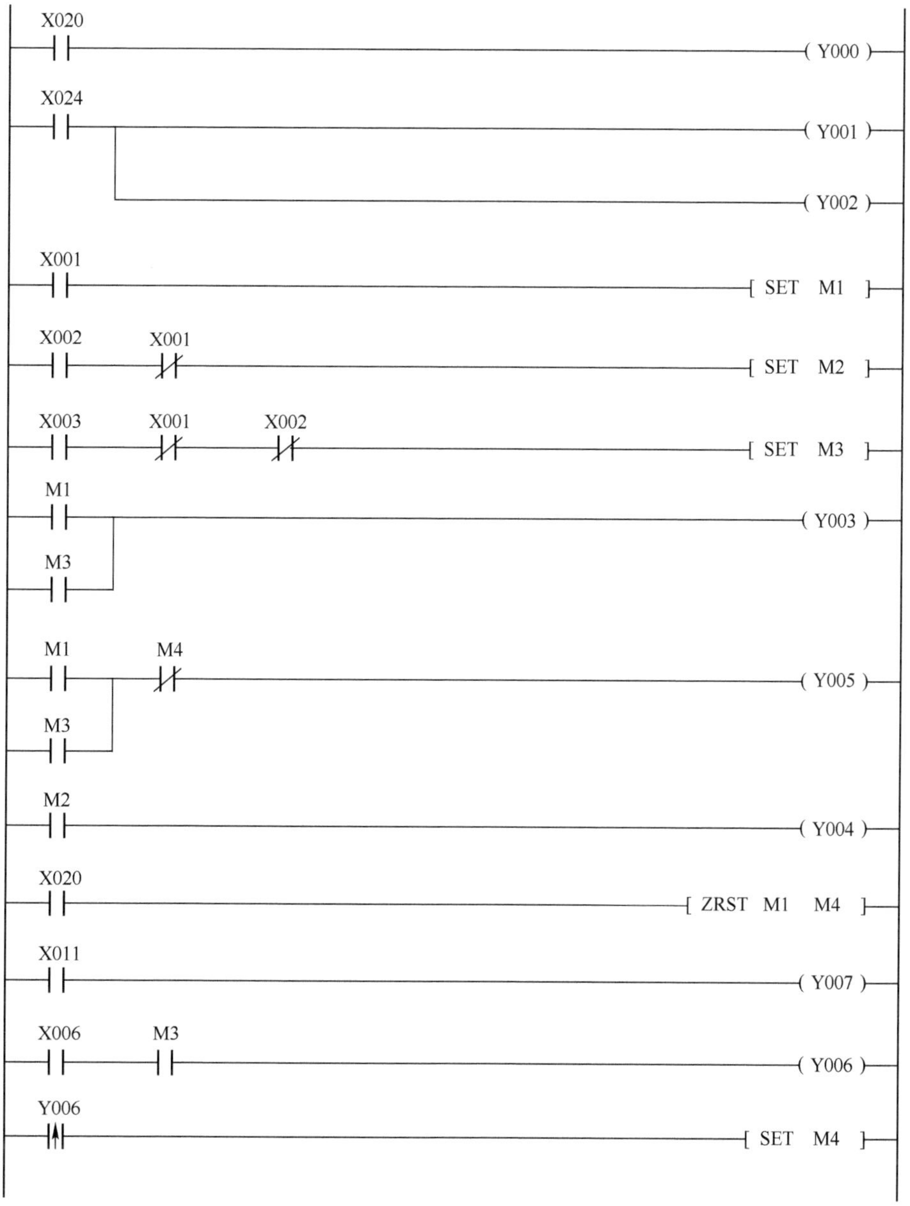

图 2-69　修改后完整梯形图

▌2.4　数据传送与运算应用指令

2.4.1　应用指令的基本格式

　　在基本逻辑指令的基础上，PLC 制造厂家开发了一系列用来完成不同功能的子程序，调用这些子程序的指令被称为应用指令。FX 系列 PLC 的应用指令可分为传送与比较指令、算术与逻辑运算指令、移位与循环指令、程序控制指令等。

应用指令一般由 3 部分组成，即功能编号 FNC、助记符和操作数，在编程软件中将功能编号 FNC 省略掉了，变为梯形图形式，即

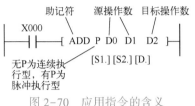

图 2-70　应用指令的含义

在梯形图中可以输入同一个应用指令，即

应用指令的含义如图 2-70 所示。

2.4.2　应用指令的规则

应用指令操作数（软元件）的含义见表 2-9。其中，处理断开和闭合状态的软元件为位软元件，如 X 输入继电器等；处理数据的软元件为字软元件，如 T 定时器的当前值。

表 2-9　应用指令操作数（软元件）的含义

字 软 元 件	位 软 元 件
K：十进制整数	X：输入继电器
H：十六进制整数	Y：输出继电器
KnX：输入继电器的位指定	M：辅助继电器
KnY：输出继电器的位指定	S：状态继电器
KnS：状态继电器的位指定	
T：定时器的当前值	
C：计数器的当前值	
D：数据寄存器	
V、Z：变址寄存器	

由表 2-9 可以看出，由位软元件组合起来可以构成字软元件进行数据处理；每 4 个位软元件为一组，组成一个单元，位软元件的组合由 Kn（n 在 1~7 之间）加首元件来表示，如 KnY、KnX 等；K1Y0 表示由 Y0、Y1、Y2、Y3 组成的 4 位字软元件；K4M0 表示由 M0~M15 组成的 16 位字软元件。

在一般情况下，指令执行形式有连续执行和脉冲执行两种。其中，脉冲执行为连续执行指令的助记符后加 P。从类别上，应用指令分为程序流程控制指令、传送与比较指令、数据处理指令等。

2.4.3　传送、比较和转换指令

1. MOV 指令

MOV 指令是最常见的数据指令，指数据传送到指定目标的操作软元件，其指令含义见表 2-10。表中，操作软元件 D. 表示目标操作软元件；D 连续执行表示指令的前缀加 D，即 DMOV（双字移动指令）；P 脉冲执行表示指令的前缀加 P，即 MOVP（脉冲执行移动指令）。

表 2-10　MOV 指令含义

助记符	功　能	操作软元件		D 连续执行	P 脉冲执行
		S.	D.		
MOV	将源操作软元件的数据传送到指定目标的操作软元件	K、H、KnX、KnY、KnM、KnS、T、C、D、V、Z	KnY、KnM、KnS、T、C、D、V、Z	+	+

MOV 指令程序举例如图 2-71、图 2-72 所示。

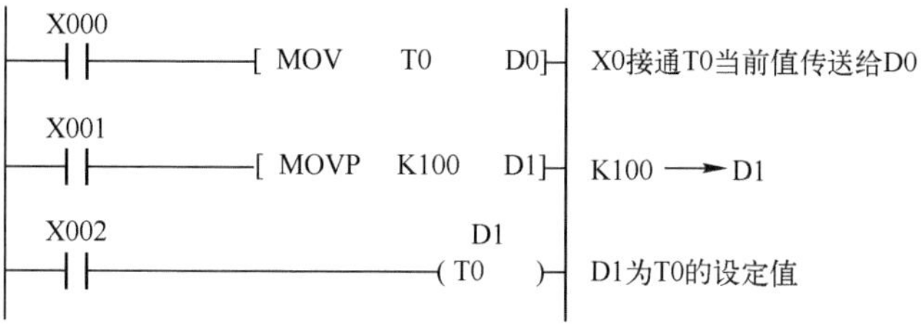

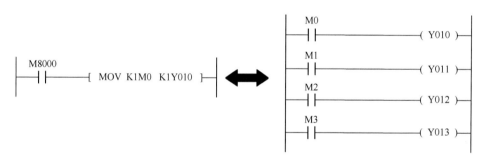

图 2-71　MOV 指令程序举例（1）

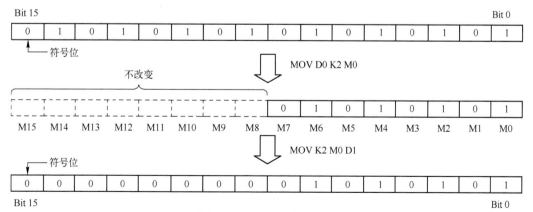

图 2-72　MOV 指令程序举例（2）

　　在 MOV 指令的应用中，如果目标操作软元件比源操作软元件范围还要小，则过剩位将被简单地忽略，如图 2-73 所示中的 MOV D0 K2M0；相反，如果目标操作软元件比源操作软元件范围还要大，则把 "0" 写入相关地址，如 MOV K2M0 D1。需要注意的是，当发生这种情况时，其结果始终为正，因为第 15 位解释为符号位。

图 2-73　MOV 指令的应用

2. 比较指令 CMP 和区间比较指令 ZCP

比较指令 CMP 和区间比较指令 ZCP 的含义见表 2-11。

表 2-11　CMP 和 ZCP 指令的含义

助记符	功　　能	操作软元件			
		S1.	S2.	S.	D.
CMP	将源操作软元件 S1 与 S2 的内容比较	K、H、KnX、KnY、KnM、KnS、T、C、D、V、Z			X、Y、M、S、T、C、D、V、Z
ZCP	S 与 S1、S2 区间比较				

CMP 指令的程序举例如图 2-74 所示。

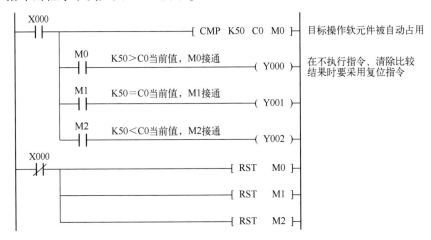

图 2-74　CMP 指令的程序举例

3. BCD 转换指令、二进制转换指令 BIN

BCD 转换指令、二进制转换指令 BIN 的含义见表 2-12。

表 2-12　BCD 和 BIN 指令的含义

助记符	功　　能	操作软元件		D	P
		S	D		
BCD	将源操作软元件的二进制数据转换成 BCD 码传送到指定的目标操作软元件中	KnX、KnY、KnM、KnS、T、C、D、V、Z	KnY、KnM、KnS、T、C、D、V、Z	+	+
BIN	将源操作软元件的 BCD 码转换成二进制数据传送到指定的目标操作软元件中	KnX、KnY、KnM、KnS、T、C、D、V、Z	KnY、KnM、KnS、T、C、D、V、Z	+	+

BCD 指令的程序举例如图 2-75 所示。

图 2-75　BCD 指令的程序举例

BCD 指令的接线形式如图 2-76 所示。四则运算（+-×÷）与增量指令、减量指令等编程控制器内的运算都用 BIN 码实现，因此可编程控制器在获取 BCD 的数字开关信息时要使用 BCD → BIN 转换传送指令，向 BCD 的七段显示器输出时要使用 BIN → BCD 转换传送指令。

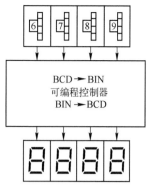

在使用 BCD、BCD（P）指令时，如 BCD 转换结果超出 0~9999 范围，则会出错。同样，当使用（D）BCD、（D）BCDP 指令时，如 BCD 转换结果超出 0~99999999 范围则会出错。

BIN 指令的程序举例如图 2-77 所示。

图 2-76　BCD 指令的接线形式

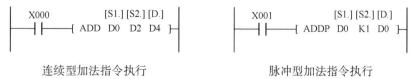

图 2-77　BIN 指令的程序举例

在使用 BIN 指令时，当源数据不是 BCD 码时，会发生 M8067（运算错误），M8068（运算错误锁存）将不工作，同时因为常数 K 自动地转换成二进制数，所以不成为指令适用的软元件。

2.4.4　四则运算指令

四则运算指令包括加、减、乘、除等指令，见表 2-13。

表 2-13　四则运算指令名称及功能

助记符	指令名称及功能	D	P
ADD	二进制加法指令	+	+
SUB	二进制减法指令	+	+
MUL	二进制乘法指令	+	+
DIV	二进制除法指令	+	+
INC	加 1 指令	+	+
DEC	减 1 指令	+	+

1. 加法指令

加法指令是将指定源操作软元件［S1.］、［S2.］中的二进制数相加，并将结果送到指定的目标操作软元件［D.］中，格式为

```
    X000          [S1.] [S2.] [D.]              X001          [S1.] [S2.] [D.]
  ──┤├──────[ ADD  D0   D2   D4 ]──          ──┤├──────[ ADDP  D0   K1   D0 ]──

      连续型加法指令执行                           脉冲型加法指令执行
```

其中，① 操作软元件：[S] K、H、KnX、KnY、KnM、KnS、T、C、D、V、Z；[D] KnY、KnM、KnS、T、C、D、V、Z。

② 当执行条件满足时，(S1) + (S2) 的结果存入 (D) 中，运算为代数运算。

③ 操作时影响三个常用标志，即 M8020 零标志、M8021 借位标志、M8022 进位标志：运算结果为零则 M8020 置 1；超过 32767 进位标志则 M8022 置 1；小于-32767 借位标志则 M8021 置 1 （以上都为 16 位时）。

加法指令的相关说明为

ADD K1000 D100 D102 ➡ 1000 ＋ | D 100
53 | ⟶ | D 102
1053 |

ADD D10 D11 D12 ➡ | D 10
5 | ＋ | D 11
-8 | ⟶ | D 12
-3 |

DADD D0 D2 D4 ➡ | D 1 D 0
65238 | ＋ | D 3 D 2
27643 | ⟶ | D 5 D 4
92881 |

ADD D0 K25 D0 ➡ | D 0
18 | ＋ 25 ⟶ | D 0
43 |

2. 减法指令

减法指令是将指定操作软元件[S1.]、[S2.]中的二进制数相减，并将结果送到指定的目标操作软元件[D.]中，格式为

```
  X000          [S1.] [S2.] [D.]          X001          [S1.]  [S2.]  [D.]
──┤ ├──────[ SUB  D0   D2   D4 ]─       ──┤ ├──────[ SUBP  D10   D12   D14 ]─
```

连续型减法指令执行　　　　　　　　脉冲型减法指令执行

其中，① 操作软元件与加法指令一样。

② 当执行条件满足时，(S1)-(S2) 的结果存入 (D) 中，运算为代数运算。

③ 常用标志与加法指令一样。

减法指令的相关说明为

SUB D100 K100 D101 ➡ | D 100
247 | － 100 ⟶ | D 101
147 |

SUB D10 D11 D12 ➡ | D 10
5 | － | D 11
-8 | ⟶ | D 12
13 |

DSUB D0 D2 D4 ➡ | D 1 D 0
65238 | － | D 3 D 2
27643 | ⟶ | D 5 D 4
37595 |

SUB D0 K25 D0 ➡ | D 0
197 | － 25 ⟶ | D 0
172 |

3. 乘法指令

乘法指令是将指定源操作软元件[S1.]、[S2.]中的二进制数相乘，并将结果送到指定的目标操作软元件[D.]中，格式为

```
      X000              [S1.] [S2.] [D.]              X001              [S1.] [S2.] [D.]
   ---| |------[ MUL   D0   D2   D4 ]---          ---| |------[ DIV   D10  D12  D14 ]---
```

乘法指令执行　　　　　　　　　　　　　　　除法指令执行

其中，① 操作软元件与减法指令一样。

② 将[S1] ＊[S2]存入[D]中，即将[D0] ＊[D2]的结果存入[D5] [D4]中。

③ 最高位为符号位，0 正 1 负。

乘法指令的相关说明为

```
                        D 0          D 1          D 3    D 2
MUL D0 D1 D2  ➡       | 1805 |  ×  | 481 |  →  |   868205   |

                        D 10                    D 21   D 20
MUL D10 K-5 D20 ➡     |  8  |  ×  -5   →  |    -40    |

                     D 1     D 0      D 3     D 2      D 7    D 6    D 5    D 4
DMUL D0 D2 D4 ➡    |   65238   |  ×  |   27643   |  →  |      1803374034      |
```

4. 除法指令

除法指令是将源操作软元件[S1.]、[S2.]中的二进制数相除，[S1.]为被除数，[S2.]为除数，商送到指定的目标操作软元件[D.]中。

除法指令的相关说明为

```
                        D 0          D 1          D 2
DIV D0 D1 D2  ➡       |  40  |  ÷  |  6  |  →  |  6  |    商 (6×6=36)

                                                 D 3
                                              |  4  |    余数 (40-36=4)


                        C 0          D 10         D 200
DIV C0 D10 D200 ➡     |  36  |  ÷  | -5  |  →  | -7  |    商

                                                 D 201
                                              |  1  |    余数


                     D1      D0       D3      D2       D5     D4
DDIV D0 D2 D4 ➡    |   65238   |  ÷  |   27643   |  →  |    2    |    商

                                                       D7     D6
                                                    |   9952   |    余数
```

5. 加 1 指令/减 1 指令

加 1 指令/减 1 指令是将目标操作软元件[D] 中的结果加 1/目标操作软元件[D]中的结果减 1，格式为

```
      X000                                       X001
   ---| |------------[ INCP  D0 ]---          ---| |------------[ DECP  D10 ]---
```

加 1 指令执行　　　　　　　　　　　　减 1 指令执行

其中，① 若用连续指令，则每个扫描周期都执行。

② 脉冲执行型只在有脉冲信号时执行一次。

2.4.5　【实例 2-9】停车场车辆的计数

 实例说明

某停车场共有 60 个停车位，在入口处设置车辆进口光电感应，在出口处设置车辆出口光电感应，要求对车辆的数量进行计数显示：当车辆数量小于 50 辆时，指示灯为绿色；等于 50 辆时，指示灯为黄色；超过 50 辆时，指示灯为红色。

解析过程

（1）软元件的分配。

表 2-14 为停车场系统的 PLC 软元件。

表 2-14　停车场系统的 PLC 软元件

PLC 软元件	功　　能
X0	进口光电感应
X1	出口光电感应
Y0	车辆数量小于 50
Y1	车辆数量等于 50
Y2	车辆数量大于 50
D30	停车场车辆数量

（2）梯形图的编写。

停车场车辆计数梯形图如图 2-78 所示。X000 和 X001 代表车辆进入或离开停车场。当有一车辆进入停车场时，当前车辆数量的记录加 1，即对数据寄存器 D30 的内容执行一个 INC 指令。CMP 指令由辅助继电器 M8000 驱动，使寄存器 D30 不断地与已知能容纳的最大车辆数量进行比较，当两值相等时，指示灯为黄色。反之，如果一车辆离开，则 DEC 指令对数据寄存器减 1。

图 2-78　停车场车辆计数梯形图

2.4.6　移位指令

移位指令的名称及功能见表 2-15。两条指令是使位软元件中的状态向右/向左移位，用 n1 指定位软元件的长度，用 n2 指定移位的位数。

表 2-15　移位指令的名称及功能

助记符	名称及功能	操作软元件			
		[S.]	[D.]	n1	n2
SFTR (P)	位右移	X、Y、M、S	Y、M、S	K、Hn2<=n1<=1024	
SFTL (P)	位左移				

移位指令的格式为

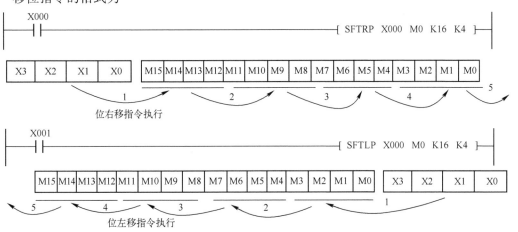

2.4.7　批复位指令 ZRST

批复位指令 ZRST 的含义见表 2-16。

表 2-16　ZRST 指令的含义

助记符	操作软元件	
	[D1.]	[D2.]
ZRST	Y、M、S、T、C、D (D1<=D2)	

批复位指令的格式为

```
        X001
    ─────┤├───────────[ ZRST  M0  M20 ]──
```

2.4.8　块传送指令 BMOV 和多点传送指令 FMOV

1. 块传送指令 BMOV

BMOV(P)指令是将从源操作数指定软元件开始的 n 个数据组成数据块传送到指定的目标。其使用如图 2-79 所示。传送顺序自动决定，既可从高软元件号开始，也可从低软元件号开始。若用到需要指定位数的位软元件，则源操作数和目标操作数的指定位数应相同。

2. 多点传送指令 FMOV

FMOV(P)指令是将源操作数中的数据传送到从指定目标开始的 n 个软元件中，传送后，

n 个软元件中的数据完全相同。其应用如图 2-80 所示，当 X0 为 ON 时，将 K0 传送到 D0~D9 中。

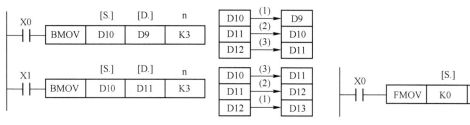

图 2-79   块传送指令的使用   图 2-80   多点传送指令的应用

2.4.9 【实例 2-10】用乘、除法指令实现彩灯控制

实例说明

有一组彩灯，共 14 盏，即 Y0~Y7、Y10~Y15，要求当输入 X0 为 ON 时，彩灯正序每隔 1s 移动一个并循环；当 X1 为 ON，且输出 Y0 为 OFF 时，彩灯反序每隔 1s 移动一个，至 Y0 为 ON 时停止。

解析过程

（1）I/O 分配表。表 2-17 为彩灯控制的输入/输出。

表 2-17   彩灯控制的输入/输出

输　　入	含　　义	输　　出	含　　义
X0	正序开关	Y0~Y7	彩灯组
X1	反序开关	Y10~Y15	彩灯组

（2）梯形图的编写。

用乘、除法指令实现彩灯控制的梯形图如图 2-81 所示。正序命令时，D0 的值从 1 经过乘法（乘以 2）变为 2、4、6、8、…、8192，并在最后一位显示时（Y15）又恢复为 1，继续重复。反序命令时，D2 的值 8192 经过除法（除以 2）变为 4096、2048、1024、…、1，并在最后一位显示时（Y0）定时 1s 后熄灭，不再重复。

Q：在正序命令时，每一次重新复位，Y0 均能显示，但在循环时，Y0 直接被跳过，不再显示，是什么原因？

A：这种情况说明在正序命令时的乘法指令正确，但是输出的 Y 指令顺序出错。在 Y15 刚亮时，D0＝1，一旦如图 2-82 所示的［MOVP D0 K4Y000］位置变动，则显示效果就会出问题，即下面的一个程序将 Y0 忽略掉，直接输出 Y1；上面的程序是先显示 Y0，等待下一个脉冲 M8013 来的时候才执行显示。

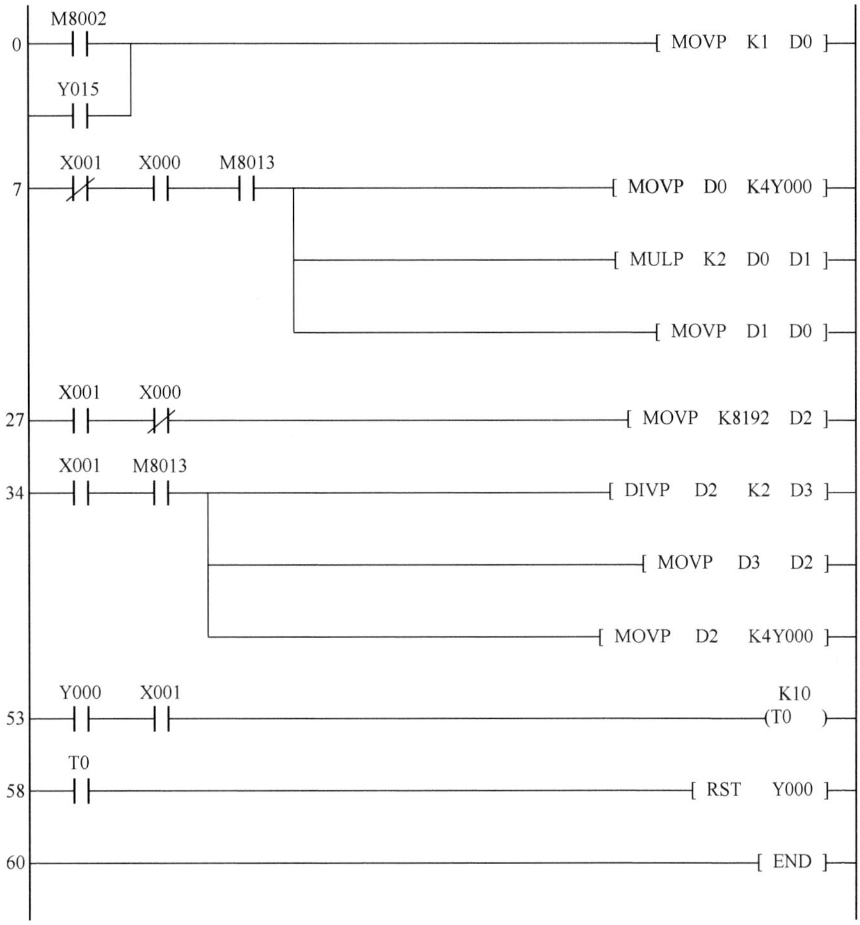

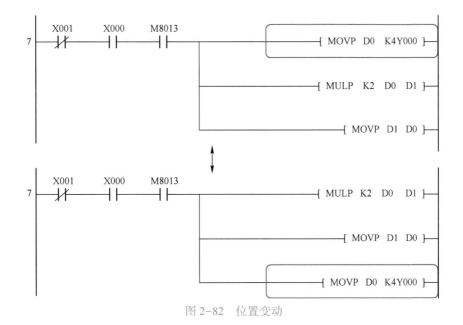

图 2-81 用乘、除法指令实现彩灯控制的梯形图

图 2-82 位置变动

2.4.10 【实例 2-11】用加、减法指令实现彩灯控制

 实例说明

用一个开关控制彩灯，即开关接通时，12 盏彩灯正序亮起，1 盏、2 盏、3 盏……至全部点亮，反序时，1 盏、2 盏、3 盏……至全部熄灭。

 解析过程

（1）软元件分配表。

表 2-18 为彩灯控制的输入/输出。

表 2-18　彩灯控制的输入/输出

输　入	含　义	输　出	含　义
X0	控制开关	Y0~Y7，Y10~Y13	彩灯组

（2）梯形图的编写。

用加、减法指令实现彩灯控制的梯形图如图 2-83 所示。正序命令时，Z0 的值从 1 经过加法变为 2、3、4、…、12；反序命令时，Z0 的值 12 经过减法变为 11、10、9、…、1。

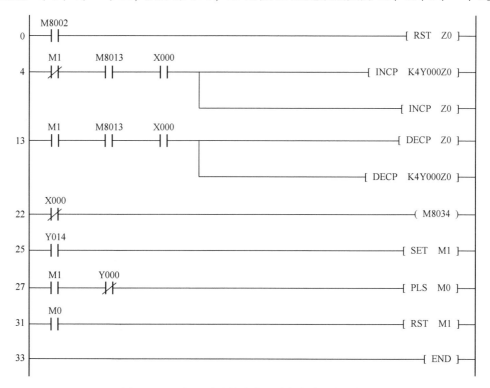

图 2-83　用加、减法指令实现彩灯控制的梯形图

▌ 2.5 流程控制应用指令

2.5.1 程序流程控制指令

表 2-19 为程序流程控制指令，包括 CJ、CALL、SRET、FEND、WDT、FOR、NEXT。

表 2-19 程序流程控制指令

功能助记符	指令名称及功能
CJ	条件跳转，程序跳到 P 指针指定处，P63 为 END
CALL	子程序调用，指定 P 指针，可嵌套 5 层以下
SRET	子程序返回，从子程序返回，与 CALL 配对
FEND	主程序结束
WDT	定时器刷新
FOR	重复循环开始，可嵌套 5 层
NEXT	重复循环结束

2.5.2 条件跳转指令 CJ

CJ 指令的格式如图 2-84 所示。其中标记为 P0~P127，共有 128 个。

作为执行序列的一部分指令，CJ、CJP 可以缩短运算周期及使用双线圈。

CJ 指令说明如下：

① 在图 2-84 中，当 X20=ON 时跳转到程序 P9 被称为有条件转移；图 2-85 为无条件跳转梯形图。

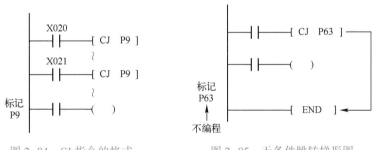

图 2-84 CJ 指令的格式　　　　图 2-85 无条件跳转梯形图

② 一个标记只能出现一次，多于一次则会出错。两条或多条跳转指令可以使用同一标记。

③ 图 2-85 中，编程时标记占一行，如向 END 步跳转时，不要对标记 P63 编程，否则可编程控制器将显示出错码 6507（标记定义不正确）并停止。

2.5.3 【实例 2-12】用跳转指令实现单次或多次钻孔

实例说明

在 FX-TRN 仿真软件的 E-4 中实现单次或多次钻孔（见图 2-86），即根据选择开关 X24 的接通情况来确定单次（X24＝OFF）或多次（X24＝ON）钻孔。单次钻孔流程：按下 X20，Y0（供给指令）输出，Y1（传送带正转）动作；当达到 X1（部件在钻机下）时，传送带停止后进行 Y2（开始钻孔）；当钻孔结束时，输出 X2（钻孔正常）或 X3（钻孔异常）信号；启动传送带，达到生产线末端 X5 后入箱，传送带停止。多次钻孔的流程增加 Y1 传送带不停止，在入箱的同时，继续给出供给指令 Y0。

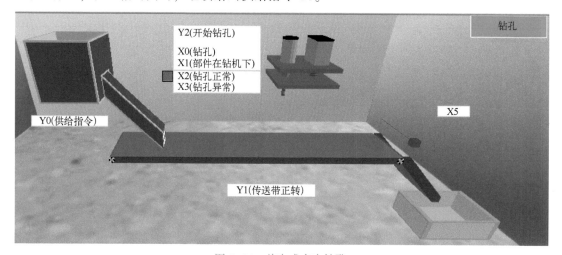

图 2-86　单次或多次钻孔

解析过程

（1）I/O 分配表。

表 2-20 为钻孔装置的 I/O 分配表。其中，X0、X3 被忽略。

表 2-20　钻孔装置的 I/O 分配表

输　入	含　义	输　出	含　义
X1	部件在钻机下	Y0	供给指令
X2	钻孔正常	Y1	传送带正转
X5	部件到达装箱位置	Y2	开始钻孔
X20	启动按钮		
X24	选择开关（ON：多次；OFF：单次）		

（2）梯形图的编写。

图 2-87 为用跳转指令实现单次或多次钻孔梯形图。图中选择三个标记，即 P10 为 X024＝OFF 时的单次动作，P11 为 X024＝ON 时的多次动作，P12 为单次动作后的二次跳转。由于梯形图是自上到下顺序扫描的，因此一定要注意跳转的位置是否符合控制要求。

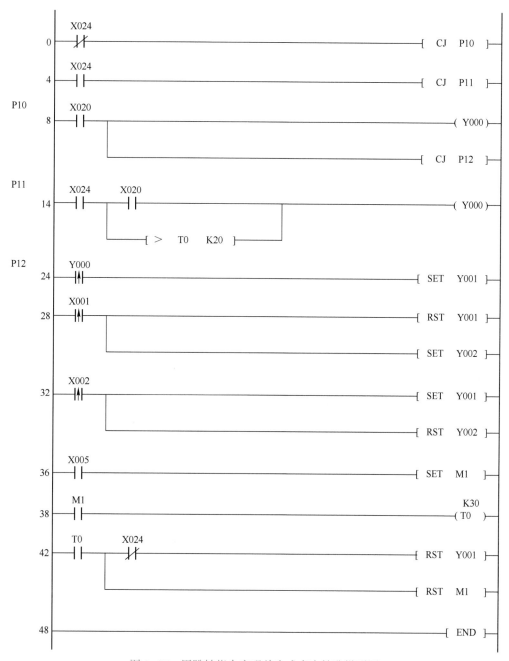

图 2-87 用跳转指令实现单次或多次钻孔梯形图

Q：在本实例中用了 3 个 CJ 跳转指令，在理解上非常方便，能否有更简洁的方法呢？

A：CJ 跳转指令的使用与人的编程习惯有关，从本实例来看，P10 和 P11 的跳转仅仅是根据选择开关 X24 来决定的，P12 是根据第一次选择开关的动作来跳转的，从这一点来看，P10、P11、P12 可以直接简略为一次跳转，即单次钻孔动作后跳转 P12，多次钻孔按照正常流程，如图 2-88 所示。

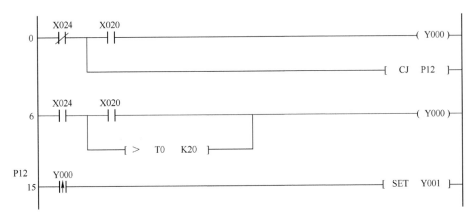

图 2-88   简略后的跳转指令

2.5.4   子程序调用指令 CALL 及其相关指令

子程序调用指令 CALL 及其相关指令的格式如图 2-89 所示。图中，CALL 具有操作软元件，SRET、FEND 无操作软元件。

从图 2-89 中可以看出，当 X000 = ON 时，执行调用指令跳转到标记 P10 步；执行子程序后，通过执行 SRET 指令返回原来的步，即 CALL 指令之后的步。

图 2-90 为 CALLP 指令的格式。当 X001 = OFF 到 ON 后，执行 CALLP P11 指令 1 次后向标记 P11 跳转，即脉冲形式。在执行 P11 子程序的过程中，如果执行 P12 的调用指令，则执行 P12 的子程序、用 SRET 指令向 P11 的子程序跳转。

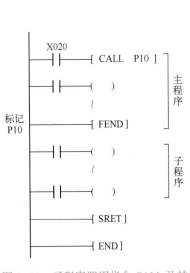

图 2-89   子程序调用指令 CALL 及其
相关指令的格式

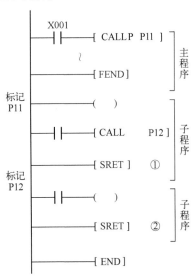

图 2-90   CALLP 指令的格式

第一个 SRET 返回主程序，第二个 SRET 返回第一个子程序，在子程序内最多可以允许有 4 次调用指令，即可做 5 层嵌套。

应用子程序调用指令可以优化程序结构，提高编写程序的效果。

2.5.5 【实例 2-13】用子程序实现升降机分类输送控制

 实例说明

在 FX-TRN 仿真软件的 F-6 中实现升降机分类输送控制（见图 2-91），即根据光电开关 X1、X2、X3 不同的接通情况来确定小物品、中物品和大物品。当确定为小物品时，升降机只需旋转，将物品送至 Y5 传送带上，并送至相应的包装箱内；当确定为中物品时，升降机上升至 X5 中段位置后旋转，将物品送至 Y6 传送带上，并送至相应的包装箱内；当确定为大物品时，升降机上升至 X6 上段位置后旋转，将物品送至 Y7 传送带上，并送至相应的包装箱内。

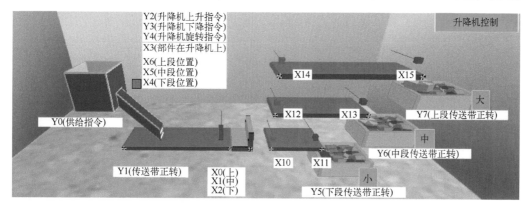

图 2-91　升降机分类输送控制

 解析过程

（1）I/O 分配表。

表 2-21 为升降机分类输送控制的 I/O 分配表。其中，X0、X3 被忽略。

表 2-21　升降机分类输送控制的 I/O 分配表

输　入	含　义	输　出	含　义
X0	光电开关（上）	Y0	供给指令
X1	光电开关（中）	Y1	传送带正转
X2	光电开关（下）	Y2	升降机上升
X3	部件在升降机上	Y3	升降机下降
X4	升降机限位（下段）	Y4	升降机旋转
X5	升降机限位（中段）	Y5	下段传送带正转
X6	升降机限位（上段）	Y6	中段传送带正转
X10	小物品传送带左限位	Y7	上段传送带正转
X11	小物品传送带右限位		
X12	中物品传送带左限位		
X13	中物品传送带右限位		
X14	大物品传送带左限位		
X15	大物品传送带右限位		
X20	启动按钮		

（2）梯形图的编写。

图 2-92 为子程序调用梯形图。图中采用三个子程序，分别为大物品 P1、中物品 P2 和小物品 P3，需要注意的是大物品、中物品和小物品激活的触点信号 M1、M2 和 M3 在整个子程序调用中必须保持为 ON，只有当该子程序执行完毕后才能变成 OFF。

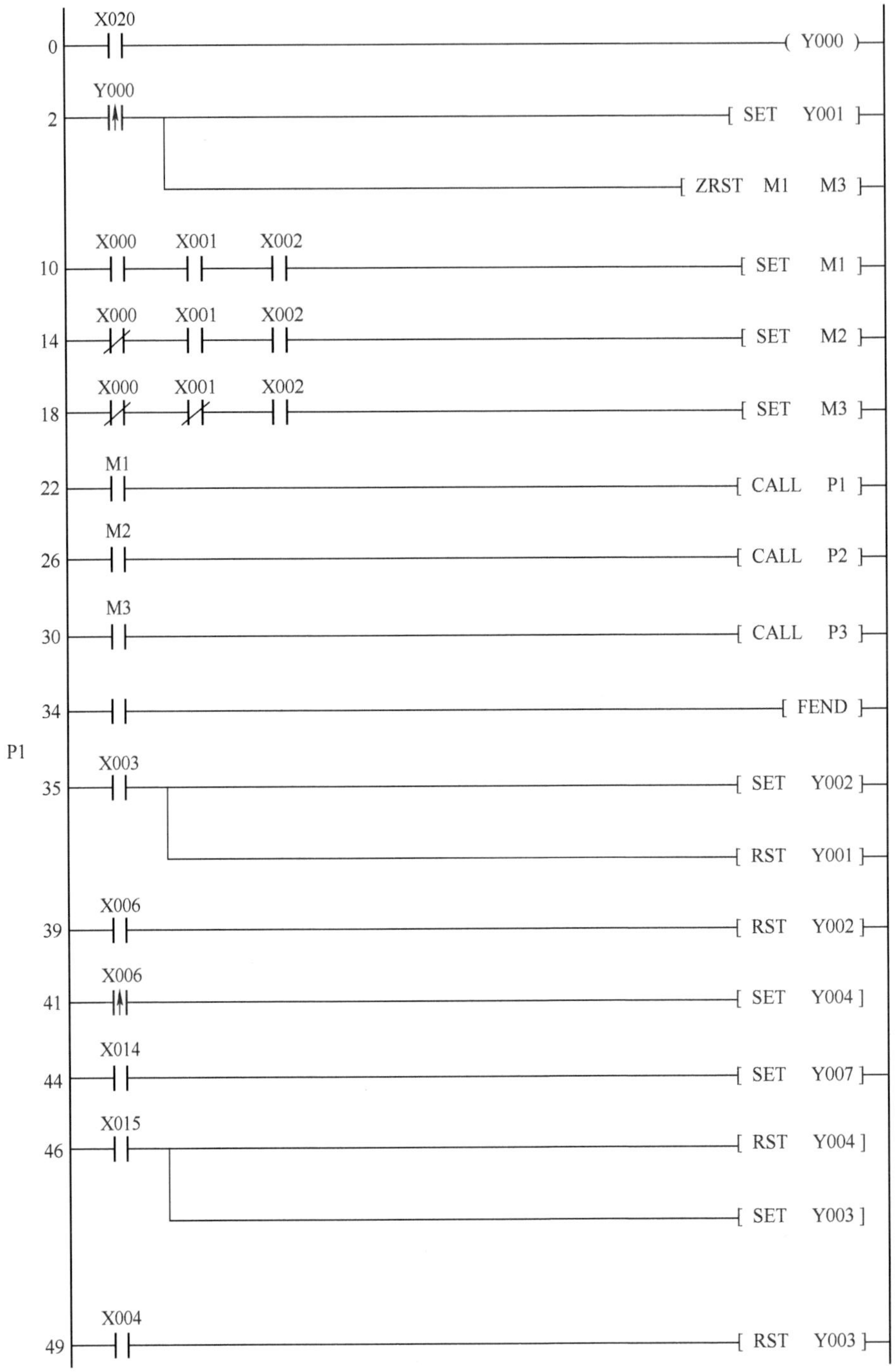

图 2-92　子程序调用梯形图

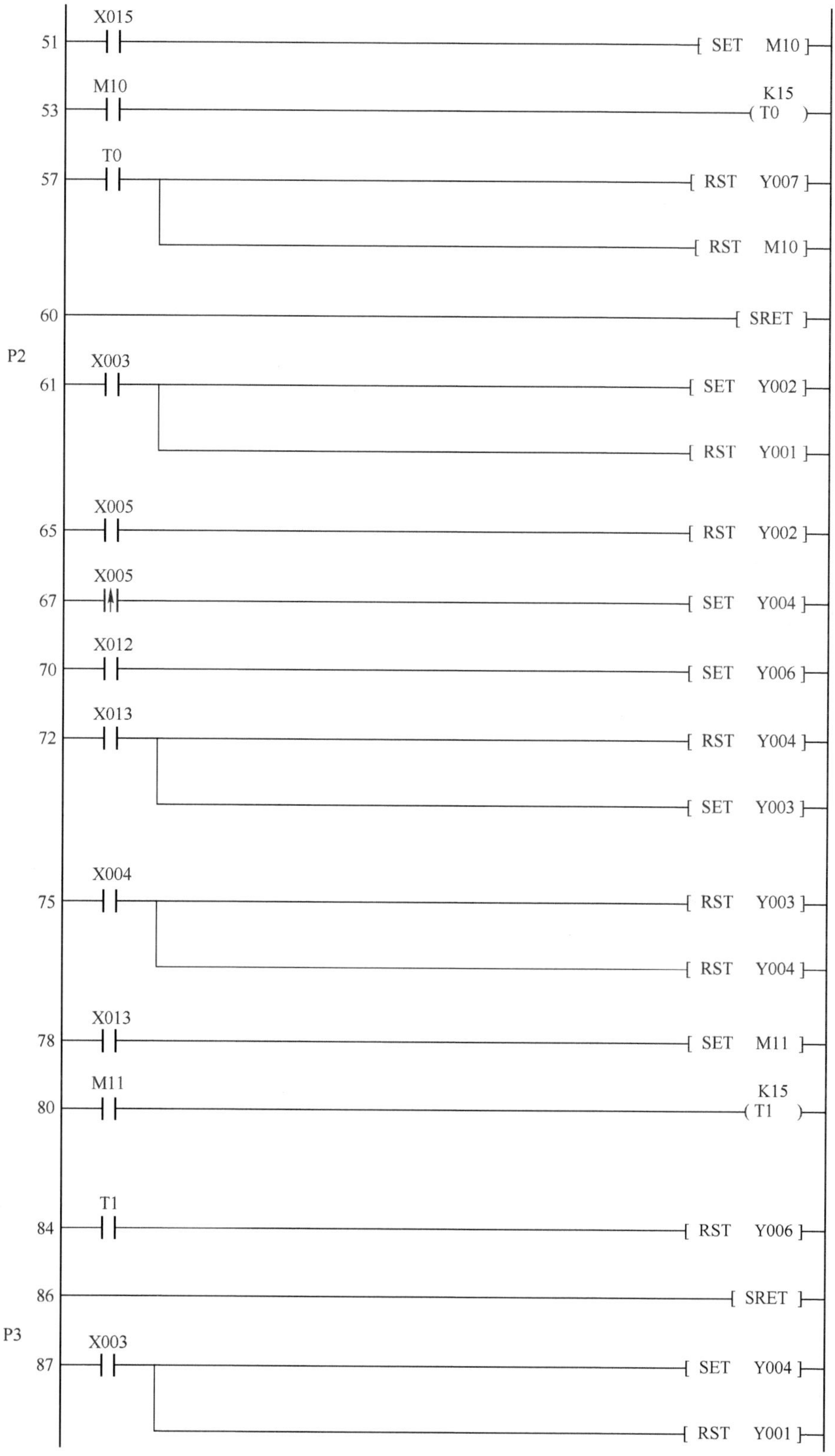

图 2-92　子程序调用梯形图（续 1）

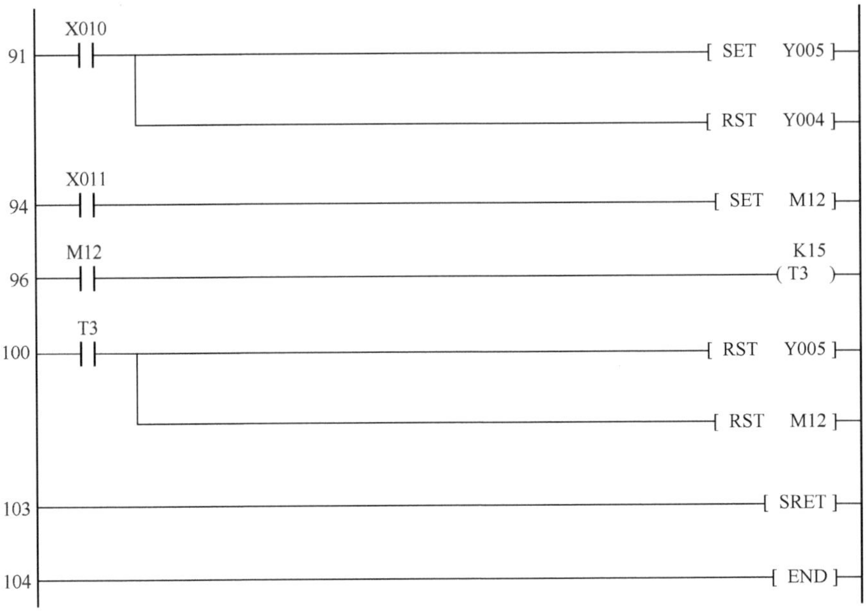

图 2-92　子程序调用梯形图（续 2）

2.5.6　监视定时器刷新指令 WDT

WDT 指令是在 PLC 顺序执行程序中进行监视定时器刷新的指令。WDT(P) 为连续/脉冲执行型指令，无操作软元件。图 2-93 为 WDT 指令执行示意图。

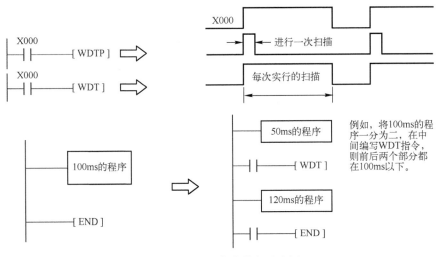

图 2-93　WDT 指令执行示意图

2.5.7　循环指令 FOR、NEXT 说明

循环指令是执行几次（利用源数据指定次数）FOR 到 NEXT 指令之间的语句后才处理 NEXT 指令以后的步，n 的值在 1~32767 时有效，如果指定了−32767~0，则 n 被当作 1 处理。在如图 2-94 所示梯形图中，［C］的程序执行 4 次后向 NEXT 指令（3）以后的程序转移。

图中,若在 [C] 的程序执行一次的过程中,数据寄存器 D0Z 的内容为 6,则 [B] 的程序执行 6 次。因此 [B] 的程序合计一共被执行了 24 次。若不想执行 FOR ~NEXT 之间的程序,则利用 CJ 指令跳转。当 X10 为 OFF,且 K1X000 的内容为 7 时,在 [B] 的程序执行一次的过程中,[A] 被执行了 7 次。[A] 总计被执行了 4×6×7 = 168 次。若循环次数多时,扫描周期延长,则有可能出现监视定时器错误,请务必注意。

当出现以下情况之一时,程序会出错:

NEXT 指令在 FOR 指令之前或无 NEXT 指令,或在 FEND、END 指令之后有 NEXT 指令的个数不一致。

循环指令 FOR 的操作软元件包括 K、H、KnH、KnY、KnM、KnS、T、C、D、V、Z;NEXT 无操作软元件。

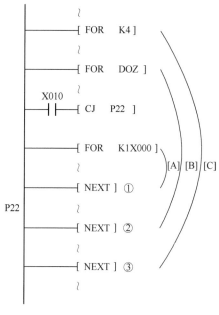

图 2-94 FOR、NEXT 指令

2.5.8 【实例 2-14】 用循环指令求和

 实例说明

用循环指令实现求 1+2+3+…100 的和。

解析过程

采用 FOR 和 NEXT 指令实现求和的梯形图如图 2-95 所示。

图 2-95 采用 FOR 和 NEXT 指令实现求和的梯形图

【思考与练习】

1. 请对 PLC 交通灯控制系统进行实际连线，并列出 I/O 分配表。

2. 按要求完成一个单方向信号灯的控制程序，绿灯为 12s，黄灯为 2s，红灯为 15s。

3. 按要求完成一个单方向信号灯的控制程序，绿灯为 15s，黄灯为 2s，红灯为 10s，绿灯在熄灭前闪动两下。

4. 按要求完成一个单方向绿灯时间可调的信号灯控制程序，在系统启动时进入普通状态，绿灯为 12s，黄灯为 2s，红灯为 15s，当按下应急按钮，进入应急状态后，绿灯为 20s，黄灯为 2s，红灯为 7s。

5. 设计传送带大小物件分拣系统的 PLC 硬件线路。

6. 完成三菱训练软件 FX-TRN 中的 E-1 项目。

7. 完成三菱训练软件 FX-TRN 中的 E-3 项目。

8. 完成三菱训练软件 FX-TRN 中的 E-4 项目。

9. 完成三菱训练软件 FX-TRN 中的 E-6 项目。

10. 设计包装流水线控制系统的 PLC 连线图。

11. 设计大、中、小物件分拣与处理系统的 PLC 硬件图。

12. 在 FX-TRN 软件进入中级挑战 E-5 中完成橘子包装生产线的自动供给模式。具体要求如下：按下 X20，供给指令（Y0）变为 ON，机械手将箱子放在传送带上，传送带运行（Y1），当箱子到达装配设备的下方时，传感器 X1 会变为 ON，这时需把传送带停止以便装配，同时启动橘子供给指令（Y2），当有 4 个橘子到箱子中时，橘子供给指令（Y2）停止，同时传送带运行，当箱子被传送到 X5 时，自动将供给指令（Y0）变为 ON，下一个包装流程开始。

13. 在 FX-TRN 软件进入中级挑战 E-5 中完成橘子包装生产线手动供给模式。具体要求如下：按下 X20，供给指令（Y0）变为 ON，机械手将箱子放在传送带上，传送带运行，当箱子到达装配设备的下方时，传感器 X1 会变为 ON，这时需把传送带停止以便装配，同时启动橘子供给指令（Y2），当有 4 个橘子到箱子中时，橘子供给指令（Y2）停止，同时传送带运行，箱子被传送到回收装置，传送带停止。当下一次按下 X20 时，自动将供给指令（Y0）变为 ON，下一个包装流程开始。在当前一个箱子的流程还未结束时，按下 X20 无效。

第 3 章
三菱 FX 系列 PLC 的 SFC 编程

 导读

　　顺序功能图简称 SFC。该种编程方法受到很多编程人员的喜爱，特别是在顺序控制程序设计方面，因其编程思路简单、稳定性好、有独特的优势，所以三菱公司在提供的编程软件 GX Works2 中也提供了 SFC 编程方法。本章将全面介绍顺序功能图的编写方法及程序输入方法，包括单流程结构编程方法和多流程结构编程方法，并以大小球分类选择性传送和按钮式人行横道交通灯为例进行实际编程操作。

3.1　顺序控制设计法

3.1.1　顺序控制设计法概述

　　顺序功能图（Sequeential Function Chart，SFC）是一种新颖的、按工艺流程图进行编程的图形化编程语言，也是一种符合国际电工委员会（IEC）标准，被首选推荐用于可编程控制器的通用编程语言，在 PLC 应用领域中应用广泛。

　　采用 SFC 编程的优点如下：

　　① 在程序中可以直观地看到设备的动作顺序。SFC 按照设备（或工艺）的动作顺序编写，规律性较强，容易读懂，具有一定的可视性。

　　② 在设备发生故障时能很容易找出故障所在位置。

　　③ 不需要复杂的互锁电路，容易设计和维护。

　　根据国际电工委员会（IEC）标准，SFC 的标准结构为"状态或步+该步工序中的动作或命令+有向连接+转换和转换条件＝SFC"。状态转移图如图 3-1 所示。

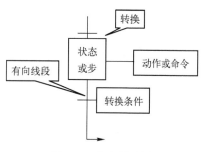

图 3-1　状态转移图

SFC 的运行规则：从初始状态或步开始执行，当每步的转换条件成立时，由当前状态或步转为执行下一步，当遇到 END 时，结束所有状态或步的运行。

SFC 最核心的部分是状态或步、转换条件和转移方向。这三者被称为 SFC 的三要素。

步是系统所处的阶段（状态），根据输出量的状态变化划分。在任何一步内，各个输出量的状态均保持不变，相邻两步输出量总的状态不同。

转移条件是触发状态变化的条件，通常包括外部输入信号、内部编程元件触点信号、多个信号的逻辑组合等。

图 3-2 为步与转移条件的示意图。

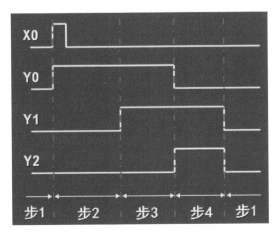

图 3-2 步与转移条件的示意图

3.1.2 顺序控制设计法举例

图 3-3 为物件在传送带上移动的示意图。其控制要求是物件在图中所示位置出发，传送带正转带动物件移动到右限位，当物件碰到右限位传感器时，传送带改变运行方向，传送带反转，带动物件到达左限位，停留在左限位 3s，3s 后，传送带正转，物件再次向右移动，到达传送带中间的停止传感器处停止。

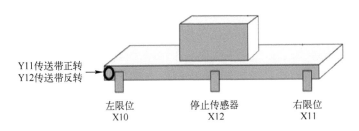

图 3-3 物件在传送带上移动的示意图

图 3-3 的控制要求可以使用梯形图来完成。由于物件前两次在传送带上移动，经过停止传感器时都没有停止，而最后一次经过停止传感器时停止，因此用梯形图编程有一定的难度，但用顺序控制设计法编程却很容易。

使用顺序控制设计法将控制要求分为几个工作状态（或步），从一个工作状态（或步）到另一个工作状态（或步）均通过满足转换条件来实现转移。

设置一个启动按钮，给它分配一个输入点为 X0。如图 3-4 所示的左边是按照状态转移设计思路绘制的状态转移图，再按照 I/O 分配表加入具体的元件，就构成了右边的 SFC。

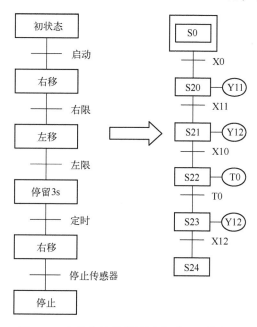

图 3-4　由状态转移设计思路到 SFC 的实现

图 3-4 中，S 是状态寄存器，专门用于顺序功能图的编制，当不用作状态存储时，也可以当作普通辅助寄存器使用。

FX 系列 PLC 状态元件的分类及编号见表 3-1。

表 3-1　FX 系列 PLC 状态元件的分类及编号

分　类	编　号	点数	用途及特点
初始状态	S0~S9	10	用于状态转移图的初始状态
返回原点	S10~S19	10	在多运行模式控制中用作返回原点的状态
一般状态	S20~S499	480	用作状态转移图的中间状态
掉电保持状态	S500~S899	400	具有停电保持功能，用在停电恢复后需继续执行停电前状态的场合
信号报警状态	S900~S999	100	用作报警元件

每个状态后面的输出线圈均为进入该状态时要驱动的线圈。每个时刻只有一个状态被称为工作状态。这时该状态所带的线圈得电动作。

顺序功能图还有一个特点就是在不同的状态下可以输出同一个线圈，很好地解决了在编写梯形图时需要避免的出现线圈多次输出的问题。

SFC 编写好后，可以输入到编程软件中，由编程软件自动转换为对应的梯形图，再转换为助记符语言，最终下载到 PLC 中。

3.2   单流程结构编程方法及应用

3.2.1   单流程结构编程方法

单流程结构是顺序控制中最常见的一种流程结构。其结构特点是程序顺着工序步，步步为序地向后执行，中间没有任何分支。

图 3-5 为典型单流程状态转移结构，即从一开始的初始状态 S2（可以从 S0~S9），顺序单向经过 S20、S21、S22、S23 后，再跳转至 S2，准备第二次流程。单流程结构没有分支，控制相对简单。

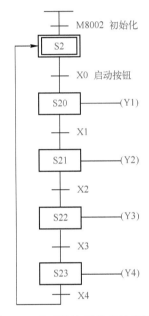

图 3-5   典型单流程状态转移结构

3.2.2   【实例 3-1】工作台电动机控制

实例说明

工作台电动机控制示意图如图 3-6 所示，用一个启动按钮实现前进和后退，具体过程如下：

① 按下启动按钮，电动机前进，限位开关 LS1 动作后，电动机立即后退；

② 通过后退触发限位开关 LS2 停止 5s 后再次前进，经过 LS1，到达 LS3 位置，LS3 动作后，电动机立即后退；

③ 电动机后退到 LS2 位置后，LS2 动作，电动机停止；

④ 一个循环动作过程如图 3-7 所示。

如需重复，则继续①~④的动作。

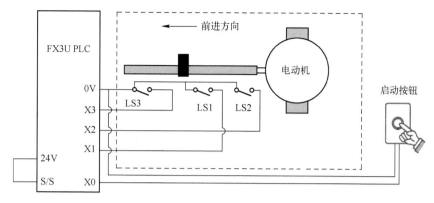

图 3-6　工作台电动机控制示意图

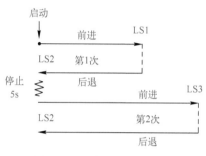

图 3-7　一个循环动作过程

 解析过程

（1）I/O 分配表。

I/O 分配表见表 3-2。

表 3-2　I/O 分配表

输　入	含　义	输　出	含　义
X0	启动按钮	Y21	电动机前进
X1	LS1 限位开关	Y23	电动机后退
X2	LS2 限位开关		
X3	LS3 限位开关		

（2）状态转移结构图的创建。

将本实例的动作分成各个状态和转移条件，创建如图 3-8 所示的状态转移结构图。图中，初始状态为 S0，中间状态为 S20~S24，转移条件分别为启动按钮、限位开关和定时器。

（3）程序图的编写。

根据软元件的分配情况和 SFC 的特殊情况编写的程序图有两部分：第一部分为用于使初始状态置 ON 的程序，为梯形图块，如图 3-9 所示；第二部分为 SFC 块，包括状态编号及转移条件等，如图 3-10 所示。X000 触点驱动的不是线圈，而是 TRAN 符号，表示转移

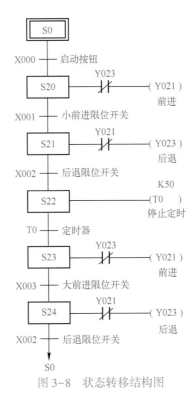

图 3-8　状态转移结构图

（Transfer）。在 SFC 中，所有的转移都用 TRAN 表示，不能用［SET S＊＊］语句表示，否则将出错。

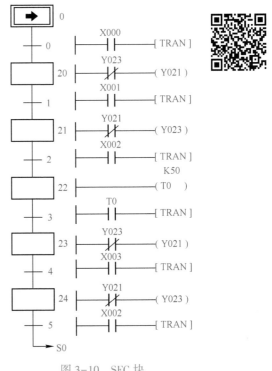

图 3-9　用于使初始状态置 ON 的程序　　　图 3-10　SFC 块

（4）SFC 程序软件操作。

① 启动 GX Works2 编程软件，单击"工程"菜单，单击"新建"命令，出现"新建工程"窗口，如图 3-11 所示，选择 CPU 和 PLC 以符合对应系列的编程代码，否则容易出错，同时在"程序语言"中选择 SFC，完成后单击"确定"。

② 单出"块信息设置"窗口如图 3-12 所示，在"标题（T）"中输入"激活初始状态"。由于 SFC 由初始状态开始，因此必须激活初始状态。激活的通用方法是将一段梯形图放在 SFC 的开头部分。"块类型（B）"选择"梯形图块"。单击"执行"后进入下一步。

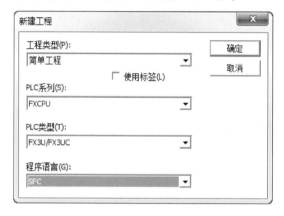

图 3-11　"新建工程"窗口　　　　　　图 3-12　"块信息设置"窗口

③ 在如图 3-13 所示的窗口中编辑"激活初始状态"梯形图（见图 3-14）后进行编译（F4 快捷键），直至看到程序块的颜色从红色变为黑色。

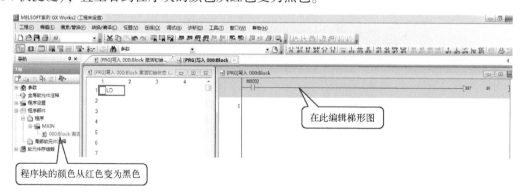

图 3-13　编辑"激活初始状态"梯形图

图 3-14　"激活初始状态"梯形图

④ 在"工程"窗口中右击 MAIN，出现如图 3-15 所示的菜单，选择"打开 SFC 块列表（B）"，出现如图 3-16 所示的块列表窗口，双击第二行，在弹出的"块信息设置"中对"块号 1"进行设置，即"块类型"选择"SFC 块"，单击"执行（E）"。

图 3-15　打开 SFC 块列表

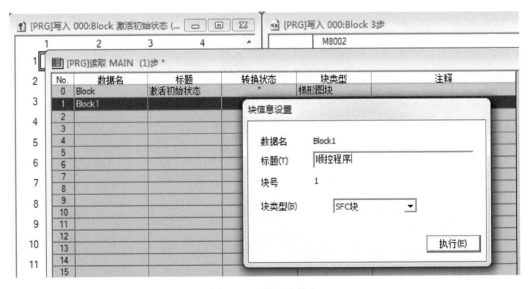

图 3-16　设置块信息

⑤ 当 SFC 编辑窗口中的光标变成空心矩形（见图 3-17）后，即可编辑步号和转移号，此时出现的是左边的窗口光标和右边对应的程序光标，它们之间是一一对应的，即不同的步号和转移号有不同的程序。

⑥ 步号 0 没有程序，不需要编辑，将左侧的窗口光标移至转移号"?0"，并在右侧窗口

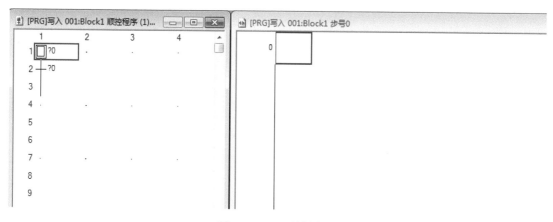

图 3-17　SFC 编辑窗口

中输入转换条件 $\vdash\!\!\vdash^{X000}\!\!\!\dashv$ TRAN $\vdash$（见图 3-18），且只在选择"TRAN"（见图 3-19）并编译通过后，转移号"？0"变成"0"，即"？"消失。

图 3-18　输入转换条件

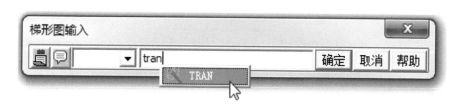

图 3-19　选择"TRAN"

⑦ 在如图 3-20 所示的左侧光标位置添加步号，弹出"SFC 符号输入"，根据程序，选择"STEP""20"，即 S20，单击"确定"后，就可以插入步 S20 了。同时，输入该步的程序 $\vdash\!\!\overset{Y023}{/\!/}\!\!\!\dashv$（Y021）$\vdash$，如图 3-21 所示，编译后即可进入下一步。

⑧ 下移左侧窗口光标，添加转移号 TR1（见图 3-22），并在右侧窗口中输入 TR1 的梯形图 $\vdash\!\!\overset{X001}{\vdash}\!\!\!\dashv$ TRAN $\vdash$，如图 3-23 所示。

⑨ 依次添加 S21（见图 3-24）及相关的梯形图 $\vdash\!\!\overset{Y021}{/\!/}\!\!\!\dashv$（Y023）$\vdash$。

⑩ 用相同的方法将控制系统一个周期内的所有通用状态编辑完毕，添加转移号 TR2、S22、TR3、S23、TR4、S24、TR5，最终状态图如图 3-25 所示，并显示在如图 3-26 所示的右侧窗口中，选择"编辑（E）"→"SFC 符号（S）"→"［JUMP］跳转（T）"，弹出"SFC 符号输入"窗口，如图 3-27 所示。

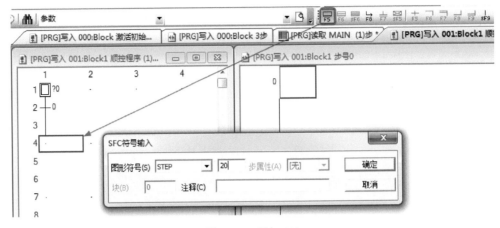

图 3-20 添加 S20

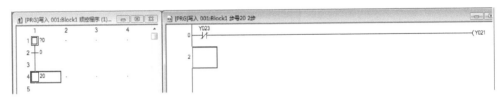

图 3-21 输入 S20 的程序

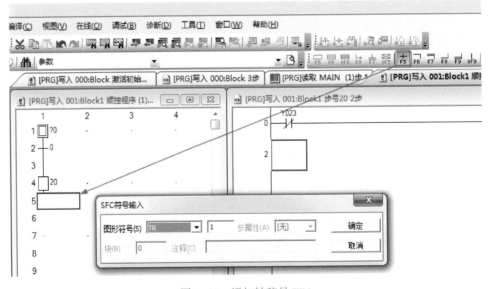

图 3-22 添加转移号 TR1

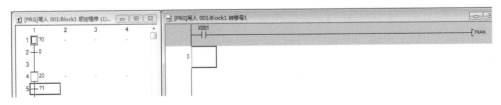

图 3-23 输入 TR1 的梯形图

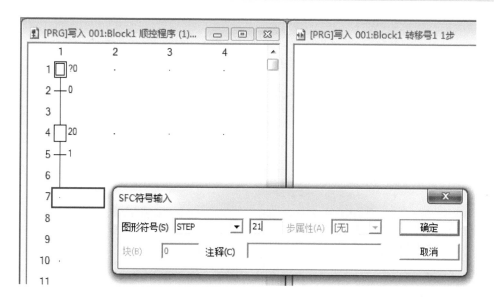

图 3-24　添加 S21

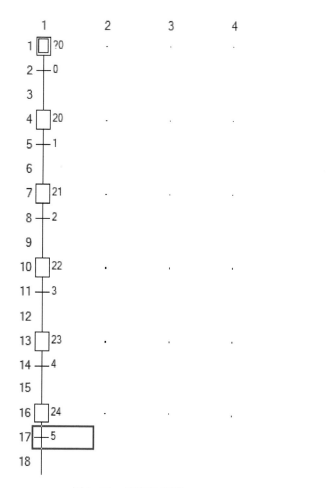

图 3-25　最终状态图

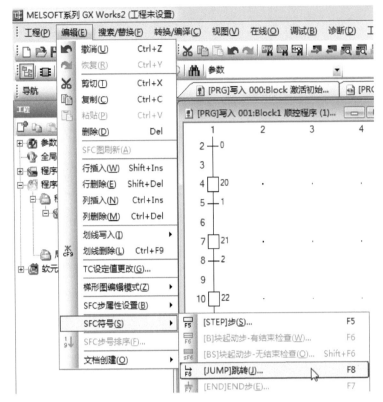

图 3-26　选择跳转

图 3-27　"SFC 符号输入" 窗口

最终的 SFC 如图 3-28 所示。图中，在有跳转返回指向状态符号方框图中的小黑点表明此工序步是跳转返回的目标步，为阅读 SFC 提供了方便。

⑪ 由于 SFC 不同于梯形图，因此单击如图 3-29 所示的 "转换/编译（C）" → "转换块（L）"，则结果会在 "输出" 窗口中显示，如图 3-30 所示。

⑫ 将编译程序下载到 PLC 中，并进行如图 3-31 所示的在线监控调试。图中，S0 出现蓝色，表示进入该步；按下按钮，X0 接通后，■⁷⁰→■²⁰；X1 接通后，■²⁰→■²¹；X2 接通后，■²¹→■²²；开始 T0 定时，时间到后，■²²→■²³；X3 接通后，■²³→■²⁴；X2 接通后，■²⁴→■⁷⁰，继续开始新一轮的状态控制。

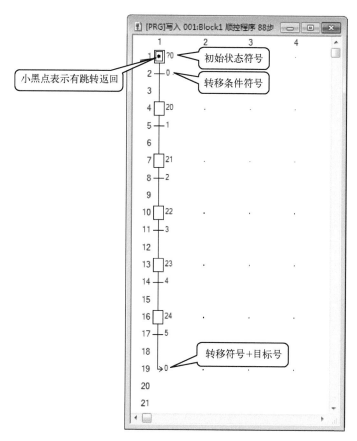

图 3-28　最终的 SFC

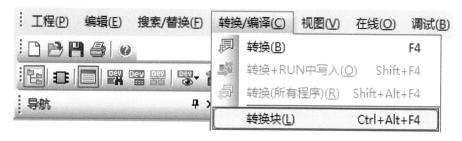

图 3-29　"转换/编译（C）"→"转换块（L）"

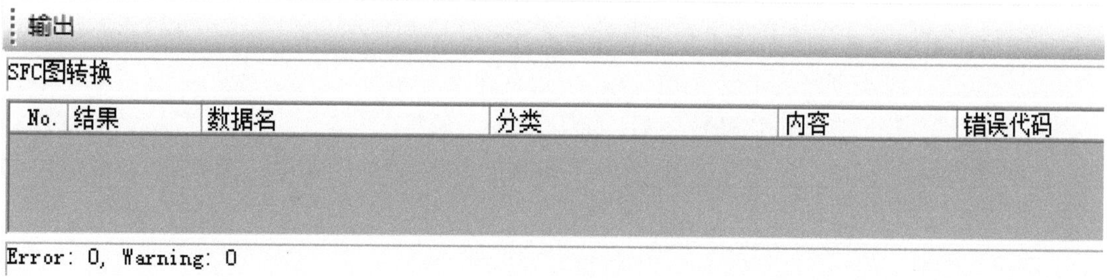

No.	结果	数据名	分类	内容	错误代码

Error: 0, Warning: 0

图 3-30　"输出"窗口

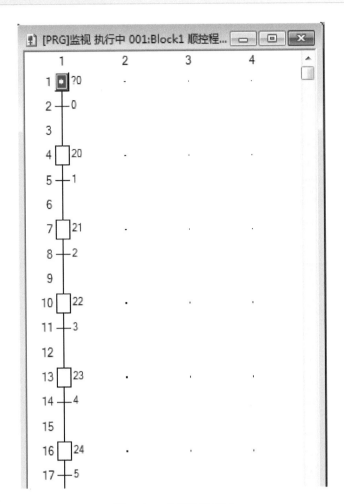

图 3-31　在线监控调试

3.2.3　【实例 3-2】电镀槽生产线流程控制

实例说明

电镀槽生产线示意图如图 3-32 所示。流程控制要求如下：

① 具有手动/自动切换及原点指示功能；

② 手动时，能实现吊钩上、下和行车左行、右行；

③ 自动时，按下自动位启动按钮后，能从原点开始按工作流程的箭头所指方向依次运行一个周期后回到原点，如需下一个循环，则需要重新按下自动位启动按钮，如图 3-33 所示。

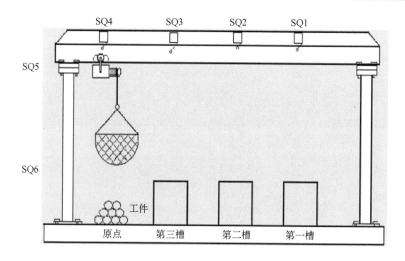

SQ1~SQ4：行车进退限位开关；SQ5、SQ6 为吊钩上、下限位开关

图 3-32　电镀槽生产线示意图

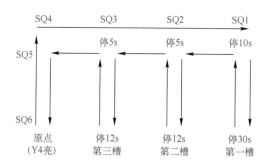

图 3-33　电镀槽生产线动作过程

解析过程

（1）I/O 分配表。

建立 I/O 分配表见表 3-3。

表 3-3　I/O 分配表

输入	含义	输出	含义
X0	自动 ON/手动 OFF 切换	Y0	吊钩上
X1	SQ1 限位	Y1	吊钩下
X2	SQ2 限位	Y2	行车右行
X3	SQ3 限位	Y3	行车左行
X4	SQ4 限位	Y4	原点指示
X5	SQ5 限位		

输　　　入	含　　　义	输　　　出	含　　　义
X6	SQ6 限位		
X7	停止按钮		
X10	自动位启动按钮		
X11	手动向上		
X12	手动向下		
X13	手动向右		
X14	手动向左		

电镀槽生产线 I/O 接线图如图 3-34 所示。

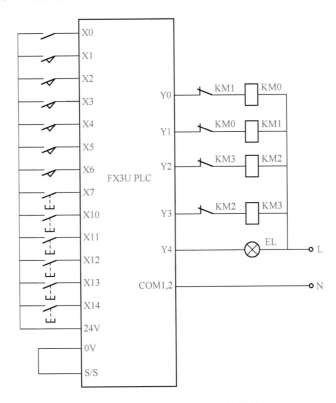

图 3-34　电镀槽生产线 I/O 接线图

（2）程序编写。

与【实例 3-1】一样要建立两个程序，即主程序用梯形图、自动程序用 SFC 块完成，如图 3-35 所示。

① 主程序。

如图 3-36 所示的电镀槽生产线主程序主要用来完成 S20～S37 的复位、手动方式的所有

图 3-35　程序结构

动作及自动方式的 S0 触发。图中，手动/自动采用 CJ 指令。

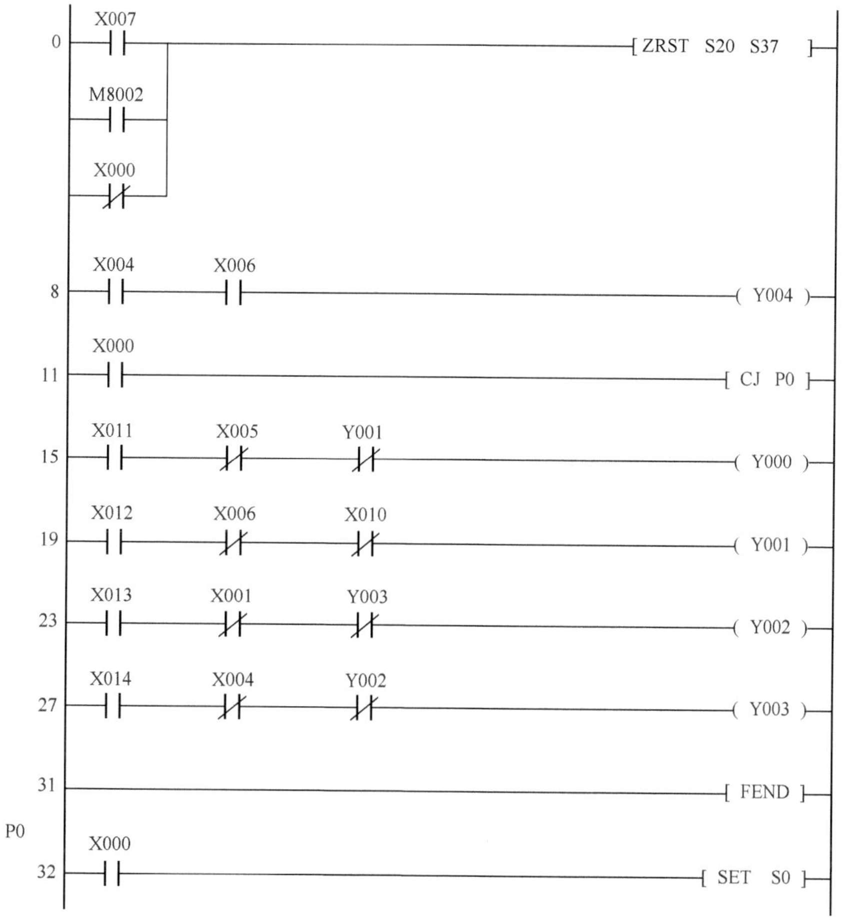

```
        X007
0      ─┤├─┬──────────────────────────────[ ZRST  S20  S37 ]
        M8002│
       ─┤├───┤
        X000 │
       ─┤/├──┘

        X004      X006
8      ─┤├───────┤├──────────────────────────────( Y004 )

        X000
11     ─┤├─────────────────────────────────────[ CJ   P0 ]

        X011      X005      Y001
15     ─┤├───────┤/├───────┤/├─────────────────( Y000 )

        X012      X006      X010
19     ─┤├───────┤/├───────┤/├─────────────────( Y001 )

        X013      X001      Y003
23     ─┤├───────┤/├───────┤/├─────────────────( Y002 )

        X014      X004      Y002
27     ─┤├───────┤/├───────┤/├─────────────────( Y003 )

31     ─────────────────────────────────────────[ FEND ]

P0      X000
32     ─┤├─────────────────────────────────────[ SET  S0 ]
```

图 3-36　电镀槽生产线主程序

② 自动程序。

如图 3-37 所示的自动程序状态转移图采用 SFC 块，均为单流程，S28 到 S29 不是跳转，而是直接一路向下。

在电镀槽生产线中，单流程控制相对简单，一般转移多采用限位或定时器，状态输出多是线圈与定时器。

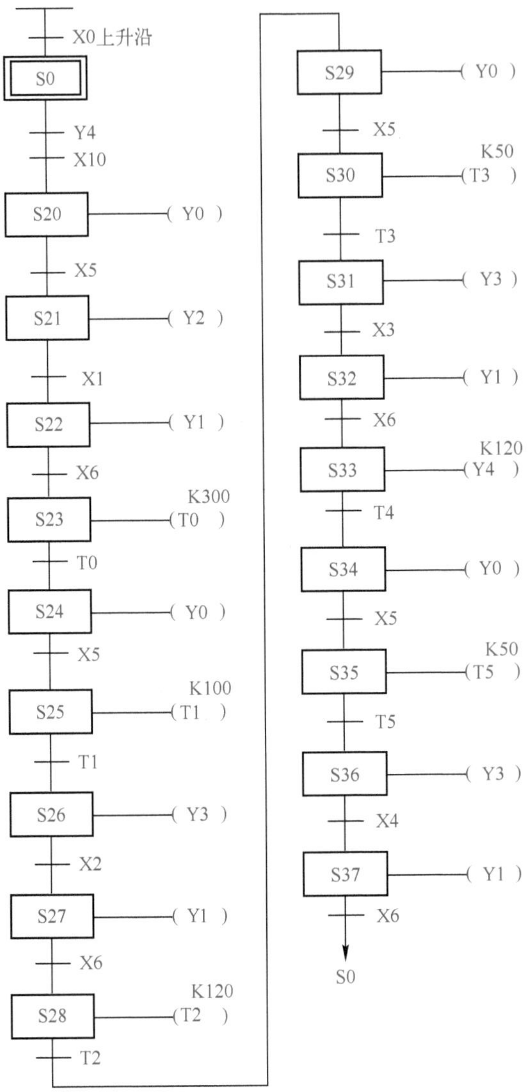

图 3-37　自动程序状态转移图

3.3　多流程结构编程方法及应用

3.3.1　多流程结构的编程方法

多流程结构是在状态与状态之间有多个工作流程的 SFC。多个工作流程之间通过并联方式连接。并联连接的流程可以分为选择性分支、并行分支、选择性汇合、并行汇合等几种连接方式。

1. 选择性分支与汇合

当一个程序有多个分支时，各个分支之间的关系为“或”，运行时只选择运行其中的一个分支，其他的分支不能运行，被称为选择性分支，即有选择条件。

在图 3-38 中，分支选择条件 X1 和 X4 不能同时接通。在状态 S21 中，根据 X1 和 X4 的状态决定执行哪一个分支。当状态 S22 或 S24 接通时，S21 自动复位；当状态 S26 由 S23 或 S25 转移置位时，前一状态 S23 或 S25 自动复位。

2. 并行分支与汇合

当一个程序有多个分支时，各个分支之间的关系为"和"，运行时要运行完所有的分支后才能汇合，各分支之间没有选择条件，运行时不分先后，被称为并行分支与汇合。

在图 3-39 中，当转换条件 X1 接通时，状态 S21 分两路同时进入 S22 和 S24，此后系统的两个分支并行工作。

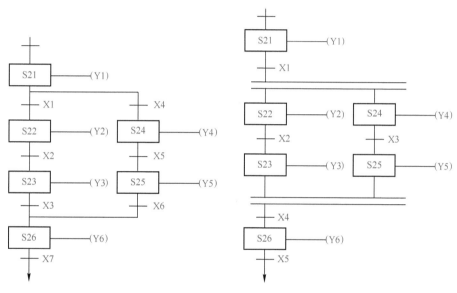

图 3-38　选择性分支与汇合　　　　　　图 3-39　并行分支与汇合

3.3.2 【实例 3-3】专用钻床控制

 实例说明

专用钻床可用来加工圆盘状工件均匀分布的 3 对孔，如图 3-40 所示。操作时，放好工件，按下启动按钮 X0，Y0 变为 ON，工件被夹紧，压力继电器 X1 为 ON，Y1 和 Y3 使两个钻头同时开始工作，当钻到由限位开关 X2 和 X4 设定的深度时，Y2 和 Y4 使两个钻头同时上行，升到由限位开关 X3 和 X5 设定的起始位置时停止上行。Y5 使工件旋转，旋转到位时，X6 为 ON，同时设定值为 3 的计数器 C0 的当前值加 1，旋转结束后，又开始钻第二对孔。3 对孔都钻完后，计数器的当前值等于设定值 3，Y6 使工件松开，松开到位时，限位开关 X7 为 ON，系统返回初始状态。

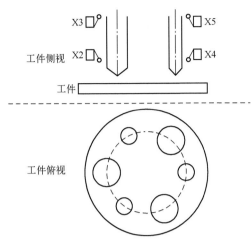

图 3-40　圆盘状工件

 解析过程

（1）I/O 分配表。

创建 I/O 分配表见表 3-4。

表 3-4　I/O 分配表

输　　入		输　　出	
启动按钮	X0	工件夹紧	Y0
压力继电器	X1	两个钻头下行	Y1、Y3
两个钻孔限位开关	X2、X4	两个钻头上升	Y2、Y4
两个钻头原始限位开关	X3、X5	工件旋转	Y5
旋转限位开关	X6	工件松开	Y6
松开限位开关	X7		

（2）专用钻床控制 SFC 如图 3-41 所示，同时采用并行分支结构和选择性分支结构，即从状态 S20 后进入并行分支结构，分别为 S21/S22/S23 与 S24/S25/S26，同时在 S27 后进入选择性分支，即一个分支 JUMP S20、一个分支进入状态 S28 后再 JUMP S0。

（3）SFC 的输入。

打开 GX Works2 软件，设置方法同单流程结构，建立两个程序块，如图 3-42 所示。

本实例利用 M8002 作为启动脉冲，在第一个程序块中输入梯形图

```
    M8002
图 ├──┤├──────────────┤ SET  S0 ├┤
```
。

本实例要求在初始状态时要复位 C0 计数器，将光标移到初始状态符号处，在右边窗口中输入梯形图，如图 3-43 所示。

当程序运行到 X1 为 ON 时（压力继电器常开触点闭合），两个钻头同时开始工作，程

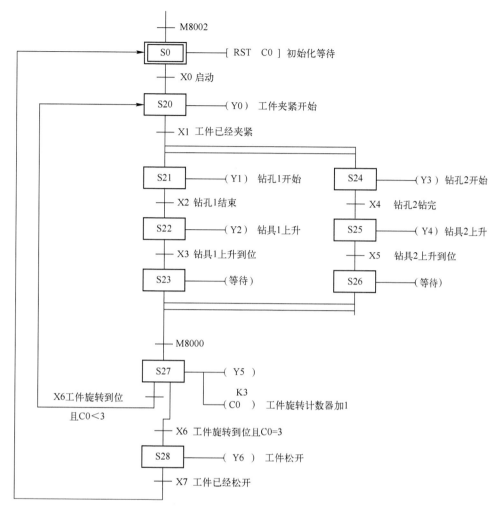

图 3-41 专用钻床控制 SFC

图 3-42 两个程序块

图 3-43 初始状态的处理

序开始分支，如图 3-44 所示，输入并行分支，X1 触点接通状态发生转移，将光标移到条件 1 方向线的下面，单击工具栏中的并列分支写入按钮 $\boxed{F7}$ ，弹出 "SFC 符号输入" 窗口，选择 " ＝＝D"。

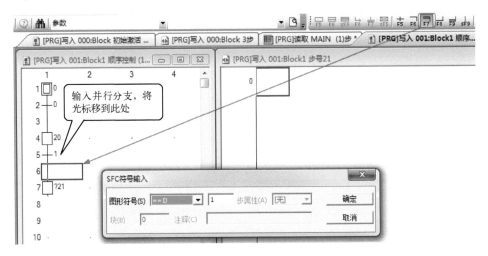

图 3-44　并行分支结构

并行分支线输入后如图 3-45 所示。

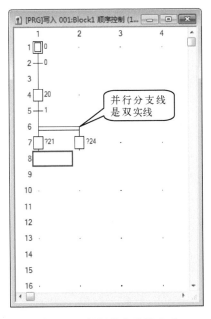

图 3-45　并行分支线输入后

分别在两个分支的下面输入各自的状态符号和转移条件符号，如图 3-46 所示。图中，每条分支均表示一个钻头的工作状态，两个分支输入完成后进行汇合，将光标移到状态 S23 的下面，按 $\boxed{F9}$ 后弹出 "SFC 符号输入" 窗口，选择 " ＝＝C"，单击 "确定" 返回。

当两个分支汇合完毕时，钻头都已回到初始位置，工件旋转，如图 3-47 所示，程序出

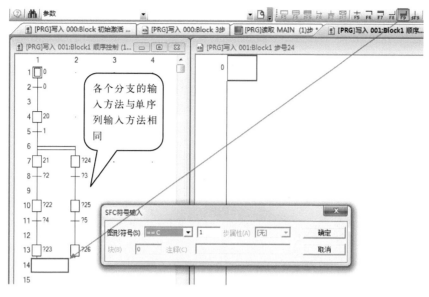

图 3-46　输入状态符号和转移条件符号

现选择性分支，将光标移到状态 S27 的下面，按 F6 后弹出 "SFC 符号输入" 窗口，选择 "--D"，单击 "确定" 返回 SFC 编辑区。

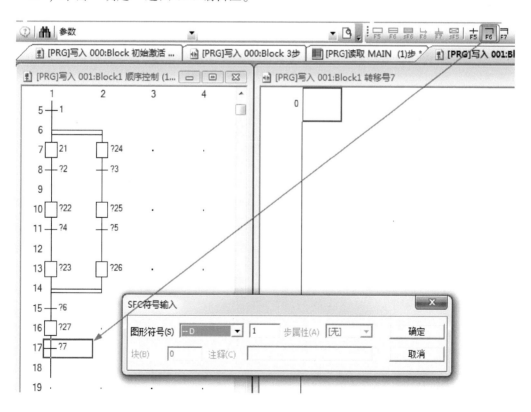

图 3-47　输入选择性分支符号

选择性分支与 JUMP 符号如图 3-48 所示，在程序结尾处用到两个 JUMP ⊦ 符号，状态的返回或跳转都用 JUMP 符号表示，因此在 SFC 中 ⊦ 符号可以多次被使用，只在 JUMP 符号后面加目的标号即可达到返回或跳转的目的。

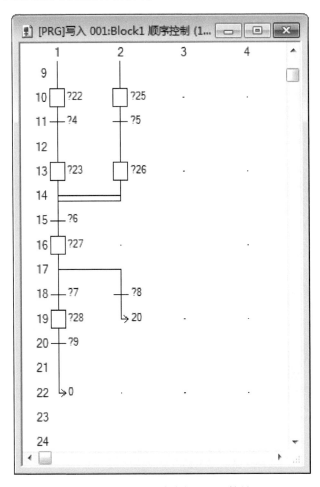

图 3-48　选择性分支与 JUMP 符号

完整的状态转移结构图如图 3-49 所示。

这里仅列出图 3-49 中重要的几个 TR 程序，其余程序则参考本书中给出的案例源程序。

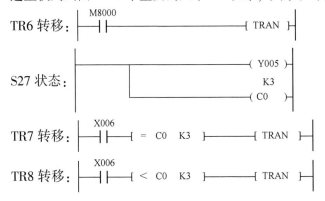

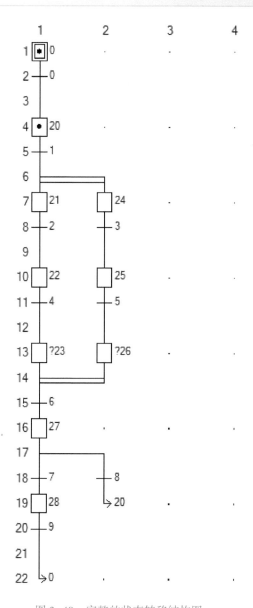

图 3-49　完整的状态转移结构图

（4）SFC 的调试。

由于采用选择性分支和并列分支，程序变得更加复杂，因此在调试时，一定要注意编译，只有所有的程序块均编译成功之后才可以下载。

图 3-50 为进入 S20 状态后的状态，当 TR1 满足条件，即 X1 工件已经被夹紧时，同时进入 S21 和 S24 状态，如图 3-51 所示。

从如图 3-52 所示可以看出，并列分支中的动作状态是不一致的。

在 S23 和 S26 都为 ON 时，根据并列分支动作规律，如果 TR6 条件满足，则进入状态 S27，如图 3-53 所示。

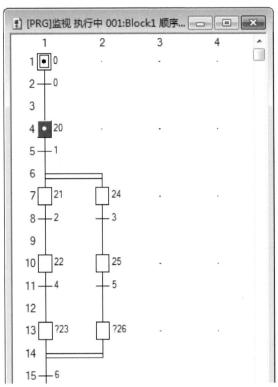

图 3-50　进入 S20 状态后的状态

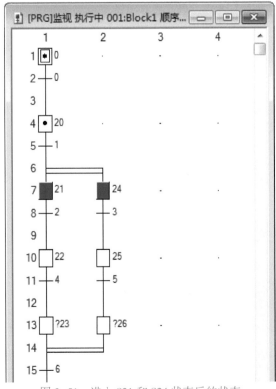

图 3-51　进入 S21 和 S24 状态后的状态

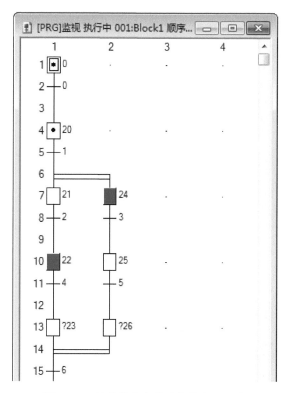

图 3-52　并列分支中的动作状态不一致

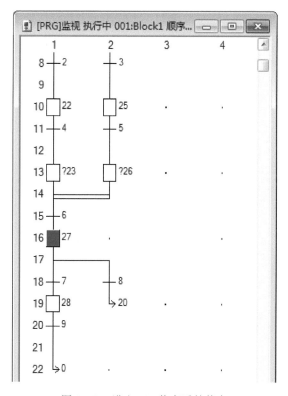

图 3-53　进入 S27 状态后的状态

图 3-54 为 S27 的程序监控。图 3-55 为满足 TR7 条件后移至 S28。

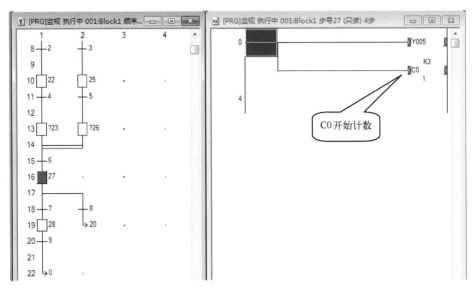

图 3-54　S27 的程序监控

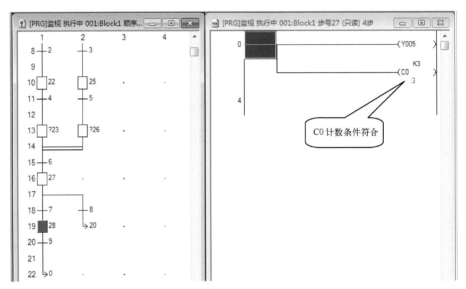

图 3-55　满足 TR7 条件后移至 S28

3.4　步进指令编程的应用

3.4.1　【实例 3-4】大小球分类选择性传送控制

实例说明

图 3-56 为大小球分类选择传送控制示意图。其控制要求如下：

① 在原点才能启动；

② 动作顺序为下降、吸住球、上升、右行、下降、释放球、上升、左行、回原点；

③ 机械手下降，当电磁铁压住大球时，下限位开关不通，压住小球时，下限位开关接通；

④ 有手动复位功能。

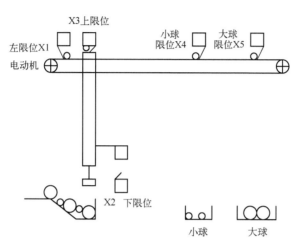

图 3-56　大小球分类选择传送控制示意图

 解析过程

（1）I/O 分配表。

大小球分类选择传送控制 I/O 分配表见表 3-5。

表 3-5　大小球分类选择传送控制 I/O 分配表

输　入		输　　出	
启动	X0	下降	Y0
左限位	X1	抓球	Y1
下限位	X2	上升	Y2
上限位	X3	右移	Y3
小球限位	X4	左移	Y4
大球限位	X5	零位显示	Y7
手动上升	X6		
手动左移	X7		
机械手松开	X10		

（2）状态转移图。

图 3-57 为大小球分类选择传送 SFC。图中采用选择性分支，即在 S21 状态时，根据 T0 和 X2 的情况，选择小球选择或大球选择，只能是 2 选 1，并在 S30 处汇合。

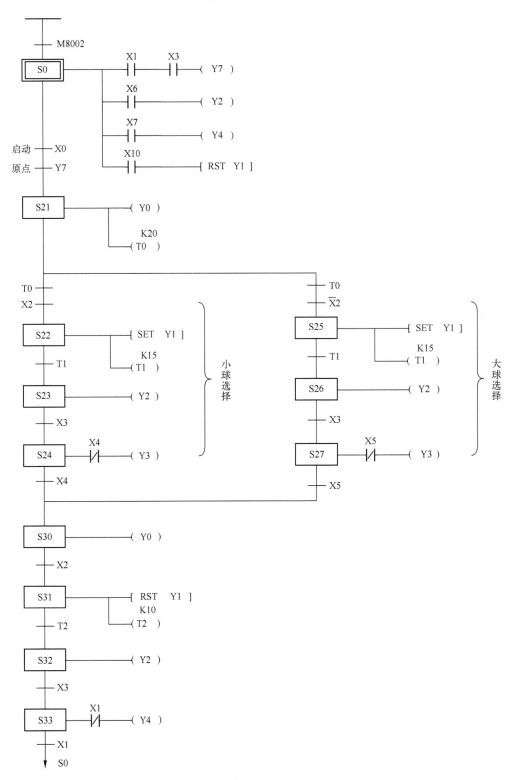

图 3-57　大小球分类选择传送 SFC

（3）编写程序。

按状态转移图编写程序并输入 PLC 中运行，经调试和修改后，使运行的程序符合控制要求。

3.4.2 【实例 3-5】按钮式人行横道交通灯控制

 实例说明

按钮式人行横道交通灯控制示意图如图 3-58 所示。图中，X0 或 X1 为按钮，交通灯按如图 3-59 所示控制，如交通灯已进入运行中，则按钮不起作用。

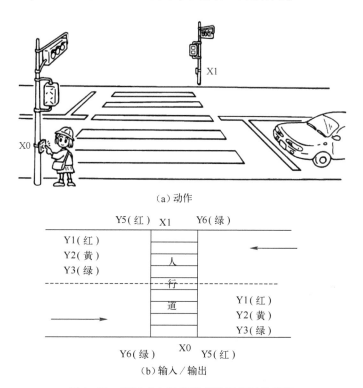

图 3-58　按钮式人行横道交通灯控制示意图

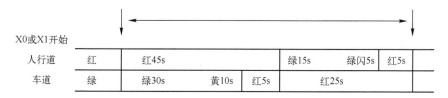

图 3-59　按钮式人行横道交通灯的控制要求

解析过程

（1）I/O 分配表。

按钮式人行横道交通灯控制 I/O 分配表见表 3-6。

表 3-6　按钮式人行横道交通灯控制 I/O 分配表

输 入		输 出	
右边按钮	X0	车道红灯	Y1
左边按钮	X1	车道黄灯	Y2
		车道绿灯	Y3
		人行道红灯	Y5
		人行道绿灯	Y6

（2）控制功能顺序。

① 当 PLC 从 STOP 切换到 RUN 时，初始状态 S0 动作，通常为车道绿灯亮，人行道红灯亮。

② 若按下按钮 X0 或 X1，则状态 S21 为车道绿灯亮，S30 为人行道红灯亮，此时的状态不变化。

③ 车道绿灯亮的时间 T0 为 30s，绿灯亮后，车道变为黄灯亮的时间 T1 为 10s，黄灯亮后，车道红灯亮。

④ 车道红灯亮的时间 T2 为 5s，5s 后，T2 触点接通，人行道绿灯亮。

⑤ 人行道绿灯亮的时间 T3 为 15s，15s 后，绿灯开始闪烁，周期为 1s（S32＝暗，S33＝亮）。

⑥ 闪烁时，S32、S33 反复动作，计数器 C0 的设定值为 5，当满足条件后，状态向 S34 转移，人行道红灯亮 5s 后，返回初始状态。

⑦ 在状态转移过程中，即使按下按钮 X0，X1 也无效。

（3）按钮式人行横道交通灯控制 SFC 如图 3-60 所示。本实例采用并行分支，即在 S0 开始后，按下按钮，分车道交通灯和人行道交通灯同时在人行道中的 S33 处有选择性分支，即根据计数器 C0 的计数，当小于 5 时跳转 S32 状态，当等于 5 时进入 S34 状态。

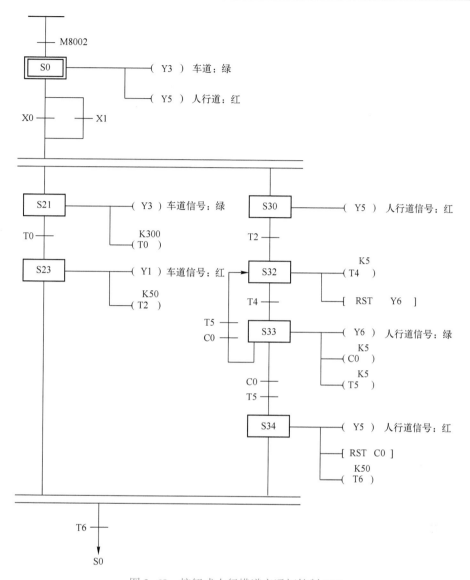

图 3-60　按钮式人行横道交通灯控制 SFC

3.5　多程序块的 SFC 编程

在实际工程案例中经常有多个不同的流程，且相互之间有关联或无关联。此时会用到多程序块的 SFC 编程。图 3-61 为使用 3 个程序块的 SFC 编程，即采用梯形图块编程的初始化、采用 SFC 块的 SFC1、采用 SFC 块的 SFC2。

初始化程序如图 3-62 所示，同时将 SFC1 块的初始状态 S0 和 SFC2 块的初始状态 S1 置位。

除了在初始状态置位外，还可以在梯形图块中编写复位程序，确保在某种条件下复位所有的状态，如图 3-63 所示。

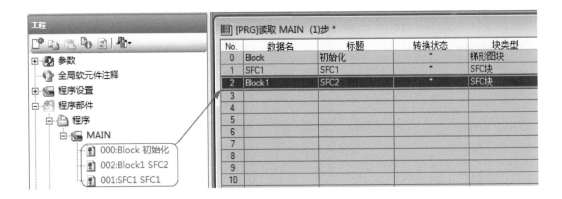

图 3-61   使用 3 个程序块的 SFC 编程

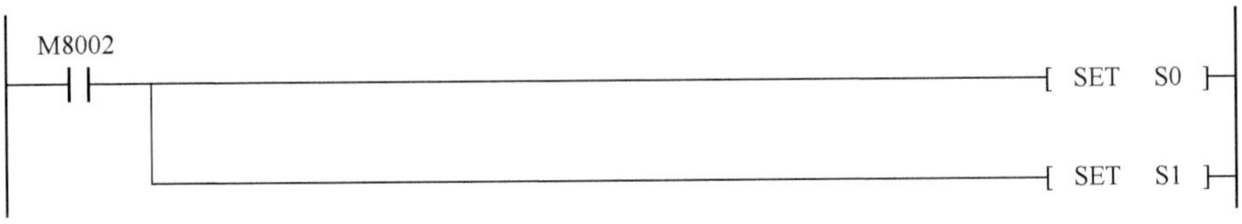

```
   M8002
──┤├──┬────────────────────────────────────[ SET    S0 ]
      │
      └────────────────────────────────────[ SET    S1 ]
```

图 3-62   初始化程序

```
   X001
──┤├──────────────────────────────────────[ ZRST    S20    S21 ]
```

图 3-63   复位程序

SFC1 块和 SFC2 块示意图如图 3-64 所示。

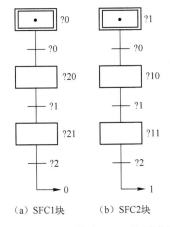

（a）SFC1块   （b）SFC2块

图 3-64   SFC1 块和 SFC2 块示意图

多程序块的 SFC 编程可以应用在相互关联的 SFC 块之间，如图 3-65 所示。

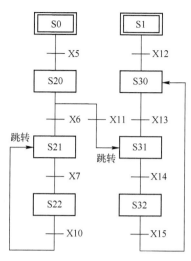

图 3-65　相互关联的 SFC 块

【思考与练习】

1. 使用 SFC 编程方法完成滑块在机械轴上的左右往返运动。滑块的左右往返运动通过一个电动机的正/反转来完成；要求电动机启动后，滑块从起始位置先向左滑动，到达左限位并停 10s 后，向右滑动，到达右限位并停 10s 后，向左滑动，循环往复；当按下停止按钮时，滑块停止。

2. 使用 SFC 编程方法完成全自动工业洗衣机的控制。工作流程由进水、洗衣、排水、和脱水四个过程组成。打开进水阀，当水位传感器检测水位到位时，关闭进水阀开始洗衣，洗衣时，洗衣电动机正转 1min 后反转 1min，依次交替 10 次后排水。打开排水阀后，等待水位传感器检测水被排净后进入脱水过程。脱水过程的电动机正转 5min 停 1min 后又正转 5min。排水过程结束，蜂鸣器鸣叫 1min 结束。

3. 冲床机械手的运动。在机械加工中经常使用冲床，冲床机械手运动的示意图如图 3-66 所示。在初始状态时，机械手在最左边（X4＝ON），冲头在最上面（X3＝ON），机械手松开（Y0＝OFF）。工作要求：按下启动按钮 X0，工件被夹紧并保持，2s 后，机械手右行（Y1 被置位），直到碰到 X1 后将顺序完成以下动作：冲头下行、冲头上行、机械手左行、机械手松开、延时 1s 后，系统返回初始状态。要求：①写出 PLC 输入/输出分配表；②画出状态转移图；③编写程序。

4. 小车运行过程如图 3-67 所示。小车原位在后退终端，当小车压下后退限位开关 SQ1 时，按下启动按钮 SB1，小车前进，当运行至料斗下方时，前进限位开关 SQ2 动作，打开料斗给小车加料，延时 8s 后，关闭料斗，小车后退返回. SQ1 动作时，打开小车底门卸料，6s 后结束，完成一次动作。如此循环。按下停止按钮 SB2，所有驱动部件均停止运行。要求：①写出 PLC 输入/输出分配表；②画出状态转移图；③编写程序。

5. 试设计一条用 PLC 控制的自动装卸线。自动装卸线结构示意图如图 3-68 所示。装卸线操作过程如下：

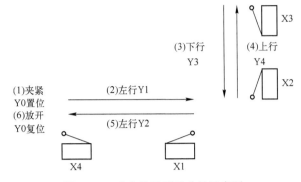

图 3-66　冲床机械手运动的示意图

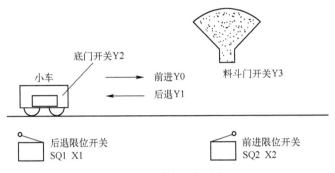

图 3-67　小车运行过程

① 料车在原位，显示原位状态，按启动按钮，自动线开始工作；

② 加料定时 5s. 加料结束；

③ 延时 1s. 料车上升；

④ 上升到位，自动停止移动；

⑤ 延时 1s，料车自动卸料；

⑥ 卸料 10s，料斗复位并下降；

⑦ 下降到原位，料车自动停止移动。

设计要求：

① 具有单步、单周及连续循环操作；

② 分配 PLC 地址，编写 I/O 分配表、状态转移图、步进梯形图和指令表程序。

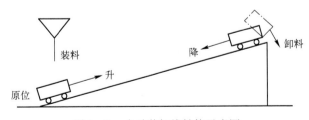

图 3-68　自动装卸线结构示意图

6. 完成机械手动作模拟的实验内容。

机械手动作模拟实验面板图如图 3-69 所示，具体实验要求说明：将工件由 A 点传送到

B 点，上升/下降和左移/右移的执行用双线圈双位电磁阀推动气缸完成，当某个电磁阀线圈通电时就会一直保持现有的机械动作，如一旦下降的电磁阀线圈通电，则机械手下降，即使线圈断电，仍保持现有的下降动作状态，直到相反方向的线圈通电为止；夹紧/放松由单线圈双位电磁阀推动气缸完成，线圈通电执行夹紧动作，线圈断电执行放松动作；装有上、下限位和左、右限位开关，限位开关用钮子开关来模拟，所以在实验中应为点动；电磁阀和原位指示灯用发光二极管来模拟，起始状态为原位，即 SQ2 与 SQ4 应为 ON，启动后马上打到 OFF，有 8 个动作，即

原位→下降→夹紧→上升→右移
↑　　　　　　　　　　　↓
左移←──上升←──放松←──下降

请列出 I/O 分配表，并进行实际连线，再用 SFC 指令编写程序并调试。

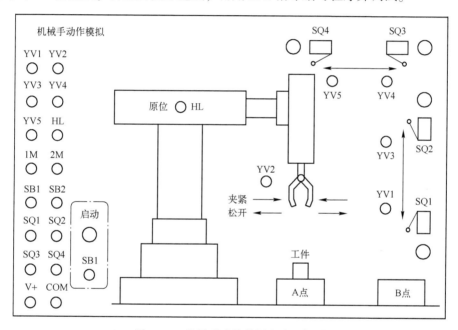

图 3-69　机械手动作模拟实验面板图

7. 完成自动配料/四节传送带的实验内容。

自动配料/四节传送带实验面板图如图 3-70 所示。一个用四条皮带运输的传送系统，分别用四台电动机带动的控制要求如下：启动时，先启动最末一条皮带，经过 1s 延时后，再依次启动其他皮带；停止时，应先停止最前一条皮带，待运送完毕后，再依次停止其他皮带；当某条皮带发生故障时，则该皮带及其前面的皮带立即停止，而该皮带以后的皮带待传送完后才停止。例如，M2 故障，则 M1、M2 立即停止，经过 1s 延时后，M3 停止，再过 1s，M4 停止。当某条皮带上有重物时，则该皮带前面的皮带停止，该皮带运行 1s 后停止，该皮带以后的皮带传送完后才停止。例如，M3 上有重物，M1、M2 立即停止，过 1s 后，M4 停止。

请列出 I/O 分配表，并进行实际连线，再用 SFC 指令编写程序并调试。

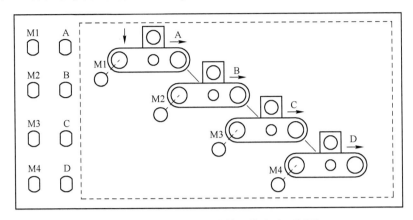

图 3-70 自动配料/四节传送带实验面板图

第 4 章
三菱 FX 系列 PLC 的模拟量编程

📑 导读

　　模拟量是一个连续变化值,如电压、电流、温度、湿度、压力、流量等。模拟量不能直接作为 PLC 的输入,但作为 PLC 控制的一部分,可以通过 A/D 或 D/A 模块将相对应的电压值 (0~10V)、电流值 (4~20mA) 从外部输入到 PLC 或从 PLC 输出到外部。模拟量一般有电压型和电流型。电流型相比电压型更稳定,抗干扰能力较强。模拟量一般有 12bit 和 16bit 两种分辨率,对应的数值分别为 0~4000 和 0~±32000。三菱 PLC 可以用 FROM/TO 指令来对模拟量输入/输出进行操作,FX3U PLC 还支持缓冲存储区的直接指定,可以在应用指令的源操作数或目标操作数中直接指定缓冲存储区,通过 MOV 指令读取,使程序高效化。

4.1　模拟量的输入

4.1.1　模拟量输入的过程

　　在生产过程中存在大量的模拟量,如压力、温度、速度、流量、黏度等。为了实现自动控制,这些模拟量都需要被 PLC 处理。图 4-1 为 PLC 处理模拟量输入的过程。

　　由于 PLC 的 CPU 只能处理数字量信号,因此模拟输入模块中的 A/D 转换就是用来实现转换功能的,是按顺序执行的。也就是说,每个模拟通道上的输入信号是轮流被转换的。A/D 转换的结果被存储在结果存储器中,并一直保持到被一个新的转换值所覆盖。

　　FX 系列模拟量对应的三种控制对象有电压/电流输入、电压/电流输出、温度传感器输入,如图 4-2 所示。

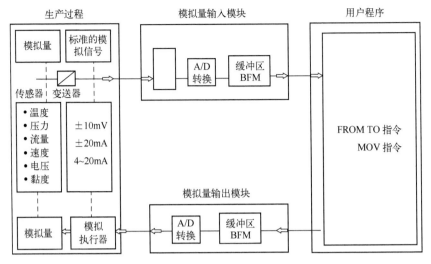

图 4-1　PLC 处理模拟量输入的过程

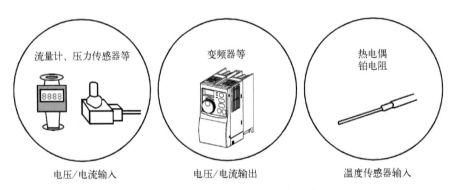

图 4-2　模拟量对应的三种控制对象

4.1.2　模拟量输入控制

模拟量输入是从流量计、压力传感器等输入电压、电流信号，用可编程控制器监控工件或设备的状态，如图 4-3 所示。

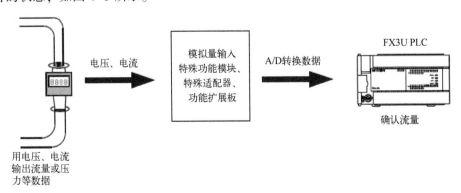

图 4-3　模拟量输入控制

　　FX3U PLC 的模拟量输入模块主要有 FX3U-4AD、FX3U-4AD-ADP、FX3U-3A-ADP 三种。其技术指标见表 4-1。

表 4-1　模拟量输入模块技术指标

模　　块	通道数	范　　围		分　辨　率
FX3U-4AD-ADP	4 通道	电压：DC 0~10V		2.5mV（12 位）
		电流：DC 4~20mA		10μA（11 位）
FX3U-3A-ADP	输入 2 通道	电压：DC 0~10V		2.5mV（12 位）
		电流：DC 4~20mA		5μA（12 位）
FX3U-4AD	4 通道	电压：DC −10~+10V		0.32mV（带符号 16 位）
		电流：DC −20~+20mV		1.25μA（带符号 15 位）

　　图 4-4 为 16 位模拟量输入和 12 位模拟量输入的数字量输出特性。

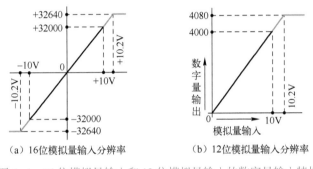

（a）16位模拟量输入分辨率　　（b）12位模拟量输入分辨率

图 4-4　16 位模拟量输入和 12 位模拟量输入的数字量输入特性

4.1.3　FX3U-4AD 模块的应用

1. 连接方式

　　FX3U-4AD 连接在 FX3U PLC 上，是获取 4 通道电压/电流数据的模拟量特殊功能模块。FX3U-4AD 模块的连接方式如图 4-5 所示。

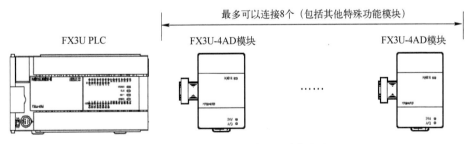

图 4-5　FX3U-4AD 模块的连接方式

　　FX3U-4AD 的技术指标如下：
　　① 可以对各通道指定电压输入、电流输入；
　　② A/D 转换值存储在 4AD 缓冲存储区（BFM）中；

③ 通过数字滤波器的设定，可以读取稳定的 A/D 转换值；

④ 各通道最多可以存储 1700 次 A/D 转换值的历史记录。

2. 与传感器的接线

模拟量输入的每个通道均可以使用电压输入和电流输入。其端子及信号说明如图 4-6 所示，在电流输入、电压输入时的接线如图 4-7 所示。

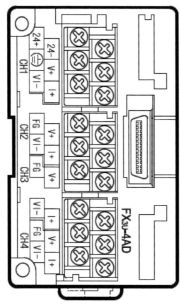

端子	信号说明
24+	DC24V电源
24−	
⏚	接地端子
V+	
VI−	通道1模拟量输入
I+	
FG	
V+	
VI−	通道2模拟量输入
I+	
FG	
V+	
VI−	通道3模拟量输入
I+	
FG	
V+	
VI−	通道4模拟量输入
I+	

图 4-6　FX3U-4AD 的端子及信号说明

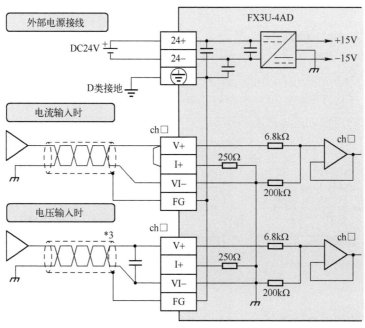

ch□的□中为输入通道号。

图 4-7　FX3U-4AD 在电流输入、电压输入时的接线

3. 读取模拟量数据

（1）确认单元号

单元号的确认如图 4-8 所示，从左侧的特殊功能单元/模块开始，依次分配单元号 0~7。

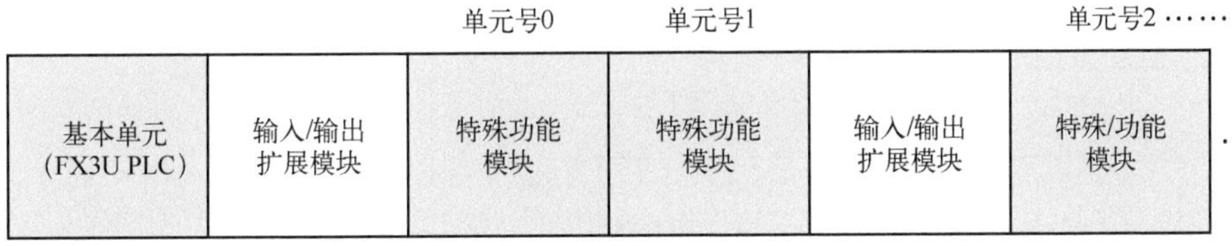

单元号0	单元号1		单元号2……

| 基本单元
(FX3U PLC) | 输入/输出
扩展模块 | 特殊功能
模块 | 特殊功能
模块 | 输入/输出
扩展模块 | 特殊/功能
模块 | …… |

图 4-8　单元号的确认

（2）决定输入模式（BFM #0）的内容

根据连接模拟量发生器的规格，可设定相应各通道的输入模式（BFM #0），十六进制数设定输入模式如图 4-9 所示。在使用通道的相应位时，可选择表 4-2 中输入模式与对应关系进行设定。

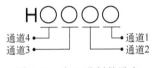

图 4-9　十六进制数设定输入模式

表 4-2　输入模式与对应关系

设定值	输 入 模 式	模拟量输入范围	数字量输出范围
0	电压输入模式	−10~+10V	−32000~+32000
1	电压输入模式	−10~+10V	−4000~+4000
2	电压输入 模拟量值直接显示模式	−10~+10V	−10000~+10000
3	电流输入模式	4~20mA	0~16000
4	电流输入模式	4~20mA	0~4000
5	电流输入 模拟量值直接显示模式	4~20mA	4000~20000
6	电流输入模式	−20~+20mA	−16000~+16000
7	电流输入模式	−20~+20mA	−4000~+4000
8	电流输入 模拟量值直接显示模式	−20~+20mA	−20000~+20000
F	通道不使用		

（3）编写 PLC 程序

图 4-10 为读取模拟量的程序。

图 4-10 的具体解释如下：

① 传送顺控程序，运行可编程控制器；

② 将 FX3U-4AD 中输入的模拟量数据保存在可编程控制器的数据寄存器（D0~D3）中；

③ 确认数据是否保存在 D0~D3 中。

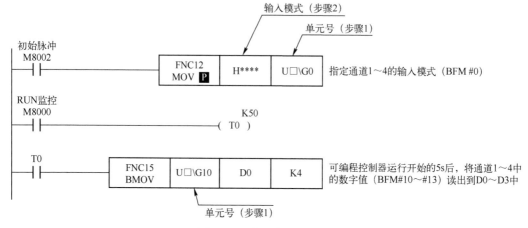

图 4-10　读取模拟量的程序

4. 缓冲存储区应用的两种指令

缓冲存储区的应用如图 4-11 所示，即将 FX3U-4AD 中输入的模拟量信号转换为数字值后，存储在缓冲存储区中；通过从基本单元向 FX3U-4AD 的缓冲存储区写入数值进行设定可切换电压输入/电流输入或调节偏置/增益；用 FROM/TO 指令或应用指令的缓冲存储区直接指定编写程序，执行对缓冲存储区的读出/写入。

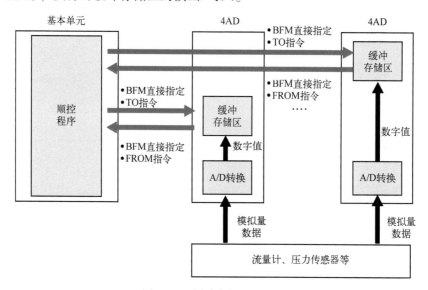

图 4-11　缓冲存储区的应用

FROM/TO 指令可以对缓冲存储区进行读/写，从 BFM→可编程控制器的读取，就是用 FROM 指令读出缓冲存储区中的内容。缓冲存储区中的 FROM 指令如图 4-12 所示，将单元号 1 缓冲存储区（BFM #10）的内容（1 点）读出到数据寄存器（D10）中；从可编程控制器→BFM 的写入，就是用 TO 指令向缓冲存储区写入数据。缓冲存储区中的 TO 指令如图 4-13 所示，向单元号 1 的缓冲存储区（BFM #0）中写入 1 个数据（H3300）。

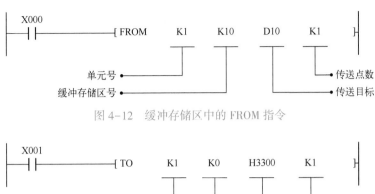

图 4-12　缓冲存储区中的 FROM 指令

图 4-13　缓冲存储区中的 TO 指令

除了 FROM/TO 指令外，FX3U-4AD 还支持缓冲存储区的直接指定（U □\G □），可在应用指令的源操作数或目标操作数中直接指定缓冲存储区，通过 MOV 指令读取，可使程序高效化，如图 4-14 所示。其缓冲存储区的直接指定方法是将设定软元件指定为直接应用指令的源操作数或目标操作数。

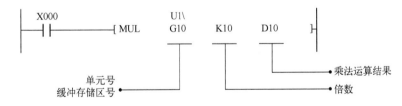

图 4-14　缓冲存储区的直接指定方法

直接读取缓冲存储区的案例如图 4-15 所示，即将单元号 1 缓冲存储区（BFM #10）的内容乘以数据（K10），并将其结果读出到数据寄存器（D10、D11）中。直接写入缓冲存储区的案例如图 4-16 所示，即将数据寄存器（D20）加上数据（K10），并将其结果写入单元号 1 的缓冲存储区（BFM #6）中。

图 4-15　直接读取缓冲存储区的案例

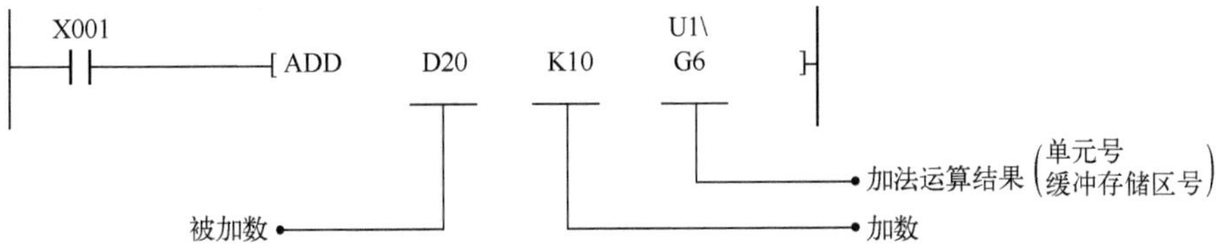

图 4-16　直接写入缓冲存储区的案例

5. FX3U-4AD 缓冲存储区的重要参数

表 4-3 为 FX3U-4AD 缓冲存储区一览表。表中只列出主要参数，如需要全部参数，请参考本书中的数字资源。其中，在 BFM 的#0、#19、#21、#22、#125～#129、#198 中写入设定值，可执行向 FX3U-4AD 的 EEPROM 中写入数据。因为 EEPROM 的允许写入次数为 1 万次以下，所以不能高频率地向 EEPROM 中写入数据。

表 4-3　FX3U-4AD 缓冲存储区一览表

BFM 编号	内　容	设定范围	初始值	数据处理
#0	指定通道 1～4 的输入模式		出厂时 H0000	十六进制
#1	不可以使用	—	—	—
#2	通道 1 平均次数［单位：次］	1～4095	K1	十进制
#3	通道 2 平均次数［单位：次］	1～4095	K1	十进制
#4	通道 3 平均次数［单位：次］	1～4095	K1	十进制
#5	通道 4 平均次数［单位：次］	1～4095	K1	十进制
#6	通道 1 数字滤波器设定	0～1600	K0	十进制
#7	通道 2 数字滤波器设定	0～1600	K0	十进制
#8	通道 3 数字滤波器设定	0～1600	K0	十进制
#9	通道 4 数字滤波器设定	0～1600	K0	十进制
#10	通道 1 数据（即时值数据或平均值数据）	—	—	十进制
#11	通道 2 数据（即时值数据或平均值数据）	—	—	十进制
#12	通道 3 数据（即时值数据或平均值数据）	—	—	十进制
#13	通道 4 数据（即时值数据或平均值数据）	—	—	十进制
#14～#18	不可以使用	—	—	—
#19	设定变更禁止 禁止改变下列缓冲存储区的设定		出厂时 K2080	十进制
#20	功能初始化 用 K1 初始化，初始化结束后，自动变为 K0	K0 或 K1	K0	十进制
#21	输入特性写入 偏置/增益值写入结束后，自动变为 H0000 （b0～b3 全部为 OFF 状态）		H0000	十六进制
#22	便利功能设定 便利功能：自动发送功能、数据加法运算、上下限值检测、突变检测、峰值保持		出厂时 H0000	十六进制
#23～#25	不可以使用	—	—	—
#26	上下限值错误状态（BFM #22 b1 ON 时有效）	—	H0000	十六进制
#27	突变检测状态（BFM #22 b2 ON 时有效）	—	H0000	十六进制
#28	量程溢出状态	—	H0000	十六进制
#29	错误状态	—	H0000	十六进制
#30	机型代码 K2080	—	K2080	十进制
#31～#40	不可以使用	—	—	—

（1）［BFM #0］输入模式的设定

通道 1~通道 4 的输入模式见图 4-9。输入模式的指定采用 4 位数的 HEX 码对各位分配各通道的编号，按表 4-4 通过在各位中设定 0~8、F 的数值改变输入模式，当设定值为 2、5、8 时为直接显示模式，不能改变偏置/增益值。

表 4-4　改变输入模式的设定值

设定值［HEX］	输 入 模 式	模拟量输入范围	数字量输出范围
0	电压输入模式	−10~+10V	−32000~+32000
1	电压输入模式	−10~+10V	−4000~+4000
2	电压输入 模拟量值直接显示模式	−10~+10V	−10000~+10000
3	电流输入模式	4~20mA	0~16000
4	电流输入模式	4~20mA	0~4000
5	电流输入 模拟量值直接显示模式	4~20mA	4000~20000
6	电流输入模式	−20~+20mA	−16000~+16000
7	电流输入模式	−20~+20mA	−4000~+4000
8	电流输入 模拟量值直接显示模式	−20~+20mA	−20000~+20000
9~E	不可以设定	—	—
F	通道不使用	—	—

输入模式设定（变更）后，模拟量输入特性会自动变更，通过改变偏置/增益值，即可用特有的值设定特性（分辨率不变）。输入模式的指定需要约 5s，因此在改变输入模式时，需要设计经过 5s 以上的时间后，再执行各设定的写入，同时需要注意，不能设定所有的通道都不使用（HFFFF）。

（2）［BFM #2~#5］平均次数的设定

在模拟量的采集过程中，如果希望将通道数据（通道 1~4：BFM #10~#13）从即时值变为平均值，则需要设定平均次数（通道 1~4：BFM #2~5），如测定在信号中含有电源频率那样比较缓慢的波动噪声时，可以通过平均化来获得稳定的数据。平均次数的通道数据种类及错误内容见表 4-5。

表 4-5　平均次数的通道数据种类及错误内容

平均次数 （BFM #2~#5）	通道数据（BFM #10~#13）的种类	错 误 内 容
0 以下	即时值数据 （每次 A/D 转换处理时更新通道数据）	设定值变为 K0，发生平均次数设定不良（BFM #29 b10）的错误
1（初始值）	即时值数据 （每次 A/D 转换处理时更新通道数据）	—

续表

平均次数 （BFM #2~#5）	通道数据（BFM #10~#13）的种类	错 误 内 容
2~400	平均值数据 （每次 A/D 转换处理时计算平均值，并更新通道数据）	—
401~4095	平均值数据 （每次达到平均次数，就计算 A/D 转换数据的平均值，并更新通道数据）	—
4096 以上	平均值数据 （每次达到平均次数，就计算 A/D 转换数据的平均值，并更新通道数据）	设定值变为 4096，发生平均次数设定不良（BFM #29 b10）的错误

当使用平均次数时，对于使用平均次数的通道必须将其数字滤波器设定（通道 1~4：BFM #6~#9）为 0。同理，如果使用数字滤波器的功能，必须将使用通道的平均次数（BFM #2~#5）设定为 1。当平均次数设定为 1 以外的值，数字滤波器（通道 1~4：BFM #6~#9）设定为 0 以外的值时，就会发生数字滤波器设定不良（BFM #29 b11）的错误。任何一个通道使用数字滤波器的功能，所有通道的 A/D 转换时间都变为 5ms。

（3）［BFM #6~#9］数字滤波器的设定

当测定信号中含有陡峭的尖峰噪声时，与平均次数相比，使用数字滤波器，即通道（通道 1~4：BFM #10~#13）可以获得更稳定的数据。数字滤波器设定值与动作的关系见表 4-6。

表 4-6　数字滤波器设定值与动作的关系

设定值	动 作
未满 0	数字滤波器功能无效，设定错误（BFM #29 b11 ON）
0	数字滤波器功能无效
1~1600	数字滤波器功能有效
1601 以上	数字滤波器功能无效，设定错误（BFM #29 b11 ON）

如果使用数字滤波器功能，那么模拟量输入值、数字滤波器设定值及数字量输出值（通道数据）的关系如图 4-17 所示。

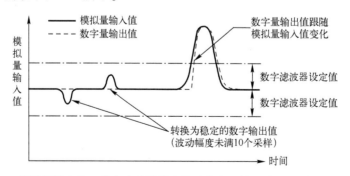

图 4-17　模拟量输入值、数字滤波器设定值及数字量输出值（通道数据）的关系

① 数字滤波器设定值（通道 1~4：BFM #6~9）>模拟量信号的波动（波动幅度未满 10

个采样)。

与数字滤波器设定值相比, 当模拟量信号 (输入值) 的波动较小时, 可转换为稳定的数字量输出值, 并保存到通道数据 (通道 1~4: BFM #10~#13) 中。

② 数字滤波器设定值 (通道 1~4: BFM #6~9)<模拟量信号的波动。

与数字滤波器设定值相比, 当模拟量信号 (输入值) 的波动较大时, 可跟随模拟量信号的变化, 并将变化的数字量输出值保存到相应通道的通道数据 (通道 1~4: BFM #10 ~#13) 中。

如果在某一个通道中使用了数字滤波器功能, 则所有通道的 A/D 转换时间都变为 5ms。如果数字滤波器的设定值不在 0~1600 范围, 则会发生数字滤波器设定不良 (BFM #29 b11) 的错误。

(4) [BFM #10~#13] 通道数据

[BFM #10~#13] 通道数据用来存储 A/D 转换后的数字值。根据平均次数 (通道 1~4: BFM #2~#5) 或数字滤波器的设定值 (通道 1~4: BFM #6~#9), 通道数据 (通道 1~4: BFM #10~13) 及数据的更新时序见表 4-7。

表 4-7　通道数据及数据的更新时序

平均次数 (BFM #2~#5)	数字量滤波器功能 (BFM #6~#9)	通道数据 (BFM #10~#13) 的更新时序	
		通道数据的种类	更 新 时 序
0 以下	0 (不使用)	即时值数据 设定值变为 0, 发生平均次数设定不良 (BFM #29 b10) 的错误	每次 A/D 转换处理都更新数据, 更新时序的时间为 更新时间=500μs×使用通道数
1	0 (不使用)	即时值数据	
	1~1600 (使用)	即时值数据 使用数字滤波器功能	每次 A/D 转换处理都更新数据, 更新时序的时间为 更新时间=5ms×使用通道数
2~400	0 (不使用)	平均值数据	每次 A/D 转换处理都更新数据, 更新时序的时间为 更新时间=500μs×使用通道数
401~4095		平均值数据	每次按平均次数处理 A/D 转换时的更新数据, 更新时序的时间为 更新时间=500μs×使用通道数×平均次数
4096 以上		平均值数据 设定值变为 4096, 发生平均次数设定不良 (BFM #29 b10) 的错误	

需要注意, 500μs 为 A/D 转换时间, 即使 1 个通道使用数字滤波器的功能, 则所有通道的 A/D 转换时间都变为 5ms。

4.1.4 【实例 4-1】使用平均次数读取模拟量

 实例说明

使用平均次数读取模拟量的实例如图 4-18 所示, 在 FX3U PLC 上连接 FX3U-4AD 模块

（单元号：0），并按如下要求设定：

① 输入模式。

设定通道 1、通道 2 为模式 0（电压输入，−10～+10V→−32000～+32000）。

设定通道 3、通道 4 为模式 3（电流输入，4～20mA→0～16000）。

② 平均次数。

设定通道 1、通道 2、通道 3、通道 4 的平均次数为 10 次。

③ 数字滤波器设定。

设定通道 1、通道 2、通道 3、通道 4 的数字滤波器功能无效（初始值）。

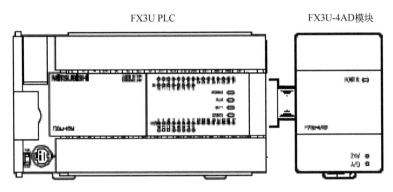

图 4-18　使用平均次数读取模拟量的实例

 解析过程

（1）软元件的分配。

表 4-8 为软元件的分配。

表 4-8　软元件的分配

软　元　件	内　　　　容
D0	通道 1 的 A/D 转换数字值
D1	通道 2 的 A/D 转换数字值
D2	通道 3 的 A/D 转换数字值
D3	通道 4 的 A/D 转换数字值

（2）梯形图的编写。

图 4-19 为使用平均次数读取模拟量的梯形图：

① H3300 为指定通道 1~4 的输入模式；

② 输入模式设定后，经过 5s 以上的时间再执行各设定的写入。一旦指定了输入模式，则停电保持，此后，如果使用相同的输入模式，则可以省略输入模式的指定及 T0 K50 的等待时间；

③ 数字滤波器的设定使用初始值时，不需要通过顺控程序设定；

④ 在 U0\G2 中设定通道 1~通道 4 的平均次数为 10 次；

⑤ 在 U0\G6 中设定通道 1~通道 4 的数字滤波器功能无效；

⑥ 将通道 1~通道 4 的数字值 U0\G10 读出到 D0~D3 中。

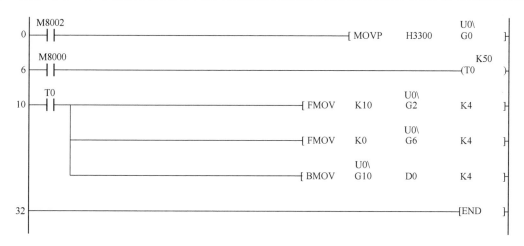

图 4-19 使用平均次数读取模拟量的梯形图

4.1.5 【实例 4-2】使用模拟量模块进行便利功能设定

 实例说明

在 FX3U PLC 上连接 FX3U-4AD 模块（单元号：0），并进行便利功能设定（BFM #22）：

① 输入模式。

设定通道 1、通道 2 为模式 0（电压输入，-10~+10V→-32000~+32000）。

设定通道 3、通道 4 为模式 3（电流输入，4~20mA→0~16000）。

② 平均次数。

设定所有通道的平均次数为 1 次（初始值）。

③ 数字滤波器设定。

设定所有通道的数字滤波器功能无效（初始值）。

④ 便利功能。

便利功能包括使用上下限检测功能、上下限错误状态的自动传送功能、量程溢出状态的自动传送功能、错误状态的自动传送功能。

解析过程

（1）软元件的分配见表 4-9。

表 4-9 软元件的分配

软 元 件		内 容
输入	X000	上下限检测错误的清除
	X001	量程溢出的清除

续表

软 元 件		内　　容
输出	Y000	通道 1 下限值错误的输出
	Y001	通道 1 上限值错误的输出
	Y002	通道 2 下限值错误的输出
	Y003	通道 2 上限值错误的输出
	Y004	通道 3 下限值错误的输出
	Y005	通道 3 上限值错误的输出
	Y006	通道 4 下限值错误的输出
	Y007	通道 4 上限值错误的输出
	Y010	通道 1 量程溢出（下限）的输出
	Y011	通道 1 量程溢出（上限）的输出
	Y012	通道 2 量程溢出（下限）的输出
	Y013	通道 2 量程溢出（上限）的输出
	Y014	通道 3 量程溢出（下限）的输出
	Y015	通道 3 量程溢出（上限）的输出
	Y016	通道 4 量程溢出（下限）的输出
	Y017	通道 4 量程溢出（上限）的输出
	Y020	有错误时输出
	Y021	有设定错误时输出
	D0	通道 1 的 A/D 转换数字值
	D1	通道 2 的 A/D 转换数字值
	D2	通道 3 的 A/D 转换数字值
	D3	通道 4 的 A/D 转换数字值
	D100	上下限值错误状态的自动传送目标数据寄存器
	D101	量程溢出状态的自动传送目标数据寄存器
	D102	错误状态自动传送的目标数据寄存器

（2）梯形图的编写。

图 4-20 为使用模拟量模块进行便利功能设定的梯形图，具体解释如下：

① 输入模式（通道 1~4 的输入模式为 H3300）设定后，经过 5s 以上的时间再执行各设定的写入；

② 输入模式设定、上下限错误状态的自动传送目标数据寄存器、量程溢出的自动传送目标数据寄存器、错误状态的自动传送目标数据寄存器均是由 FX3U－4AD 模块中的 EEPROM 保持的，一旦设定，即使删除，顺控程序也能动作；

③ 将上下限值错误状态的自动传送目标数据寄存器设定为 D100，将量程溢出状态的自动传送目标数据寄存器设定为 D101，将错误状态的自动传送目标数据寄存器设定为 D102；

④ X000 负责上下限检测错误的清除，X001 负责量程溢出的清除；

⑤ 在 Y000~Y007 上输出各通道的上下限错误状态（D100）；在 Y010~Y017 上输出各

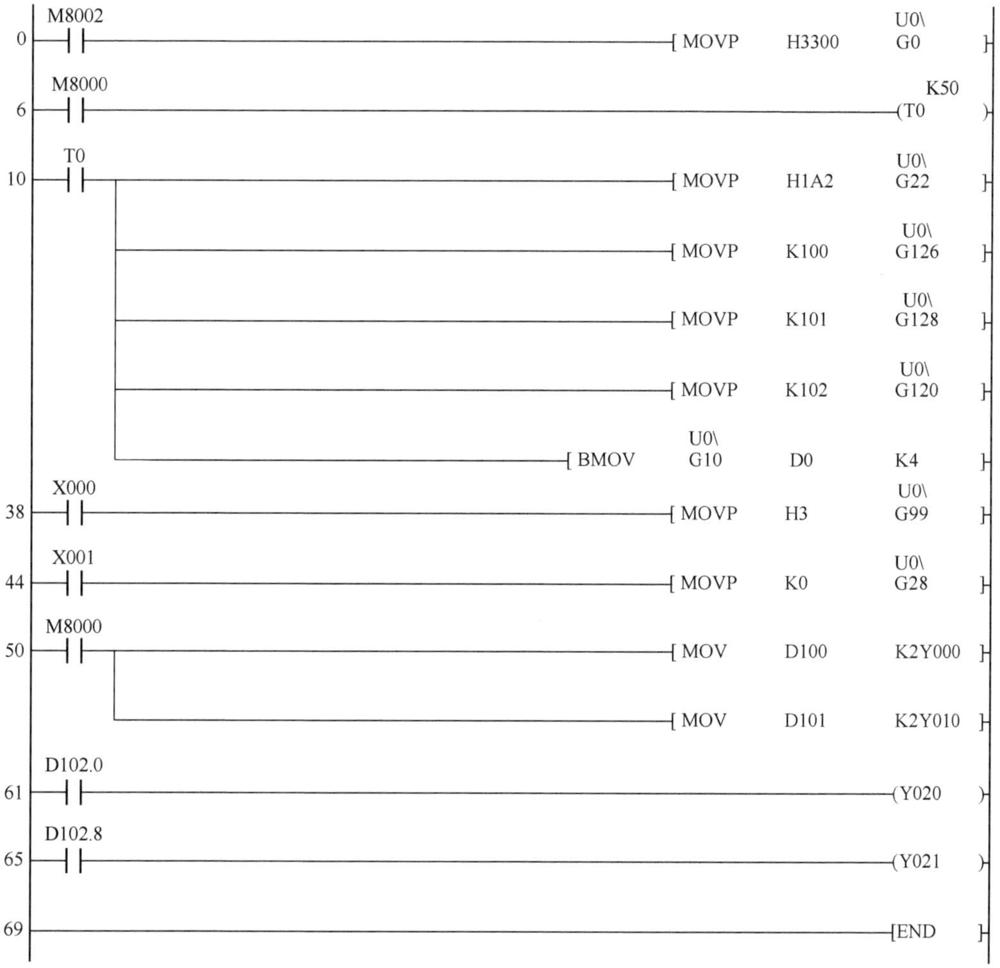

图 4-20 使用模拟量模块进行便利功能设定的梯形图

通道的量程溢出（D101）；当 D102.0 = ON，即有错误时，输出 Y020；当 D102.8 = ON，即有设定错误时，输出 Y021。

4.1.6 【实例 4-3】使用模拟量模块的数据历史记录功能

实例说明

在 FX3U PLC 上连接 FX3U-4AD 模块（单元号：0），并进行数据历史记录功能设定。

① 输入模式。

设定通道 1、通道 2 为模式 0（电压输入，-10 ~ +10V→-32000 ~ +32000）。

设定通道 3、通道 4 为模式 3（电流输入，4 ~ 20mA→0 ~ 16000）。

② 平均次数。

设定所有通道的平均次数为 1 次（初始值）。

③ 数字滤波器设定。

设定所有通道的数字滤波器功能无效（初始值）。

④ 数据历史记录功能。

设定所有通道的采样时间为 100ms，采样周期为 100ms×4（使用通道数）= 400ms，并将所有通道的 100 次数据历史记录读出到数据寄存器中。

解析过程

（1）软元件的分配见表 4-10。

表 4-10　软元件的分配

软 元 件		内　　容
输入	X000	数据历史记录清除
	X0001	暂时停止数据历史记录
数据寄存器	D0	通道 1 的 A/D 转换数字值
	D1	通道 2 的 A/D 转换数字值
	D2	通道 3 的 A/D 转换数字值
	D3	通道 4 的 A/D 转换数字值
	D100~D199	通道 1 的 100 次数据历史记录
	D200~D299	通道 2 的 100 次数据历史记录
	D300~D399	通道 3 的 100 次数据历史记录
	D400~D499	通道 4 的 100 次数据历史记录

（2）梯形图的编写。

图 4-21 为使用模拟量模块的数据历史记录功能的梯形图，具体解释如下：

① 在 U0\G198 中设定采样时间为 100ms。

② 将通道 1~通道 4 的数字值读出到 D0~D3 中。

③ 当 X0=ON 时，清除所有通道的数据历史记录；当 X1=ON 时，暂停所有通道的数据历史记录；当 X1=OFF 时，解除所有通道的数据历史记录的暂停。

④ 将通道 1 的 100 次数据历史记录（U0\G200）读出到 D100~D199 中；将通道 2 的 100 次数据历史记录（U0\G199）读出到 D200~D299 中；将通道 3 的 100 次数据历史记录（U0\G3600）读出到 D300~D399 中；将通道 4 的 100 次数据历史记录（U0\G5300）读出到 D400~D499 中。

⑤ 如果读出多个数据历史记录，则可编程控制器的运算周期会变长。如果运算周期超过 200ms，则 CPU 错误灯会点亮，可编程控制器会停止，所以在 BMOV 指令间插入 WDT 指令（看门狗定时器的刷新）。

Q：FX3U-4AD 模块对 BFM 进行了比较多的设置，如何才能回到出厂设置呢？

A：在初始化 FX3U-4AD 模块时，可以执行 ┤├─[MOVP　K1　U0\G20]─┤（X000），即对 FX3U-4AD 模块执行初始化并清除 BFM#0~#6999，可使输入模式（BFM #0）、偏置数据（BFM #41~#44）及增益数据（BFM #51~#54）等均回到出厂设置。

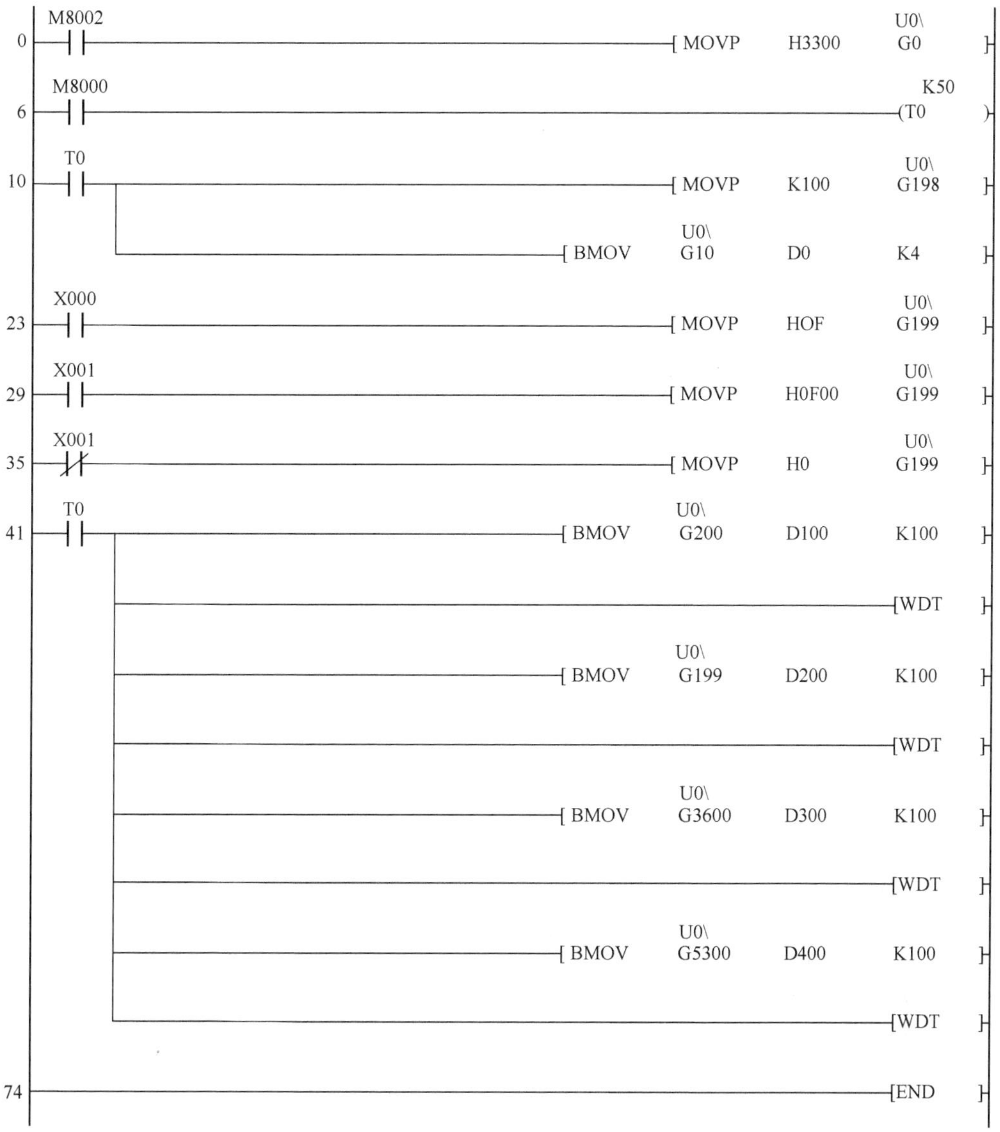

图 4-21　使用模拟量模块的数据历史记录功能的梯形图

从初始化执行开始到结束需要约 5s，在此期间不要执行对缓冲存储区的设定（写入）。当初始化结束后，BFM #20 的值变为 K0。由于设定值变更禁止（BFM #19）的设定优先，因此在执行初始化时，可将 BFM #19 设定为 K2080。

4.1.7　FX3U-4AD-ADP 模块的应用

1. FX3U CPU 的连接方式

FX3U-4AD-ADP 模拟量模块与 FX3U CPU 的连接方式如图 4-22 所示。模拟量模块 FX3U-4AD-ADP 连接在 FX3U PLC 的左侧，连接时需要功能扩展板，最多可以连接 4 个模拟量特殊适配器。如果使用高速输入/输出特殊适配器，则需要将模拟量特殊适配器连接在高速输入/输出特殊适配器的后面。

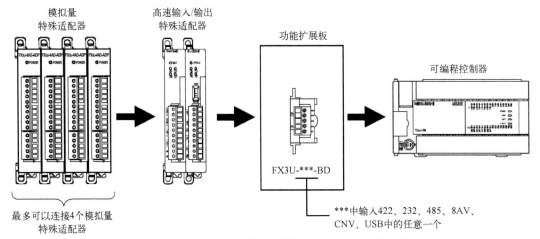

图 4-22　FX3U-4AD-ADP 模拟量模块与 FX3U CPU 的连接方式

2. A/D 转换及特殊数据寄存器的更新时序

FX3U PLC 的每个运算周期都执行 A/D 转换。A/D 转换时序如图 4-23 所示。FX3U PLC 在 END 指令中指示执行 A/D 转换，读出 A/D 转换值，并写入特殊数据寄存器中。

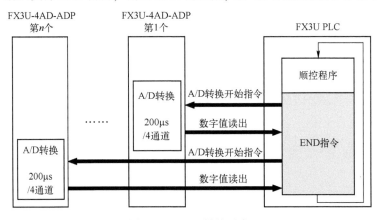

图 4-23　A/D 转换时序

3. 接线方式与端子排列

图 4-24 和图 4-25 分别为 FX3U-4AD-ADP 的端子排列和接线方式。模拟量输入在每个通道中都可以使用电压输入、电流输入。当使用电流输入时，则必须将 V□+端子和 I□+端子短接（□：通道号）。

4. 数据的读取和程序的编写

A/D 转换数据如图 4-26 所示。FX3U-4AD-ADP 输入的模拟量数据被转换成数字值，并被保存在可编程控制器的特殊软元件中，通过向特殊软元件中写入数值，可以设定平均次数或指定输入模式。依照从基本单元开始的连接顺序分配特殊软元件见表 4-11。每个 FX3U-4AD-ADP 均分配特殊辅助继电器、特殊数据寄存器各 10 个。

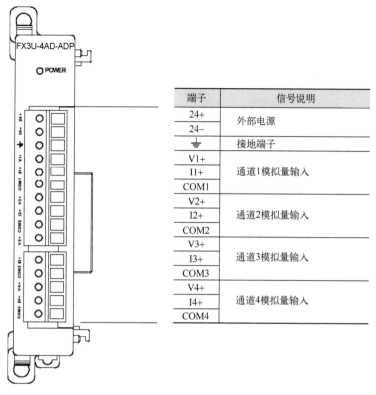

端子	信号说明
24+	外部电源
24−	
⏚	接地端子
V1+	通道1模拟量输入
I1+	
COM1	
V2+	通道2模拟量输入
I2+	
COM2	
V3+	通道3模拟量输入
I3+	
COM3	
V4+	通道4模拟量输入
I4+	
COM4	

图 4-24　FX3U-4AD-ADP 的端子排列

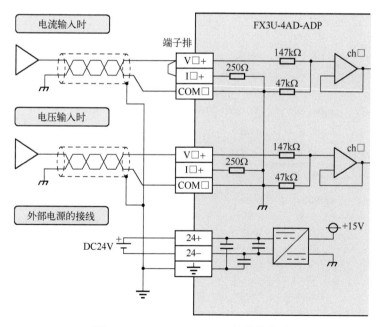

图 4-25　FX3U-4AD-ADP 的接线方式

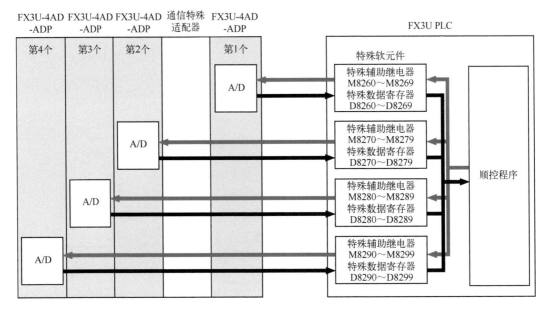

图 4-26　A/D 转换数据

表 4-11　特殊软元件编号及内容

特殊软元件	编　　号				内　　容	属性
	第 1 个	第 2 个	第 3 个	第 4 个		
特殊辅助 继电器	M8260	M8270	M8280	M8290	通道 1 输入模式切换	R/W
	M8261	M8271	M8281	M8291	通道 2 输入模式切换	R/W
	M8262	M8272	M8282	M8292	通道 3 输入模式切换	R/W
	M8263	M8273	M8283	M8293	通道 4 输入模式切换	R/W
	M8264~ M8269	M8274~ M8279	M8284~ M8289	M8294~ M8299	未使用（请不要使用）	—
特殊数据 寄存器	D8260	D8270	D8280	D8290	通道 1 输入数据	R
	D8261	D8271	D8281	D8291	通道 2 输入数据	R
	D8262	D8272	D8282	D8292	通道 3 输入数据	R
	D8263	D8273	D8283	D8293	通道 4 输入数据	R
	D8264	D8274	D8284	D8294	通道 1 平均次数 （设定范围：1~4095）	R/W
	D8265	D8275	D8285	D8295	通道 2 平均次数 （设定范围：1~4095）	R/W
	D8266	D8276	D8286	D8296	通道 3 平均次数 （设定范围：1~4095）	R/W
	D8267	D8277	D8287	D8297	通道 4 平均次数 （设定范围：1~4095）	R/W
	D8268	D8278	D8288	D8298	错误状态	R/W
	D8269	D8279	D8289	D8299	机型代码=1	R

（1）输入模式切换

通过将特殊辅助继电器置为 ON/OFF 可以设定 FX3U-4AD-ADP 为电流输入/电压输入。

在输入模式切换中使用的特殊辅助继电器见表 4-12。

表 4-12　在输入模式切换中使用的特殊辅助继电器

特殊辅助继电器				内　容	
第 1 个	第 2 全	第 3 个	第 4 个		
M8260	M8270	M8280	M8290	通道 1 输入模式切换	OFF：电压输入 ON：电流输入
M8261	M8271	M8281	M8291	通道 2 输入模式切换	
M8262	M8272	M8282	M8292	通道 3 输入模式切换	
M8263	M8273	M8283	M8293	通道 4 输入模式切换	

根据表 4-12 进行的编程如下：

如第 1 个特殊辅助继电器的通道 1 设定为电压输入，则输入程序为 ⊢ M8001 ─────(M8260)⊣；

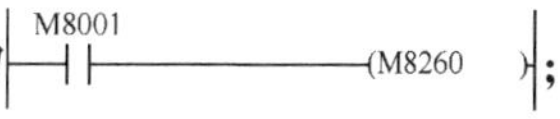

如第 1 个特殊辅助继电器的通道 2 设定为电流输入，则输入程序为 ⊢ M8000 ─────(M8261)⊣。

（2）输入数据的读取

将 FX3U-4AD-ADP 转换的输入数据根据编号和通道的不同保存在特殊数据寄存器中的 D8260～D8263、D8270～D8273、D8280～D8283、D8290～D8293 中。图 4-27 为读取模拟量数据的程序，即将第 1 个特殊辅助继电器通道 1 的输入数据保存在 D100 中、将第 1 个特殊辅助继电器通道 2 的输入数据保存在 D101 中，即使不在 D100、D101 中保存输入数据，也可以在定时器、计数器的设定值或 PID 指令中直接使用 D8260、D8261。

图 4-27　读取模拟量数据的程序

（3）平均次数的设定

设定平均次数时需要注意以下几点：

① 平均次数设定为 1 时，即时值被保存在特殊数据寄存器中；

② 当平均次数设定为 2～4095 时，平均值被保存在特殊数据寄存器中；

③ 当不在 1～4095 范围内设定平均次数时，会发生错误。

图 4-28 为平均次数设定程序，即将第 1 个特殊辅助继电器通道 1 的平均次数设定为 1，将第 1 个特殊辅助继电器通道 2 的平均次数设定为 5。

图 4-28　平均次数设定程序

4.1.8 【实例 4-4】读取 FX3U-4AD-ADP 模拟量模块的数据

实例说明

FX3U PLC 与 FX3U-4AD-ADP 的连接图如图 4-29 所示。设定第 1 个特殊辅助继电器的通道 1 为电压输入，通道 2 为电流输入，并将它们的 A/D 转换值分别保存在 D100、D101 中。

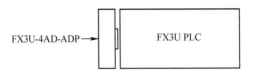

图 4-29　FX3U PLC 与 FX3U-4AD-ADP 的连接图

解析过程

读取 FX3U-4AD-ADP 模拟量模块数据的梯形图如图 4-30 所示，具体解释如下：

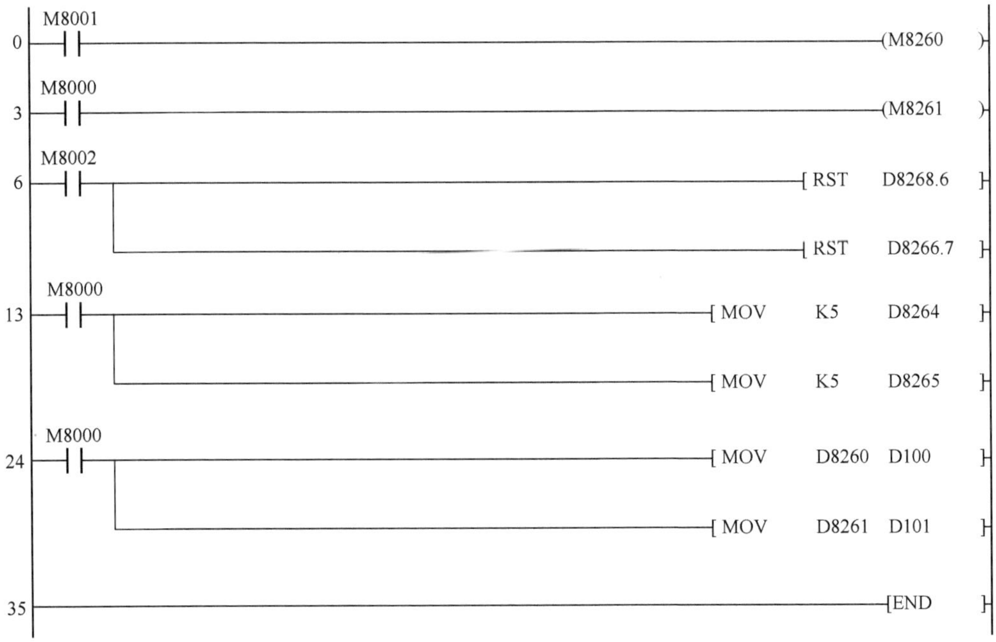

```
        M8001
  0     ─┤ ├────────────────────────────────────(M8260 )
        M8000
  3     ─┤ ├────────────────────────────────────(M8261 )
        M8002
  6     ─┤ ├────────────────────────────[ RST   D8268.6 ]
         ├────────────────────────────[ RST   D8266.7 ]
        M8000
 13     ─┤ ├───────────────────────[ MOV   K5    D8264 ]
         ├───────────────────────[ MOV   K5    D8265 ]
        M8000
 24     ─┤ ├───────────────────────[ MOV   D8260  D100 ]
         ├───────────────────────[ MOV   D8261  D101 ]
 35     ─────────────────────────────────────────[END ]
```

图 4-30　读取 FX3U-4AD-ADP 模拟量模块数据的梯形图

① M8001 始终为 OFF，设置设定通道 1 为电压（0～10V）；

② M8000 始终为 ON，设定通道 2 为电流（4～20mA）；

③ M8002 上电初始化时，复位错误状态 b6 = OFF、错误状态 b7 = OFF；

④ 设定通道 1 和通道 2 的平均次数均为 5；

⑤ 将通道 1 进行 A/D 转换后的数字值保存在 D100 中，将通道 2 进行 A/D 转换后的数字值保存在 D101 中。

4.1.9 【实例 4-5】模拟量模块输入特性的变更

 实例说明

FX3U PLC 与 FX3U-4AD-ADP 连接，将电压输入方式输入的 1～5V（数字值为 400～2000）变更为 0～10000 范围内的数字值。

 解析过程

（1）输入特性分析。

图 4-31 为变更前后的输入特性对比。

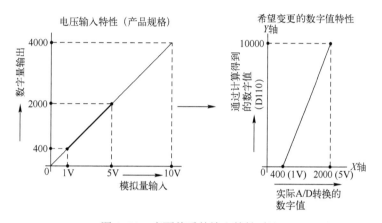

图 4-31　变更前后的输入特性对比

（2）程序的编写。

表 4-13 为 SCL 定坐标指令。

表 4-13　SCL 定坐标指令

项　目		内　容	值	软元件
点数		设定点数	2	D50
起点	X 坐标	A/D 转换数字值的起点数据	400	D51
	Y 坐标	希望变更的 X 坐标起点的数字量输出	0	D52
终点	X 坐标	A/D 转换数字值的终点数据	2000	D53
	Y 坐标	希望变更的 X 坐标终点的数字量输出	10000	D54

模拟量模块输入特性变更的梯形图如图 4-32 所示，具体解释如下：

① 用 M8001 设定通道 1 为电压（0～10V），用 M8002 复位错误状态 b6＝OFF、错误状态 b7＝OFF，设定通道 1 的平均次数为 1。

② 设定 SCL 定坐标指令需要用到的表格数据，包括起点 X 坐标和 Y 坐标、终点 X 坐标和 Y 坐标，均放在软元件 D50～D54 处。

③ 执行 SCL 定坐标指令，将运算结果保存在 D100 中。

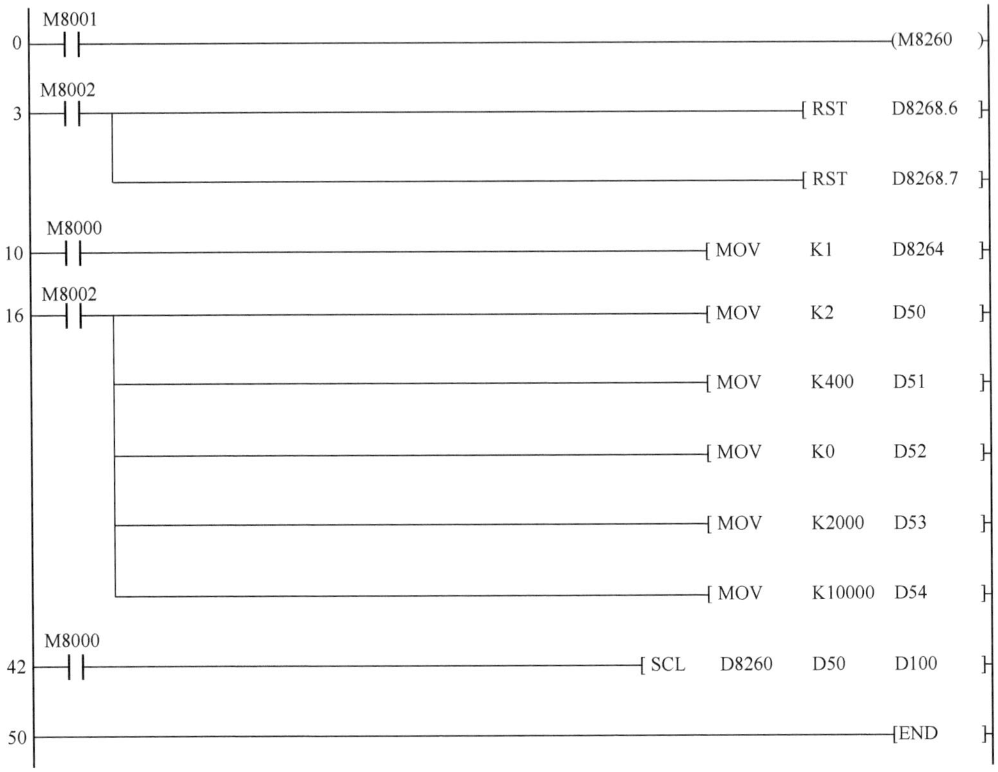

0 M8001 (M8260)
3 M8002 [RST D8268.6]
[RST D8268.7]
10 M8000 [MOV K1 D8264]
16 M8002 [MOV K2 D50]
[MOV K400 D51]
[MOV K0 D52]
[MOV K2000 D53]
[MOV K10000 D54]
42 M8000 [SCL D8260 D50 D100]
50 [END]

图 4-32　模拟量模块输入特性变更的梯形图

4.2　模拟量的输出

4.2.1　模拟量输出的过程

模拟量输出是将 FX3U PLC 输出的电压、电流信号用于变频器频率控制等指令中，如图 4-33 所示。

FX3U PLC
指定频率数据
D/A转换数据
模拟量输出
特殊功能模块、
特殊适配器、
功能扩展板
电压、电流
变频器等
通过输入的电压、
电流来改变频率

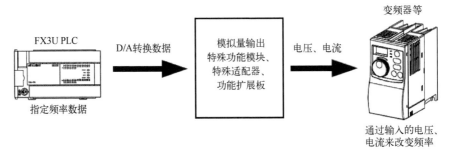

图 4-33　FX3U PLC 处理模拟量输出的过程

FX3U PLC 的模拟量输出模块主要有 FX3U-4DA、FX3U-4DA-ADP、FX3U-3A-ADP

等，技术指标见表4-14。

表 4-14　模拟量输出模块技术指标

模　　块	通道数	范　　围	分辨率
FX3U-4DA-ADP	4 通道	电压：DC 0~10V	2.5mV（12 位）
		电流：DC 4~20mA	4μA（12 位）
FX3U-3A-ADP	输出 1 通道	电压：DC 0~10V	2.5mV（12 位）
		电流：DC 4~20mA	4μA（12 位）
FX3U-4DA	4 通道	电压：DC -10~+10V	0.32mV（带符号 16 位）
		电流：DC 0~20mA	0.63μA（15 位）

12 位模拟量的输出特性如图4-34 所示。

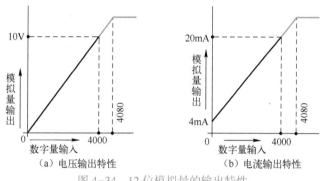

图 4-34　12 位模拟量的输出特性

4.2.2　FX3U-4DA 模块的应用

1. 程序与缓冲存储区的关系

　　FX3U-4DA 模块与 FX3U-4AD 模块类似，都是放在 FX3U PLC 的右侧，程序与缓冲存储区的关系如图4-35 所示。FX3U-4DA 缓冲存储区一览表见表 4-15（只列出常见的缓冲存储区，其余请参考本书的数字资源）。表中，BFM0#、BFM5#、BFM10#~17#、BFM19#、BFM32#~35#均通过 EEPROM 停电保持，当用十六进制数指定各通道的输出模式时，用0~4 及 F 进行指定。

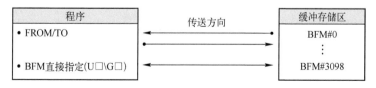

图 4-35　程序与缓冲存储区的关系

表 4-15　FX3U-4DA 缓冲存储区一览表

BFM 编号	内　　容	设定范围	初始值	数据处理
#0	指定通道 1~4 的输出模式		出厂时 H0000	十六进制

续表

BFM 编号	内　　容	设定范围	初始值	数据处理
#1	通道 1 的输出数据		K0	十进制
#2	通道 2 的输出数据	根据模式而定	K0	十进制
#3	通道 3 的输出数据		K0	十进制
#4	通道 4 的输出数据		K0	十进制
#5	可编程控制器 STOP 时的输出设定		H0000	十六进制
#6	输出状态	—	H0000	十六进制
#7、#8	不可以使用	—	—	—
#9	通道 1~4 的偏置、增益设定值的写入指令		H0000	十六进制
#10	通道 1 的置数据（单位：mV 或 μA）			十进制
#11	通道 2 的置数据（单位：mV 或 μA）	根据模式而定	根据模式而定	十进制
#12	通道 3 的置数据（单位：mV 或 μA）			十进制
#13	通道 4 的置数据（单位：mV 或 μA）			十进制
#14	通道 1 的增益数据（单位：mV 或 μA）			十进制
#15	通道 2 的增益数据（单位：mV 或 μA）	根据模式而定	根据模式而定	十进制
#16	通道 3 的增益数据（单位：mV 或 μA）			十进制
#17	通道 4 的增益数据（单位：mV 或 μA）			十进制
#18	不可以使用	—	—	—
#19	设定变更禁止	变更许可：K3030 变更禁止：K3030 以外	出厂时 K3030	十进制
#20	功能初始化 用 K1 初始化，初始化结束后，自动变为 K0	K0 或 K1	K0	十进制
#21~#27	不可以使用	—	—	—
#28	断线检测状态（仅在选择电流模式时有效）	—	H0000	十六进制
#29	错误状态	—	H0000	十六进制
#30	机型代码　K3030	—	K3030	十进制
#31	不可以使用	—	—	—
#32	可编程控制器 STOP 时，通道 1 的输出数据 （仅在 BFM #5＝H○○○2 时有效）	根据模式而定	K0	十进制
#33	可编程控制器 STOP 时，通道 2 的输出数据 （仅在 BFM #5＝H○○2○ 时有效）	根据模式而定	K0	十进制
#34	可编程控制器 STOP 时，通道 3 的输出数据 （仅在 BFM #5＝H○2○○ 时有效）	根据模式而定	K0	十进制
#35	可编程控制器 STOP 时，通道 4 的输出数据 （仅在 BFM #5＝H2○○○ 时有效）	根据模式而定	K0	十进制

2. BFM 0#参数的设定

FX3U-4DA 的输出特性分为电压（-10~+10V）和电流（0~20mA、4~20mA），可以用十六进制数设定输出模式，如图 4-36 所示，在使用通道的相应位中，根据表 4-16 的输出模式进行设定。

图 4-36 BFM 0#参数的设定

表 4-16 输出模式与对应的技术指标

设定值	输 出 模 式	模拟量输出范围	数字量输入范围
0	电压输出模式	-10~+10V	-32000~+32000
1	电压输出模拟量值 mV 指定模式	-10~+10V	-10000~+10000
2	电流输出模式	0~20mA	0~32000
3	电流输出模式	4~20mA	0~32000
4	电流输出模拟量值 μA 指定模式	0~20mA	0~20000
F	通道不使用		

（1）输出模式 0 的设定

输出模式 0 数字值与输出电压的特性如图 4-37 所示。其输出形式：模拟量输出电压范围为-10~+10V，数字值输入范围为-32000~+32000，偏置、增益可以调节。

（2）输出模式 1 的设定

输出模式 1 数字值与输出电压的特性如图 4-38 所示。其输出形式：模拟量输出电压范围为-10~+10V，数字值输入范围为-10000~+10000，偏置、增益不可以调节。

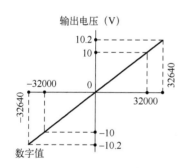

图 4-37 输出模式 0 数字值与输出电压的特性　　图 4-38 输出模式 1 数字值与输出电压的特性

（3）输出模式 2 的设定

输出模式 2 数字值与输出电流的特性如图 4-39 所示。其输出形式：模拟量输出电流范围为 0~20mA，数字值输入范围为 0~32000，偏置、增益可以调节。

（4）输出模式 3 的设定

输出模式 3 数字值与输出电流的特性如图 4-40 所示。其输出形式：模拟量输出电流范围为 4~20mA，数字值输入范围为 0~32000，偏置、增益可以调节。

（5）输出模式 4 的设定

输出模式 4 数字值与输出电流的特性如图 4-41 所示。其输出形式：模拟量输出电流范围为 0~20mA，数字值输入范围为 0~20000，偏置、增益不可以调节。

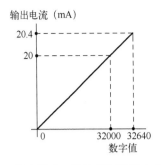

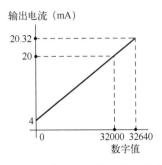

图 4-39 输出模式 2 数字值与输出电流的特性   图 4-40 输出模式 3 数字值与输出电流的特性

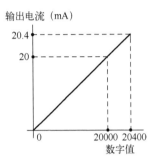

图 4-41 输出模式 4 数字值与输出电流的特性

3. 模块接线

图 4-42 和图 4-43 分别为 FX3U-4DA 模块的端子排列和接线方式。在模拟量输出模式中，FX3U-4DA 模块的各通道都可以使用电压输出和电流输出，接线时应注意以下几点：

① 模拟量的输出线应使用两芯屏蔽双绞电缆，并与其他动力线或易于感应的电缆分开布线。

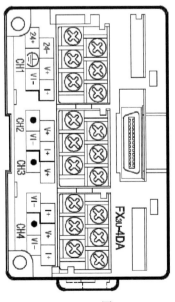

端	信号说明
24+	DC24V电源
24−	
⏚	接地端子
V+	通道1模拟量输出
VI−	
I+	
•	请不要接线
V+	通道2模拟量输出
VI−	
I+	
•	请不要接线
V+	通道3模拟量输出
VI−	
I+	
•	请不要接线
V+	通道4模拟量输出
VI−	
I+	

图 4-42 FX3U-4DA 模块的端子排列

② 输出电压有噪声或波动时，可在信号接收附近连接 0.1～0.47μF/25V 的电容。

③ 将屏蔽线在信号接收侧接地。

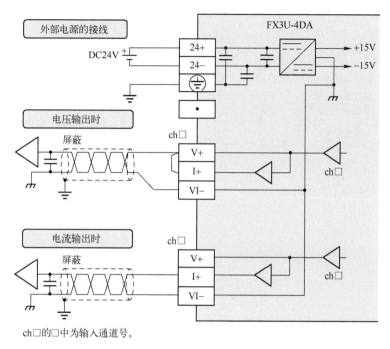

图 4-43　FX3U-4DA 模块的接线方式

4. 模拟量输出指令的两种方式

FX3U-4DA 缓冲存储区的读出或写入可以用 FROM/TO 指令或缓冲存储区直接指定。

使用 FROM 指令可以读出缓冲存储区中的内容，如图 4-44 所示，将单元号 1 缓冲存储区（BFM #10）的内容（1 点）读出到数据寄存器（D10）中。

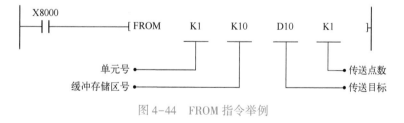

图 4-44　FROM 指令举例

使用 TO 指令可以向缓冲存储区中写入数据，如图 4-45 所示，向单元号 1 的缓冲存储区（BFM #0）写入数据（H3300、1 点）。

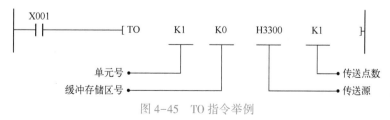

图 4-45　TO 指令举例

当使用缓冲存储区直接指定时，图 4-46（a）是将单元号 1 缓冲存储区（BFM #10）的内容乘以数据（K10），并将结果读出到数据寄存器（D10、D11）中；图 4-46（b）是将数据寄存器（D20）加上数据（K10），并将结果写入单元号 1 的缓冲存储区（BFM #6）中。

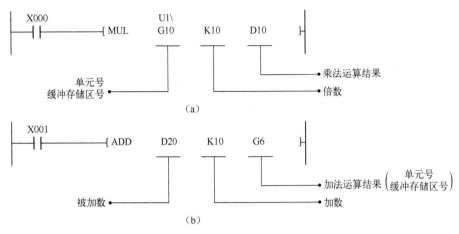

图 4-46　缓冲存储区直接指定

5. 偏置和增益的设定

（1）BFM #9 参数

表 4-17 为 BFM #9 低 4 位各通道的编号。当各通道为 ON 时，偏置数据（BFM #10~#13）、增益数据（BFM #14~#17）被写入 EEPROM 且有效。可以对多个通道同时给出写入指令（用 H000F 对所有通道写入），写入结束后，自动变为 H0000（b0~b3 全部为 OFF 状态）。

表 4-17　BFM #9 低 4 位各通道的编号

编　号	内　容
b0	通道 1 偏置数据（BFM #10）、增益数据（BFM #14）的写入
b1	通道 2 偏置数据（BFM #11）、增益数据（BFM #15）的写入
b2	通道 3 偏置数据（BFM #12）、增益数据（BFM #16）的写入
b3	通道 4 偏置数据（BFM #13）、增益数据（BFM #17）的写入
b4~b15	不可以使用

（2）［BFM #10~#13］偏置数据、［BFM #14~#17］增益数据

通过设定偏置数据、增益数据可以改变输出特性，即使改变输出特性，实际的输出有效范围仍为：电压输出时，-10~+10V；电流输出时，0~20mA。

表 4-18 为偏置、增益与输出模式之间的关系。

表 4-18　偏置、增益与输出模式之间的关系

输出模式（BFM #0）		偏置（通道 1~4：BFM #10~13）		增益（通道 1~4：BFM #14~17）	
设定值	内容	基准值	初始值	基准值	初始值
0	电压输出（−10~+10V；−32000~+32000）	0	0mV	16000	5000mV
1	电压输出模拟量值 mV 指定模式（−10~+10V；−10000~+10000）	0（不可以变更）	0mV（不可以变更）	5000（不可以变更）	5000mV（不可以变更）
2	电流输出（0~20mA；0~32000）	0	0μA	16000	10000μA
3	电流输出（4~20mA；0~32000）	0	4000μA	16000	12000μA
4	电流输出模拟量值 μA 指定模式（0~20mA；0~20000）	0（不可以变更）	0μA（不可以变更）	10000（不可以变更）	10000μA（不可以变更）

各通道都可以设定偏置数据、增益数据；电压输出以 V 为单位写入，电流输出以 A 为单位写入；改变偏置数据、增益数据时，需要将偏置数据、增益数据的写入指令（BFM #9）置 ON。设定范围见表 4-19。

表 4-19　设定范围

	电压输出（mV）	电流输出（μA）
偏置数据	−10000~+9000	0~17000
增益数据	−9000~+10000	3000~30000

当为电压输出时，偏置数据、增益数据必须满足：1000≤增益数据−偏置数据≤10000。
当为电流输出时，偏置数据、增益数据必须满足：3000≤增益数据−偏置数据≤30000。

4.2.3　【实例 4-6】FX3U-4DA 模块输出特性的变更

 实例说明

FX3U PLC 与 FX3U-4DA 的连接如图 4-47 所示。设定 BFM 的相关参数，确保用数字值 0~32000 输出电压 1~5V（仅对通道 1 和通道 2 有效）。

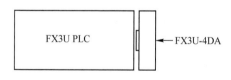

图 4-47　FX3U PLC 与 FX3U-4DA 的连接

解析过程

（1）变更前后的输出特性。
FX3U-4DA 模块变更前后的输出特性如图 4-48 所示。
（2）程序的编写。
FX3U-4DA 模块输出特性变更的梯形图如图 4-49 所示，具体解释如下：

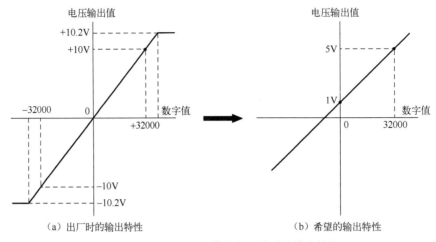

（a）出厂时的输出特性   （b）希望的输出特性

图 4-48   FX3U-4DA 模块变更前后的输出特性

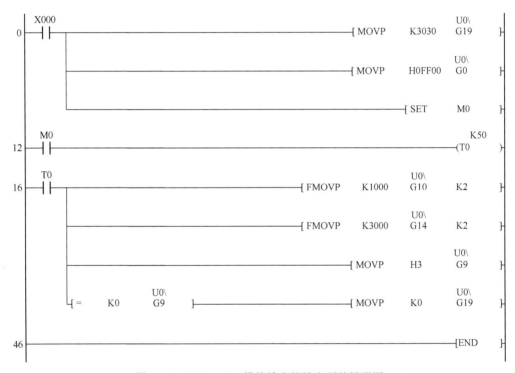

图 4-49   FX3U-4DA 模块输出特性变更的梯形图

① 当 X000＝ON 时，设置 BFM #19＝K3030 禁止解除设定变更，并设定通道 1~4 的输出模式（本实例中，通道 3、通道 4 禁止，通道 1、通道 2 为输出模式 0），设置 5s 的等待时间；

② 定时时间到后，偏置数据设定（通道 1、通道 2）为 1000，增益数据设定（通道 1、通道 2）为 1000；

③ 执行偏置/增益设定值的写入指令，结束后，在 BFM #9＝0 时，设定变更禁止。

（3）运行程序。

图 4-49 中，输出特性写入指令（X000）为 ON 时，写入偏置数据、增益数据。偏置数据、增益数据被保存在 FX3U-4DA 的 EEPROM 中，即写入后可以删除顺控程序。

4.2.4　FX3U-4DA-ADP（4 通道模拟量输出）模块的应用

1. FX3U-4DA-ADP 的连接方式

FX3U-4DA-ADP 是输出 4 通道电压/电流数据的模拟量特殊适配器，通过功能扩展板连接在 FX3U PLC 的左侧，如图 4-50 所示。FX3U PLC 在 END 指令中写入特殊数据寄存器中的输出设定数据值，执行 D/A 转换，更新模拟量输出值。

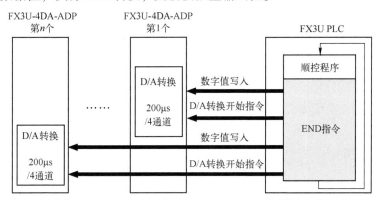

图 4-50　FX3U PLC 与 FX3U-4DA-ADP 的逻辑方式

2. 端子排列与接线方式

图 4-51、图 4-52 分别为 FX3U-4DA-ADP 的端子排列和接线方式。其模拟量输出在每个通道中都可以使用电压输出、电流输出。

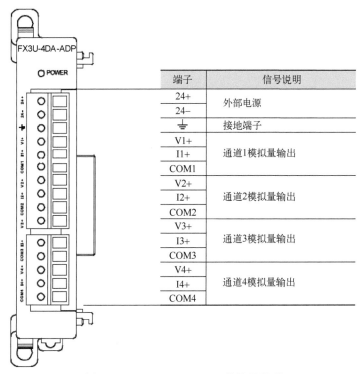

端子	信号说明
24+	外部电源
24−	
⏚	接地端子
V1+	通道1模拟量输出
I1+	
COM1	
V2+	通道2模拟量输出
I2+	
COM2	
V3+	通道3模拟量输出
I3+	
COM3	
V4+	通道4模拟量输出
I4+	
COM4	

图 4-51　FX3U-4DA-ADP 的端子排列

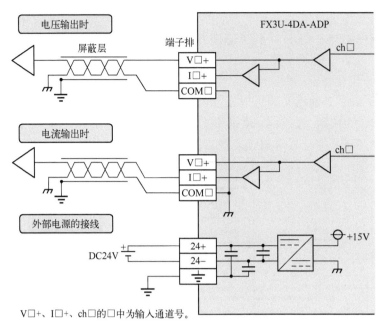

图 4-52　FX3U-4DA-ADP 的接线方式

3. 程序的编写

① 输入的数字值被转换为模拟量值并输出。

② 通过向特殊软元件写入数值设定输出保持。

③ 依照从基本单元开始的连接顺序分配特殊软元件，每个 FX3U-4DA-ADP 模块分配特殊辅助继电器、特殊数据寄存器各 10 个，如图 4-53 所示。特殊软元件编号与内容见表 4-20。

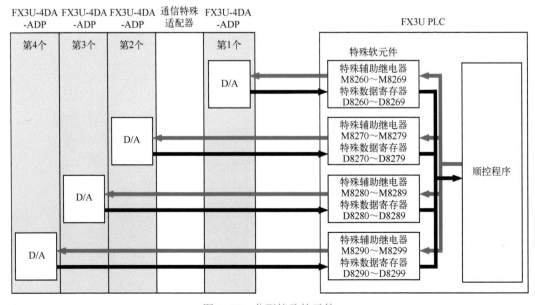

图 4-53　分配特殊软元件

表 4-20　特殊软元件编号与内容

特殊软元件	编　　号				内　　容	属　性
	第 1 个	第 2 个	第 3 个	第 4 个		
特殊辅助继电器	M8260	M8270	M8280	M8290	通道 1 输出模式切换	R/W
	M8261	M8271	M8281	M8291	通道 2 输出模式切换	R/W
	M8262	M8272	M8282	M8292	通道 3 输出模式切换	R/W
	M8263	M8273	M8283	M8293	通道 4 输出模式切换	R/W
	M8264	M8274	M8284	M8294	通道 1 输出保持解除设定	R/W
	M8265	M8275	M8285	M8295	通道 2 输出保持解除设定	R/W
	M8266	M8276	M8286	M8296	通道 3 输出保持解除设定	R/W
	M8267	M8277	M8287	M8297	通道 4 输出保持解除设定	R/W
	M8268～M8269	M8278～M8279	M8288～M8289	M8298～M8299	未使用（请不要使用）	—
特殊数据寄存器	D8260	D8270	D8280	D8290	通道 1 输出设定数据	R/W
	D8261	D8271	D8281	D8291	通道 2 输出设定数据	R/W
	D8262	D8272	D8282	D8292	通道 3 输出设定数据	R/W
	D8263	D8273	D8283	D8293	通道 4 输出设定数据	R/W
	D8264～D8267	D8274～D8277	D8284～D8287	D8294～D8297	未使用（请不要使用）	—
	D8268	D8278	D8288	D8298	错误状态	R/W
	D8269	D8279	D8289	D8299	机型代码＝2	R

　　表中，对输出模式进行切换设置时，OFF 为电压输出，ON 为电流输出；对输出保持解除设定时，OFF：FX3U PLC 的 RUN→STOP，保持之前的模拟量输出；ON：FX3U PLC 的 STOP，输出偏置值。

　　用 D100 中保存的数字值，对第 1 个 FX3U-4DA-ADP 通道 1 进行 D/A 转换的程序为

```
   M8000
───┤ ├─────────[MOV    D100    D8260  ]──
```

4.2.5　【实例 4-7】FX3U-4DA-ADP 模块输出特性的变更

 实例说明

　　FX3U PLC 与 FX3U-4DA-ADP 模块的连接图如图 4-54 所示。

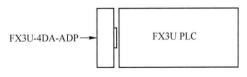

图 4-54　FX3U PLC 与 FX3U-4DA-ADP 模块的连接图

解析过程

（1）变更前后的输出特性。

图 4-55 为 FX3U-4DA-ADP 模块变更前后的输出特性。

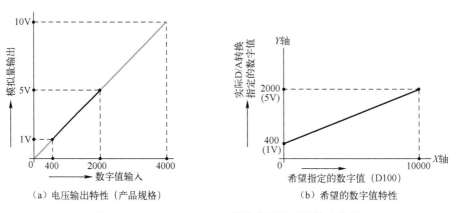

图 4-55 FX3U-4DA-ADP 模块变更前后的输出特性

（2）程序的编写。

① SCL 指令的软元件与值的对应关系见表 4-21。

表 4-21 SCL 指令的软元件与值的对应关系

项 目		内 容	值	软元件
点数		设定点数	2	D50
起点	X 坐标	希望指定的作为 X 坐标起点的数字值	0	D51
	Y 坐标	D/A 转换数字值的起点数据	400	D52
终点	X 坐标	希望指定的作为 X 坐标终点的数字值	10000	D53
	Y 坐标	D/A 转换数字值的终点数据	2000	D54

② 图 4-56 为 FX3U-4DA-ADP 模块输出特性变更的梯形图，按照模拟量输出相关的寄存器进行操作，即 M8260＝OFF，设定通道 1 为电压输出（0～10V）；M8264＝OFF，设定通道 1 输出保持；通过 SCL 指令将运算结果保存在 D8260 中，用于输出 1～5V。

4.2.6 FX3U-3A-ADP 模块的应用

1. 输入/输出特性

FX3U-3A-ADP 是 2 通道输入和 1 通道输出模块，数字量输入/输出为 12 位，输入/输出特性如图 4-57 所示。

FX3U-3A-ADP 模块的模拟量读/写顺序如图 4-58 所示。FX3U PLC 在 END 指令中指示执行 A/D 转换，读出 A/D 转换值，写入特殊数据寄存器中，并且写入特殊数据寄存器中的输出设定数据值，执行 D/A 转换，更新模拟量的输出值。

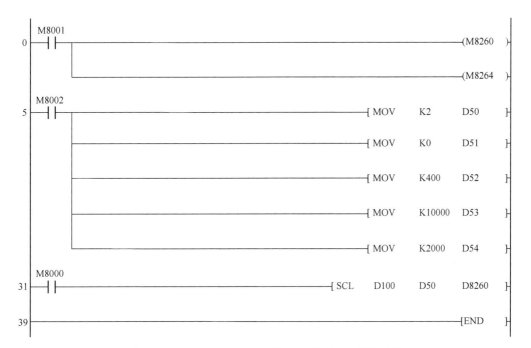

图 4-56 FX3U-4DA-ADP 模块输出特性变更的梯形图

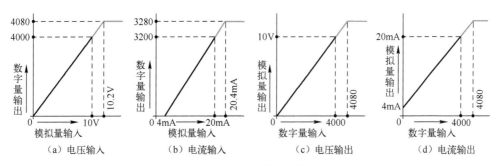

图 4-57 FX3U-3A-ADP 模块的输入/输出特性

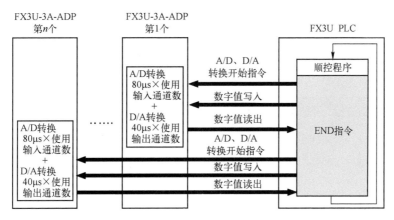

图 4-58 FX3U-3A-ADP 模块的模拟量读/写顺序

2. 端子排列与接线方式

FX3U-3A-ADP 模块的端子排列与接线方式分别如图 4-59、图 4-60 所示。

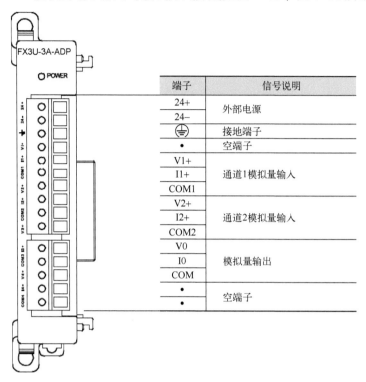

端子	信号说明
24+	外部电源
24−	
⏚	接地端子
•	空端子
V1+	通道1模拟量输入
I1+	
COM1	
V2+	通道2模拟量输入
I2+	
COM2	
V0	模拟量输出
I0	
COM	
•	空端子
•	

图 4-59　FX3U-3A-ADP 模块的端子排列

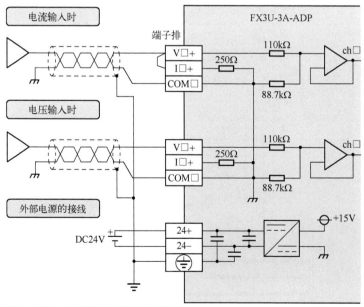

V□+、I□+、ch□ 的□中为输入通道编号。

（a）2通道输入部分

图 4-60　FX3U-3A-ADP 模块的接线方式

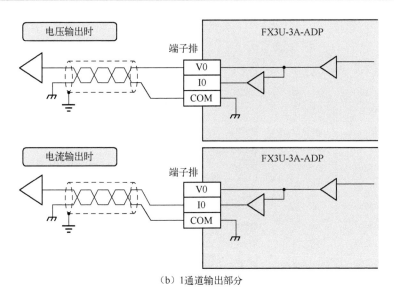

（b）1 通道输出部分

图 4-60　FX3U-3A-ADP 模块的接线方式（续）

3. 程序的编写

A/D 转换数据的获取：

① 输入的模拟量数据被转换成数字值，并保存在可编程控制器的特殊软元件中；

② 通过向特殊软元件中写入数值，可以设定平均次数或指定输入模式；

③ 依照从基本单元开始的连接顺序分配特殊软元件，每个模块分配特殊辅助继电器、特殊数据寄存器各 10 个，如图 4-61 所示。特殊软元件编号及内容见表 4-22。

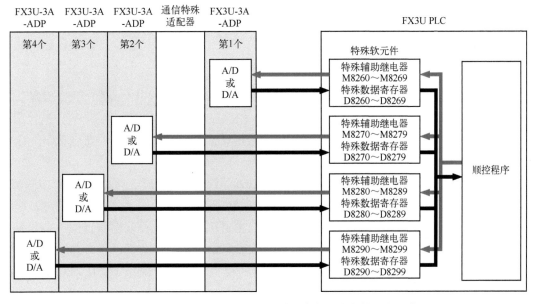

图 4-61　A/D 转换数据和 D/A 转换数据对应的特殊软元件

表 4-22　特殊软元件编号及内容

特殊软元件	编　号				内　　容	属　性
	第 1 个	第 2 个	第 3 个	第 4 个		
特殊辅助继电器	M8260	M8270	M8280	M8290	通道 1 输入模式切换	R/W
	M8261	M8271	M8281	M8291	通道 2 输入模式切换	R/W
	M8262	M8272	M8282	M8292	输出模式切换	R/W
	M8263	M8273	M8283	M8293	未使用（请不要使用）	—
	M8264	M8274	M8284	M8294		
	M8265	M8275	M8285	M8295		
	M8266	M8276	M8286	M8296	输出保持解除设定	R/W
	M8267	M8277	M8287	M8297	设定输入通道 1 是否使用	R/W
	M8268	M8278	M8288	M8298	设定输入通道 2 是否使用	R/W
	M8269	M8279	M8289	M8299	设定输出通道是否使用	R/W
特殊数据寄存器	D8260	D8270	D8280	D8290	通道 1 输入数据	R
	D8261	D8271	D8281	D8291	通道 2 输入数据	R
	D8262	D8272	D8282	D8292	输出设定数据	R/W
	D8263	D8273	D8283	D8293	未使用（请不要使用）	—
	D8264	D8274	D8284	D8294	通道 1 平均次数（设定范围：1～4095）	R/W
	D8265	D8275	D8285	D8295	通道 2 平均次数（设定范围：1～4095）	R/W
	D8266	D8276	D8286	D8296	未使用（请不要使用）	—
	D8267	D8277	D8287	D8297		
	D8268	D8278	D8288	D8298	错误状态	R/W
	D8269	D8279	D8289	D8299	机型代码 = 50	R

D/A 转换数据的写入：

① 输入的数字值被转换成模拟量值并输出；

② 通过向特殊软元件写入数值，可以设定输出保持；

③ 依照从基本单元开始的连接顺序分配特殊软元件，每个模块分配特殊辅助继电器、特殊数据寄存器各 10 个。

在输入模式切换中，将特殊辅助继电器 M8260 等置为 ON/OFF，可以设定 FX3U-3A-ADP 为电流输入/电压输入：OFF，电压输入；ON，电流输入。

在输出模式切换中，将特殊辅助继电器 M8262 等置为 ON/OFF，可以设定 FX3U-3A-ADP 为电流输出/电压输出：OFF，电压输出；ON，电流输出。

在 FX3U PLC 的 RUN→STOP 时，可以保持模拟量输出值或选择输出偏置值（电压输出模式：0V，电流输出模式：4mA）。输出保持解除设定中使用的辅助继电器为 M8266 等。其中，OFF：FX3U PLC 的 RUN→STOP，保持之前的模拟量输出；ON：FX3U PLC 的 STOP，输出偏置值。

将特殊辅助继电器 M8267 等置为 ON/OFF，可以分别设定 FX3U-3A-ADP 各通道是否使用。其中，OFF：使用通道；ON：不使用通道。具体程序如下：

第 1 个 FX3U-3A-ADP 输入通道 1 的输入数据保存在 D100 中，可写为

```
M8000
─┤├─────────────[MOV    D8260    D100 ]─;
```

第 1 个 FX3U-3A-ADP 输入通道 2 的输入数据保存在 D101 中，可写为

```
M8000
─┤├─────────────[MOV    D8261    D101 ]─;
```

利用 D102 中保存的数字值进行第 1 个 FX3U-3A-ADP 的 D/A 转换，可写为

```
M8000
─┤├─────────────[MOV    D102    D8262 ]─;
```

设定第 1 个 FX3U-3A-ADP 输入通道 2 的平均次数为 5，可写为

```
M8000
─┤├─────────────[MOV    K5    D8265 ]─。
```

4.2.7　【实例 4-8】通过 FX3U-3A-ADP 模块进行模拟量的输入/输出

实例说明

FX3U PLC 与 FX3U-3A-ADP 模块的连接如图 4-62 所示。设定第 1 个模块的输入通道 1 为电压输入、输入通道 2 为电流输入，并将它们的 A/D 转换值分别保存在 D100、D101 中；设定输出通道类型为电压输出，并将 D/A 转换输出的数字值设定为 D0；将模块的故障信号输出到 M 变量中。

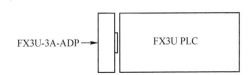

图 4-62　FX3U PLC 与 FX3U-3A-ADP 模块的连接

解析过程

（1）程序的编写。

通过 FX3U-3A-ADP 模块进行模拟量输入/输出的梯形图如图 4-63 所示。

（2）调试程序

模拟量监控梯形图如图 4-64 所示。

Q：本实例中，故障代码 M0～M7 分别表示什么含义？

A：M0～M7 分别对应表 4-23 中的 b0～b7。如果 FX3U-3A-ADP 发生错误，那么在错误状态下，将与发生错误相支持的位置 ON。错误状态的 ON 位可通过程序覆盖 OFF 状态或保持到电源关闭为止。b6、b7 在电源 OFF→ON 时需要用程序清除（OFF）。

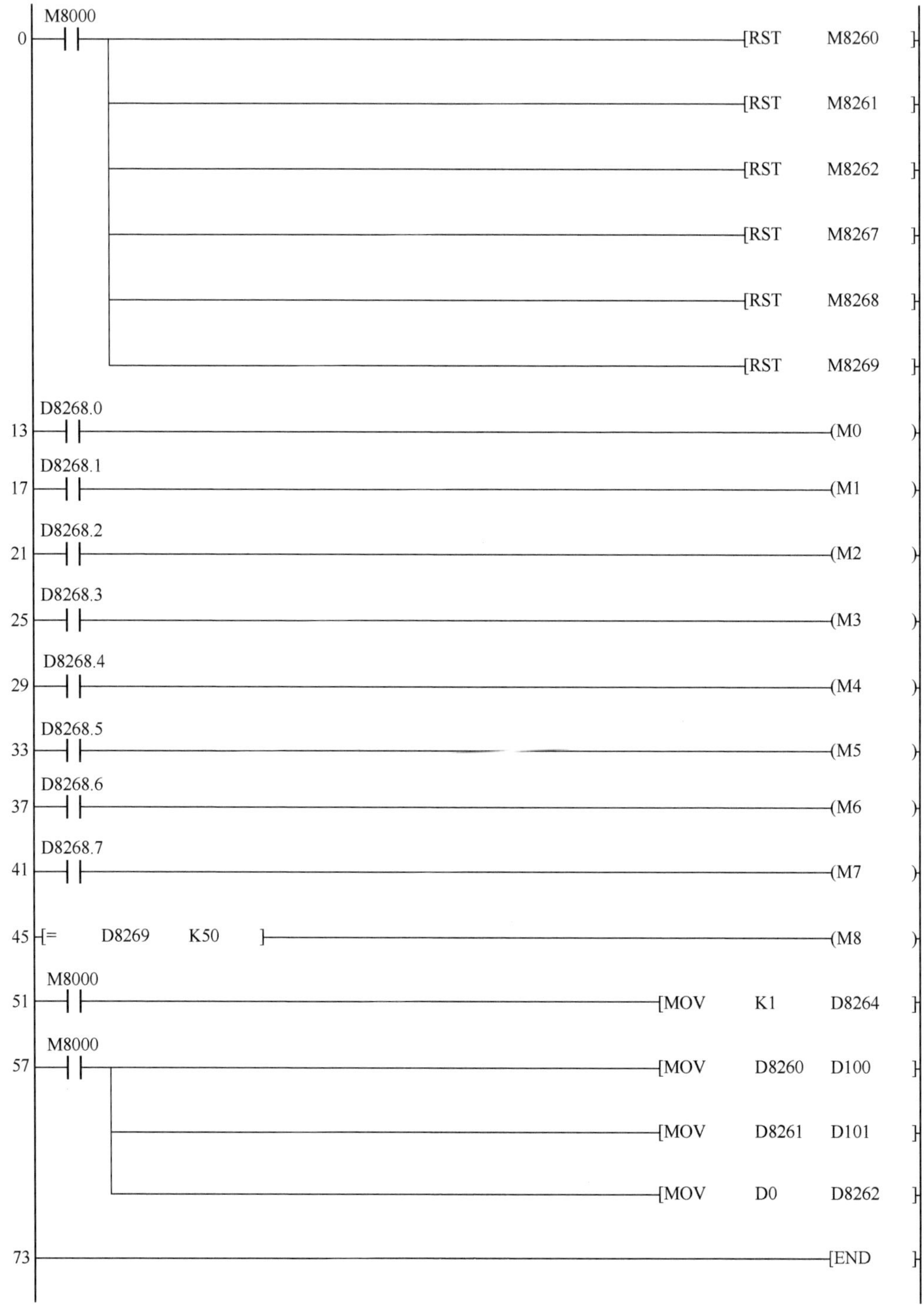

图 4-63 通过 FX3U-3A-ADP 模块进行模拟量输入/输出的梯形图

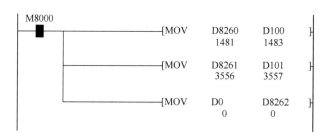

图 4-64　模拟量监控梯形图

表 4-23　故障代码

位	内　容	位	内　容
b0	检测出通道 1 上限量程溢出	b6	FX3U-3A-ADP 硬件错误（含电源异常）
b1	检测出通道 2 上限量程溢出	b7	FX3U-3A-ADP 通信数据错误
b2	输出数据设定值错误	b8	检测出通道 1 下限量程溢出
b3	未使用	b9	检测出通道 2 下限量程溢出
b4	EEPROM 错误	b10~b15	未使用
b5	平均次数的设定错误	—	—

4.3　温度模拟量的输入

4.3.1　温度模拟量输入的连接方式

温度模拟量输入的连接方式如图 4-65 所示。

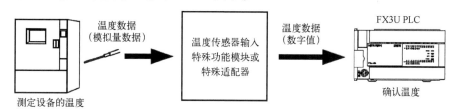

图 4-65　温度模拟量输入的连接方式

FX3U 系列温度传感器的输入产品包括 FX3U-4AD-PT-ADP、FX3U-4AD-PTW-ADP、FX3U-4AD-PNK-ADP、FX3U-4AD-TC-ADP、FX3U-4LC 等温度模拟量模块。表 4-24 为温度模拟量模块技术指标。

表 4-24　温度模拟量模块技术指标

模　块	通道数	范　围	分辨率	功　能
FX3U-4AD-PT-ADP	4 通道	−50~+250℃	0.1℃	支持铂电阻（Pt100），摄氏、华氏可切换
FX3U-4AD-PTW-ADP	4 通道	−100~+600℃	0.2~0.3℃	支持铂电阻（Pt100），摄氏、华氏可切换

续表

模　块	通道数	范　围	分辨率	功　能
FX3U-4AD-PNK-ADP	4 通道	Pt1000：−50~+250℃	0.1℃	支持温度传感器（Pt1000、Ni1000），摄氏、华氏可切换
		Ni1000：−45~+115℃		
FX3U-4AD-TC-ADP	4 通道	K 型：−100~+1000℃	0.4℃	支持 K 型、J 型热电偶，摄氏、华氏可切换
		J 型：−100~+600℃	0.3℃	
FX3U-4LC	4 通道	代表例子 K 型：−100~+1300℃	0.1℃ 或 1℃（因传感器的输入范围不同而异）	支持 K、J、R、S、E、T、B、N、PL Ⅱ、W5Re/W26Re、U、L 型热电偶，支持铂电阻（Pt1000、Pt100、JPt100），摄氏、华氏可切换；支持低电压输入，内置采用 PID 运算等的温度调节功能、加热器断线检测等功能（另外需要 CT 传感器）
		代表例子 Pt100：−200~+600℃		

4.3.2　FX3U-4AD-PT-ADP 模块的应用

FX3U-4AD-PT-ADP 为铂电阻 3 线式的温度模拟量模块。其对应的输入特性如图 4-66 所示。图 4-67 为其接线方式。

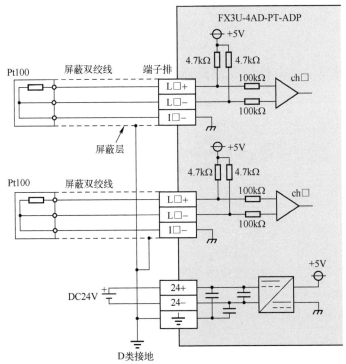

V□+、L□-、I□-、ch□的□中为输入通道号。

图 4-67　FX3U-4AD-PT-ADP 模块的接线方式

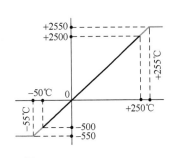

图 4-66　FX3U-4AD-PT-
ADP 模块的输入特性

FX3U-4AD-PT-ADP 的特殊软元件编号及内容见表 4-25。相比前面的几个模块，其设置非常简单，只需将 M8260 设置为温度单位，即 OFF：摄氏（℃）；ON：华氏（℉）。

表 4-25　FX3U-4AD-PT-ADP 的特殊软元件编号及内容

特殊软元件	编　　号				内　　容	属　　性
	第 1 个	第 2 个	第 3 个	第 4 个		
特殊辅助继电器	M8260	M8270	M8280	M8290	温度单位的选择	R/W
	M8261~M8269	M8271~M8279	M8281~M8289	M8291~M8299	未使用（请不要使用）	—
特殊数据寄存器	D8260	D8270	D8280	D8290	通道 1 测定温度	R
	D8261	D8271	D8281	D8291	通道 2 测定温度	R
	D8262	D8272	D8282	D8292	通道 3 测定温度	R
	D8263	D8273	D8283	D8293	通道 4 测定温度	R
	D8264	D8274	D8284	D8294	通道 1 平均次数（设定范围：1~4095）	R/W
	D8265	D8275	D8285	D8295	通道 2 平均次数（设定范围：1~4095）	R/W
	D8266	D8276	D8286	D8296	通道 3 平均次数（设定范围：1~4095）	R/W
	D8267	D8277	D8287	D8297	通道 4 平均次数（设定范围：1~4095）	R/W
	D8268	D8278	D8288	D8298	错误状态	R/W
	D8269	D8279	D8289	D8299	机型代码 = 20	R

4.3.3　【实例 4-9】通过 FX3U-4AD-PT-ADP 模块读取温度值

实例说明

FX3U PLC 与 FX3U-4AD-PT-ADP 的连接如图 4-68 所示。将通道 1 的平均次数设定为 1（即时值），将通道 2 的平均次数设定为 5，并将通道 1、通道 2 的测定温度（℃）分别保存在 D100、D101 中。

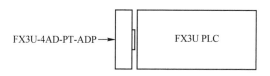

图 4-68　FX3U PLC 与 FX3U-4AD-PT-ADP 的连接

解析过程

通过 FX3U-4AD-PT-ADP 模块读取温度值的梯形图如图 4-69 所示，具体解释如下：
① 初始化时，复位 b6 = OFF（FX3U-4AD-PT-ADP 硬件错误）、7 = OFF（FX3U-PT-ADP 通信数据错误）；

② 设定 M8260＝OFF，即设定温度单位为摄氏（℃）；

③ 在 D8264 中设定通道 1 的平均次数为 1，在 D8265 中设定通道 1 的平均次数为 5；

④ 利用 MOV 指令将通道 1 测定温度的当前值保存在 D100 中，将通道 2 测定温度的当前值保存在 D101 中。

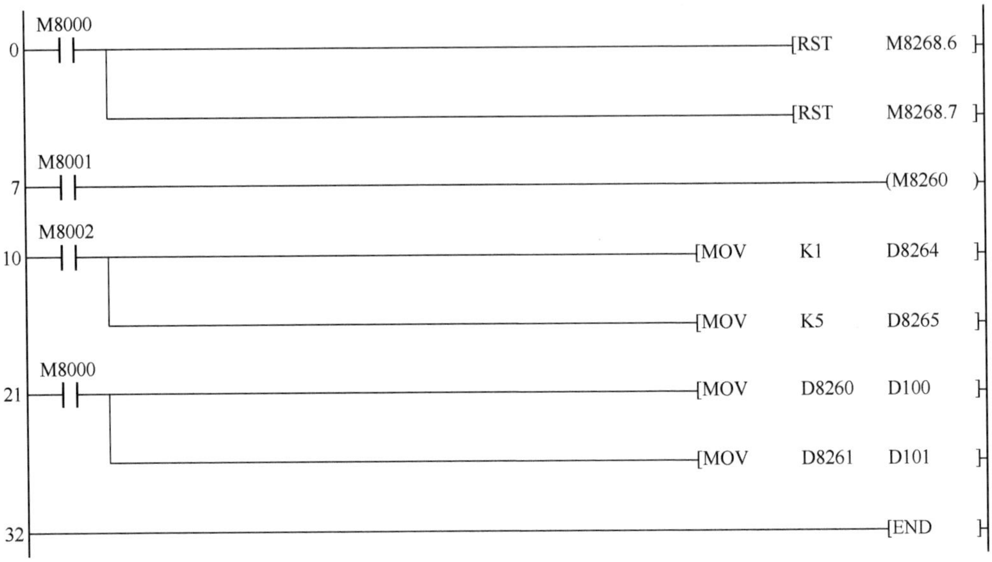

```
      M8000
   0  ──┤├──┬─────────────────────────────────[RST  M8268.6 ]
          │
          └─────────────────────────────────[RST  M8268.7 ]

      M8001
   7  ──┤├──────────────────────────────────────(M8260 )

      M8002
  10  ──┤├──┬──────────────────────────[MOV  K1   D8264 ]
          │
          └──────────────────────────[MOV  K5   D8265 ]

      M8000
  21  ──┤├──┬──────────────────────[MOV  D8260  D100 ]
          │
          └──────────────────────[MOV  D8261  D101 ]

  32  ─────────────────────────────────────────[END ]
```

图 4-69　通过 FX3U-4AD-PT-ADP 模块读取温度值的梯形图

Q：本实例中，如果连接的铂电阻温度传感器断线了，怎么处理？

A：通过读取 D8268（第 1 号单元）的值即可知道传感器的情况，见表 4-26。

表 4-26　D8268 的值与传感器的关系

值	传 感 器
b0	通道 1 测定高于温度下限或低于温度下限或断线
b1	通道 2 测定高于温度下限或低于温度下限或断线
b2	通道 3 测定高于温度下限或低于温度下限或断线
b3	通道 4 测定高于温度下限或低于温度下限或断线

▌【思考与练习】

1. 请回答如下问题：

① 模拟量模块是如何连入 FX PLC 主机模块中的？其模块地址是如何定义的？

② FX3U PLC 的模拟量输入和输出分别采用什么指令？其指令含义是什么？

③ FX3U-4AD、FX3U-4AD-ADP、FX3U-3A-ADP 输入/输出 BFM 的含义有何区别？

④ 分别画出 FX3U-4AD 与外部输入传感器的接线？

⑤ FX3U-4DA 输出要用到 0～10V，请问如何编程？

⑥ 为什么在模拟信号远传时应使用电流信号，而不是电压信号？

⑦ 为什么要对模拟信号的采样值进行平均值滤波？怎样选择滤波参数？

⑧ 说明 FX3U-3A-ADP 模拟量输入和 F 模拟量输出的技术指标。

2. 现用 FX3U PLC 与 FX3U-4AD-ADP 适配器及温度传感器构成一个系统，锅炉温度 0~1000℃ 对应温度传感器的 4~20mA 输出电流，如图 4-70 所示，且应当满足以下条件：

① 当温度 $t \leqslant 400℃$ 时，Y4 输出；

② 当温度 $400℃ < t < 800℃$ 时，Y7 输出；

③ 当温度 $t \geqslant 800℃$ 时，Y11 输出。

试在左侧进行模拟量输入模块的选用及接线，同时编写程序。

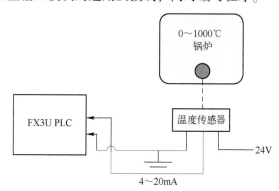

图 4-70　由 FX3U PLC 与 FX3U-4AD-ADP 适配器及温度传感器构成的系统

3. 图 4-71 为某温室控制系统，通过 FX3U PLC 输出 0~10V 的电压来控制调速风机的速度为 0~1500r/min，其关系为线性：当 PT100 感应到温度超过设定值 35℃ 时，输出 3V 电压调节风扇低速运行；超过设定值 45℃ 时，输出 6V 电压调节风扇中速运行；超过设定值 55℃ 时，输出 10V 电压调节风扇高速运行；低于设定值 35℃ 时，输出 1V 电压调节风扇低速运行。请通过编程来实现以上功能。

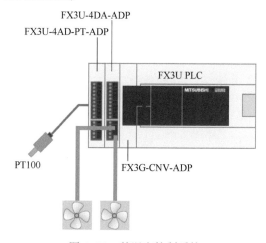

图 4-71　某温室控制系统

4. 图 4-72 为某饮料灌装线进行气密性检测的设备。AP-32 为压力传感器，如果压力大于 0.2MPa，则认为饮料瓶无漏气，否则认为有问题。通过查询 AP-32 的说明书，选用合理的硬件并连接线路，将 AP-32 接入 FX3U PLC，并编程。

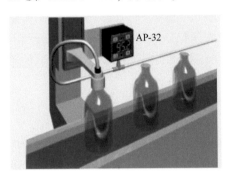

图 4-72　某饮料灌装线进行气密性检测的设备

5. 某供水系统通过泵的开关控制出水压力：压力低于 0.28MPa 时，开启泵；压力高于 0.32MPa 时，关闭泵；压力为 0.28~0.32MPa 时，保持原状态不变。其中，传感器输出模拟量的线性关系为 4~20mA 对应压力 0~8MPa。请设计合理的硬件接线图（PLC 模拟量模块任选），并编程。

第 5 章
三菱 FX 系列 PLC 的定位控制

📑 导读

　　定位控制是当控制器发出指令后，机床工作台等运动部件可按指定速度完成指定方向上的指定位移。一个完整的定位控制系统是由定位控制器、电机驱动器或放大器、执行器、反馈传感器等组成的。从定位控制的基本架构可以得出，PLC 作为一种典型的定位控制核心，起到了非常重要的作用。这主要归于 PLC 具有高速脉冲输入、高速脉冲输出和定位控制模块等软/硬件功能。三菱 FX 系列 PLC 实现定位控制的方式主要包括晶体管输出、FX3U-2HSY-ADP、特殊功能模块/单元等。本章通过多个工程实例，详细介绍如何通过对 PLC 硬件方式的选择、程序指令的调用来实现对运动部件等负载对象的定位、定长等控制。

▌ 5.1　定位控制的架构和途径

5.1.1　概述

　　步进和伺服统称为定位控制。它是电气控制的一个分支，使用步进电机或伺服电机控制设备的位置，广泛应用在包装、印刷、纺织和装配行业中。

　　一个定位控制系统的基本架构如图 5-1 所示：

　　① 一个定位控制器（如 PLC）用来生成轨迹点（期望输出）和闭合位置反馈环。其他控制器也可以在内部闭合一个速度环。

　　② 一个驱动器或放大器可将来自定位控制器的控制信号（通常为速度或扭矩信号）转换为更大的电流或更高的电压信号，为更先进的智能化驱动生成自身闭合位置环和速度环，从而获得更精确的控制。

　　③ 一个执行器，如液压泵、气缸、线性执行机或电机等用来输出运动状态。

④ 一个反馈传感器，如光电编码器、旋转变压器或霍尔效应设备等均用来反馈执行器的位置到位置控制器，从而实现与位置控制环的闭合。

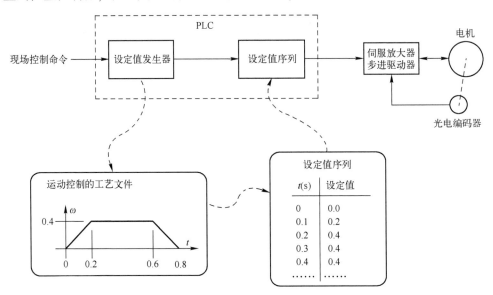

图 5-1　定位控制系统的基本架构

大多运动部件都是通过执行器的运动形式转换为期望的运动形式，包括齿轮箱、滚珠丝杠、齿形带、联轴器及线性和旋转轴承。

一个定位控制工艺文件的功能主要包括：

① 速度控制；

② 点位控制（点到点），有很多方法能够计算运动轨迹，通常基于运动速度曲线，如三角速度曲线、梯形速度曲线或 S 形速度曲线；

③ 电子齿轮或电子凸轮，即从动轴位置跟随主动轴位置的变化，如一个系统包含两个转盘，则它们将按照一个给定的相对角度转动，电子凸轮比电子齿轮更复杂，其主动轴和从动轴之间的随动关系是非线性的，是一个函数关系。

由定位控制的基本架构可知，PLC 作为一种典型的定位控制核心起到了非常重要的作用。这主要归于 PLC 具有高速脉冲输入、高速脉冲输出和定位控制模块等软/硬件功能。

5.1.2　FX3U PLC 实现定位控制的基础

FX3U PLC 实现定位控制的基础在于集成了高速计数口、高速脉冲输出口等硬件和相应的软件功能。其定位控制的应用如图 5-2 所示。FX3U PLC 输出脉冲到驱动器（步进或伺服），驱动器将 CPU 输入的给定值处理后，通过如图 5-3 所示的三种定位控制方式输出到步进电机或伺服电机，包括晶体管输出、FX3U-2HSY-ADP、特殊功能模块/单元，控制加速、减速、移动到指定位置。

FX3U PLC 的晶体管输出和 FX3U-2HSY-ADP 的技术指标见表 5-1，特殊功能模块/单元的技术指标见表 5-2。

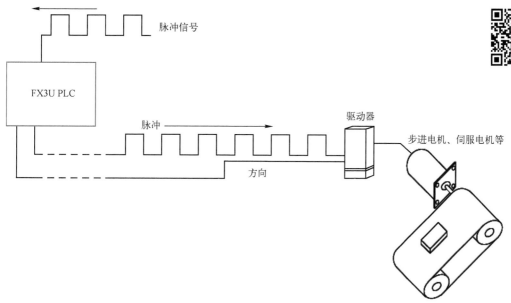

图 5-2 定位控制的应用

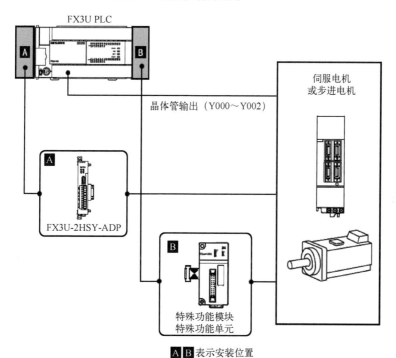

A B 表示安装位置

图 5-3 FX3U PLC 定位控制的三种方式

表 5-1 晶体管输出和 FX3U-2HSY-ADP 的技术指标

控 制 方 式	轴 数	频率（Hz）	控制单位	输 出 方 式	输 出 形 式	参 考
晶体管输出	3 轴（独立）	10~100000	脉冲	晶体管	脉冲+方向	B. 内置定位功能
FX3U-2HSY-ADP	2 轴（独立）	10~200000	脉冲	差动线性驱动	脉冲+方向或正转/反转脉冲	B. 内置定位功能

表 5-2　特殊功能模块/单元的技术指标

模　块	轴　数	频率（Hz）	控制单位	输出方式	输出形式
FX3U-1PG	1 轴	1～200000	脉冲 μm 10⁻⁴英寸 mdeg	晶体管	脉冲+方向或正转/反转脉冲
FX2N-1PG（-E）	1 轴	10～100000	脉冲 μm 10⁻⁴英寸 mdeg	晶体管	脉冲+方向或正转/反转脉冲
FX2N-10PG	1 轴	1～1000000	脉冲 μm 10⁻⁴英寸 mdeg	差动线性驱动	脉冲+方向或正转/反转脉冲
FX3U-20SSC-H	2 轴（独立/插补）	1～50000000	脉冲 μm 10⁻⁴英寸 mdeg	SSCNET Ⅲ	
单　元	轴　数	频率（Hz）	控制单位	输出方式	输出形式
FX2N-10GM	1 轴	1～200000	脉冲 μm 10⁻⁴英寸 mdeg	晶体管	脉冲+方向或正转/反转脉冲
FX2N-20GM	2 轴（独立/插补）	1～200000	脉冲 μm 10⁻⁴英寸 mdeg	晶体管	脉冲+方向或正转/反转脉冲

5.1.3　FX3U PLC 晶体管输出的接线方式

表 5-3 为 FX3U PLC 晶体管输出的技术特点。

表 5-3　FX3U PLC 晶体管输出的技术特点

项　目		规　格
外部电压	所有输出	DC 5～30V
最大负载	电阻负载　所有输出	每个公共端的合计负载电流保持在下列数值以下。 ① 输出 1 点公共端：0.5A； ② 输出 4 点公共端：0.8A； ③ 输出 8 点公共端：1.6A
	电感性负载　所有输出	每个公共端的合计负载功率保持在下列数值以下。 ① 输出 1 点公共端：12W/DC24V； ② 输出 4 点公共端：19.2W/DC24V； ③ 输出 8 点公共端：38.4W/DC24V
开路漏电流	所有输出	0.1mA 以下/DC30V
ON 电压	所有输出	1.5V 以下
响应时间	OFF→ON　Y000～Y002	5μs 以下/10mA 以上（DC5～24V）
	OFF→ON　Y003 以后	0.2ms 以下/200mA（DC 24V 时）
	ON→OFF　Y000～Y002	5μs 以下/10mA 以上（DC 5～24V）
	ON→OFF　Y003 以后	0.2ms 以下/200mA（DC 24V 时）
回路隔离	所有输出	光耦隔离
输出动作显示	所有输出	光耦驱动时 LED 灯亮

FX3U PLC 内置定位功能，通过晶体管输出（Y000～Y002）的最大 100kHz 脉冲串，可同时控制 3 轴伺服电机或步进电机，如图 5-4 所示。

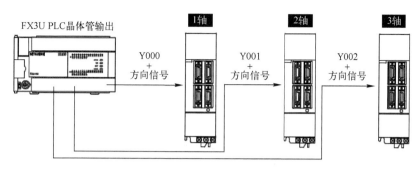

图 5-4　FX3U PLC 晶体管输出的控制应用

图 5-4 中，脉冲输出端子 Y000、Y001、Y002 为高速响应输出，当使用定位指令时，要将 NPN 集电极开路输出的负载电流调节在 10~100mA（DC5~24V）范围内，见表 5-4。

表 5-4　FX3U PLC 晶体管输出的技术指标

项　　目	规　　格
使用电压范围	DC5~24V
使用电流范围	10~100mA
输出频率	100kHz 以下

FX3U PLC 晶体管输出有两种接线方式：一种是漏型（见图 5-5）；另一种是源型（见图 5-6）。

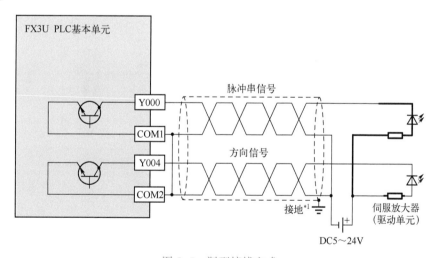

图 5-5　漏型接线方式

5.1.4　FX3U PLC 特殊适配器

FX3U PLC 特殊适配器使用内置定位功能，可输出最大 200kHz 的脉冲串，用来控制 4 轴伺服电机或步进电机，如图 5-7 所示。FX3U PLC 最多可以连接两个高速输出特殊适配器（FX3U-2HSY-ADP）。其中，第 1 个 FX3U-2HSY-ADP 使用 Y000、Y004 和 Y001、Y005；第 2 个 FX3U-2HSY-ADP 使用 Y002、Y006 和 Y003、Y007。

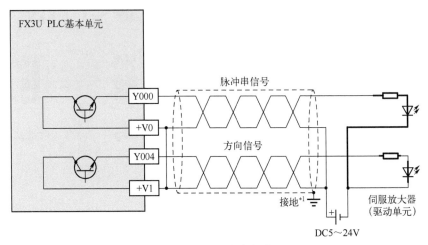

图 5-6　源型接线方式

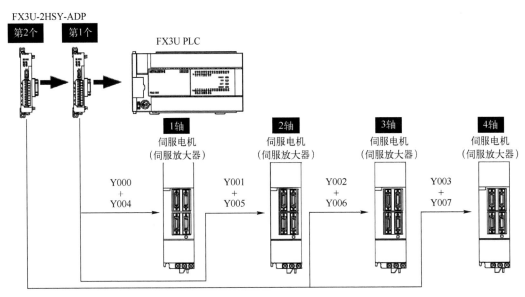

图 5-7　FX3U PLC 特殊适配器使用内置定位功能实现控制

高速输出特殊适配器（FX3U-2HSY-ADP）的输出规格见表 5-5。

表 5-5　FX3U-2HSY-ADP 的输出规格

项　　目	规　　格
脉冲输出形式	差动线性驱动（相当于 AM26C31）
负载电流	25mA 以下
最大输出频率	200kHz
绝缘	通过光耦、变压器使输出部分的外部接线和可编程控制器之间隔离，通过变压器使各 SG 之间隔离
接线长度	最长 10m

FX3U-2HSY-ADP 可以连接两种类型的驱动器，即光耦和差动线性接收器，如图 5-8 所示。

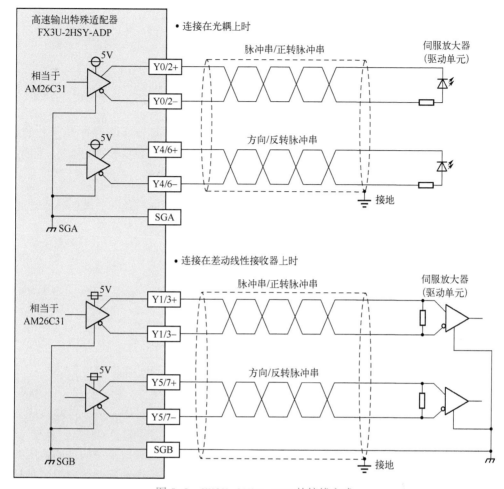

图 5-8　FX3U-2HSY-ADP 的接线方式

5.1.5　FX3U PLC 特殊功能模块/单元

FX3U PLC 可以连接特殊功能模块/单元进行定位控制，如图 5-9 所示。特殊功能单元可以独立进行定位控制。FX3U PLC 最多可以连接 8 个特殊功能模块/单元。

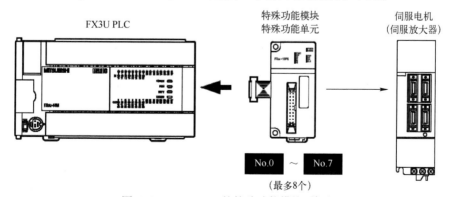

图 5-9　FX3U PLC 的特殊功能模块/单元

5.2　定位控制的指令

5.2.1　DSZR 指令

DSZR，即执行原点回归，是使机械位置与可编程控制器内当前值寄存器一致的指令，通过驱动 DSZR 指令，使运动部件以指定的原点回归速度动作，如图 5-10 所示。如果 DOG 的传感器为 ON，则减速为爬行速度，当有零点信号输入时，停止，完成原点回归。

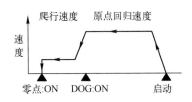

图 5-10　DSZR 指令动作示意图

DSZR 指令的格式为

其中，操作数见表 5-6；（$S_2 \cdot$）为指定 X000~X007；（$D_1 \cdot$）为指定基本单元晶体管输出的 Y000、Y001、Y002 或高速输出特殊适配器的 Y000、Y001、Y002、Y003；（$D_2 \cdot$）为指定旋转方向信号的输出对象编号，如使用 FX3U PLC 脉冲输出对象地址中的高速输出特殊适配器输出时，旋转方向信号使用表 5-7 中的输出，如使用 FX3U PLC 脉冲输出对象地址中内置的晶体管输出时，旋转方向信号使用晶体管输出。

表 5-6　DSZR 指令的操作数

操作数种类	内　　容
$S_1 \cdot$	指定输入近点信号（DOG）的软元件编号
$S_2 \cdot$	指定输入零点信号的输入编号
$D_1 \cdot$	指定输出脉冲的输出编号
$D_2 \cdot$	指定旋转方向信号的输出对象编号

表 5-7　高速输出特殊适配器的输出

高速输出特殊适配器的连接位置	脉 冲 输 出	旋转方向的输出
第 1 个	$D_1 \cdot$ = Y000	$D_2 \cdot$ = Y004
	$D_1 \cdot$ = Y001	$D_2 \cdot$ = Y005
第 2 个	$D_1 \cdot$ = Y002	$D_2 \cdot$ = Y006
	$D_1 \cdot$ = Y003	$D_2 \cdot$ = Y007

5.2.2　DVIT 指令

DVIT，即执行单速中断定长进给的指令，如图 5-11 所示。如果中断输入为 ON，则运行指定的移动量后，减速停止。

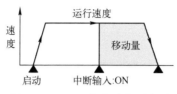

图 5-11　DVIT 指令动作示意图

DVIT 指令的格式为

其中，操作数见表 5-8；（$S_1 \cdot$）为输出脉冲数的设定范围：16 位运算时为 -32768 ~ +32767（0 除外），32 位运算时为 -999999 ~ +999999（0 除外）；（$S_2 \cdot$）为输出脉冲频率的设定范围：16 位运算时为 10 ~ 32767(Hz)，32 位运算时见表 5-9；（$D_1 \cdot$）为指定基本单元晶体管输出的 Y000、Y001、Y002 或高速输出特殊适配器的 Y000、Y001、Y002、Y003；（$D_2 \cdot$）为指令旋转方向信号的输出对象编号，如采用内置的晶体管输出时，旋转方向信号也要使用晶体管输出，如采用高速输出特殊适配器时，旋转方向信号使用表 5-10 中的输出。

表 5-8　DVIT 指令的操作数

操作数种类	内　　容	数 据 类 型
$S_1 \cdot$	指定中断后的输出脉冲数（相对地址）	BIN16/32 位
$S_2 \cdot$	指定输出脉冲频率	
$D_1 \cdot$	指定输出脉冲的输出编号	位
$D_2 \cdot$	指定旋转方向信号的输出对象编号	

表 5-9　（$S_2 \cdot$）32 位运算时的设定范围

脉冲输出对象		设 定 范 围
FX3U PLC	高速输出特殊适配器	10 ~ 200000(Hz)
FX3U·FX3UC PLC	基本单元（晶体管输出）	10 ~ 100000(Hz)

表 5-10　高速输出特殊适配器的脉冲输出与旋转方向的输出

高速输出特殊适配器的连接位置	脉 冲 输 出	旋转方向的输出
第 1 个	$D_1 \cdot$ = Y000	$D_2 \cdot$ = Y004
	$D_1 \cdot$ = Y001	$D_2 \cdot$ = Y005
第 2 个	$D_1 \cdot$ = Y002	$D_2 \cdot$ = Y006
	$D_1 \cdot$ = Y003	$D_2 \cdot$ = Y007

5.2.3　ABS 指令

ABS 指令是与型号为 MR-J4□A、MR-J3□A、MR-J2(S)□A 或 MR-H□A 的伺服放大器（带绝对位置检测功能）连接后，PLC 可以读出绝对位置（ABS）数据的指令。其数据以脉冲换算值的形式读出，如图 5-12 所示。

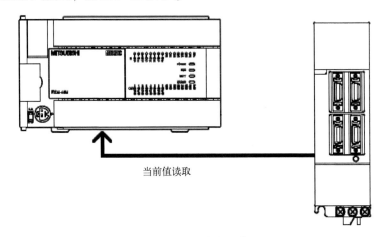

当前值读取

图 5-12　ABS 指令示意图

ABS 指令的格式为

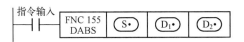

其中，操作数见表 5-11；（D$_1$·）为指定晶体管输出编号；（D$_2$·）为指定保存绝对值（ABS）数据（32 位值）的软元件编号。

表 5-11　ABS 指令的操作数

操作数种类	内　　容	数据类型
S·	指定晶体管输出编号，占用以 S· 开头的 3 点	位
D$_1$·	指定晶体管输出编号，占用以 D$_1$· 开头的 3 点	
D$_2$·	指定保存绝对值（ABS）数据（32 位值）的软元件编号	BIN32 位

5.2.4　ZRN 指令

ZRN，即执行原点回归，是使机械位置与可编程控制器内当前值寄存器一致的指令。ZRN 指令的动作与 DSZR 指令相同，均在 DOG 传感器为 OFF 时停止。

ZRN 指令的格式为

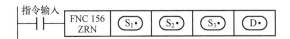

其中，操作数见表5-12；（$S_1 \cdot$）为指定开始原点回归时的速度，16 位运算时为 10~32767(Hz)，32 位运算时为 10~200000(Hz)。

表 5-12　ZRN 指令的操作数

操作数种类	内　　容	数据类型
$S_1 \cdot$	指定开始原点回归时的速度	BIN16/32 位
$S_2 \cdot$	指定爬行速度 ［10~32767(Hz)］	
$S_3 \cdot$	指定输入近点信号（DOG）的软元件编号	位
$D \cdot$	指定要输出脉冲的输出编号	

5.2.5　PLSV 指令

PLSV，即输出带旋转方向的可变速脉冲指令，如图 5-13 所示。

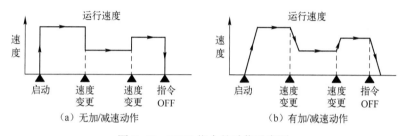

图 5-13　PLSV 指令的动作示意图

PLSV 指令的格式为

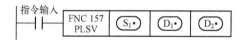

其中，操作数见表5-13；（$D_1 \cdot$）为需要指定基本单元晶体管输出的 Y000、Y001、Y002 或高速输出特殊适配器的 Y000、Y001、Y002、Y003。

表 5-13　PLSV 指令的操作数

操作数种类	内　　容	数据类型
$S_1 \cdot$	指定输出脉冲频率的软元件编号	BIN16/32 位
$D_1 \cdot$	指定输出脉冲的输出编号	位
$D_2 \cdot$	指定旋转方向信号的输出对象编号	

5.2.6　DRVI 指令

DRVI，即以相对驱动方式执行单速定位的指令，采用带正/负的符号指定从当前位置开始的移动方式，也称为增量（相对）驱动方式，如图 5-14 所示。

图 5-14　DRVI 指令的动作示意图

DRVI 指令的格式为

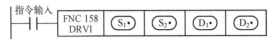

其中，操作数见表 5-14；（S₁·）为指定输出脉冲数（相对地址）的设定范围：16 位运算时为 -32768～+32767（0 除外），32 位运算时为 -999999～+999999（0 除外）；（S₂·）为指定输出脉冲频率的设定范围：16 为运算时为 10～32767（Hz），32 位运算时为 10～200000（Hz）；（D₁·）为指定输出脉冲的输出编号，指定基本单元晶体管输出的 Y000、Y001、Y002 或高速输出特殊适配器的 Y000、Y001、Y002、Y003。

表 5-14　DRVI 指令的操作数

操作数种类	内　　容	数 据 类 型
(S₁·)	指定输出脉冲数（相对地址）	BIN16/32 位
(S₂·)	指定输出脉冲频率	
(D₁·)	指定输出脉冲的输出编号	位
(D₂·)	指定旋转方向信号的输出对象编号	

5.2.7　DRVA 指令

DRVA，即以绝对驱动方式执行单速定位的指令，采用从原点（零点）开始的移动方式，也称为绝对驱动方式。其动作示意图与 DRVI 类似。

DRVA 指令的格式为

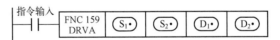

其中，操作数见表 5-15；（S₁·）为指定输出脉冲数（绝对地址）的设定范围：16 位运算时为 -32768～+32767，32 位运算时为 -999999～+999999；（S₂·）为指定输出脉冲频率的设定范围：16 为运算时为 10～32767（Hz），32 位运算时为 10～200000（Hz）。

表 5-15　DRVA 指令的操作数

操作数种类	内　　容	数 据 类 型
(S₁·)	指定输出脉冲数（绝对地址）	BIN16/32 位
(S₂·)	指定输出脉冲频率	
(D₁·)	指定输出脉冲的输出编号	位
(D₂·)	指定旋转方向信号的输出对象编号	

5.2.8　TBL 指令

TBL，即将数据表格中预先设定的动作变为指定表格中的动作，见表 5-16，先用参数设定定位点，再通过驱动 TBL 指令向指定点移动。

表 5-16　TBL 指令的表格设定

编　号	位　置	速　度	指　令
1	1000	2000	DRVI
2	20000	5000	DRVA
3	50	1000	DVIT
4	800	10000	DRVA
:	:	:	:

TBL 指令的格式为

其中，操作数见表 5-17；（D）为指定输出脉冲的输出编号，基本单元晶体管输出的 Y000、Y001、Y002 或高速输出特殊适配器的 Y000、Y001、Y002、Y003；（n）为执行的表格编号［1~100］。

表 5-17　TBL 指令的操作数

操作数种类	内　　容	数 据 类 型
D	指定输出脉冲的输出编号	位
n	执行的表格编号［1~100］	BIN32 位

5.2.9　PLSR 指令

PLSR，即带加/减速功能的脉冲输出指令，如图 5-15 所示。

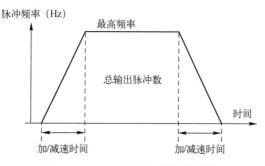

图 5-15　PLSR 指令的动作示意图

PLSR 指令的格式为

其中，操作数见表 5-18；（$S_1 \cdot$）为最高频率，允许设定范围为 10～32767（Hz）；（$S_2 \cdot$）为总脉冲数（PLS），允许设定范围为 1～32767（PLS）；（$S_3 \cdot$）为加/减速时间（ms），允许设定范围为 50～5000（ms）；（D·）为脉冲输出信号，允许设定范围为 Y000、Y001。

表 5-18　PLSR 指令的操作数

操作数种类	内　容	数 据 类 型
$S_1 \cdot$	保存最高频率（Hz）数据或数据的字软元件编号	BIN16/32 位
$S_2 \cdot$	保存总的脉冲数（PLS）数据或数据的字软元件编号	BIN16/32 位
$S_3 \cdot$	保存加/减速时间（ms）数据或数据的字软元件编号	BIN16/32 位
D·	输出脉冲的软元件（Y）编号	位

5.2.10　PLSY 指令

PLSY，即用来发出脉冲信号的指令，如图 5-16 所示。

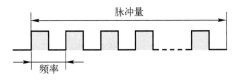

图 5-16　PLSY 指令的动作示意图

PLSY 指令的格式为

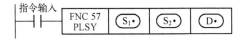

其中，操作数见表 5-19；（$S_1 \cdot$）为指定频率，允许设定范围为 1～32767（Hz）；（$S_2 \cdot$）为指定发出的脉冲量，允许设定范围为 1～32767（PLS）；（D·）为指定有脉冲输出的 Y 编号，允许设定范围为 Y000、Y001。

表 5-19　PLSY 指令的操作数

操作数种类	内　容
$S_1 \cdot$	频率数据（Hz）或保存数据的字软元件编号
$S_2 \cdot$	脉冲量数据或保存数据的字软元件编号
D·	输出脉冲的位软元件（Y）编号

5.2.11　特殊辅助继电器和特殊数据寄存器

当 Y000、Y001、Y002、Y003 为脉冲输出端软元件时，其相关的特殊辅助继电器见表 5-20。

表 5-20　特殊辅助继电器

软元件编号				名　称	属　性	对象指令
Y000	Y001	Y002	Y003			
M8029				指令执行结束标志位	只读	PLSY/PLSR/DSZR/DVIT/ZRN/DRVI/DRVA 等
M8329				指令执行异常结束标志位	只读	PLSY/PLSR/DSZR/DVIT/ZRN/PLSV/DRVI/DRVA
M8338				加/减速动作	可读可写	PLSV
M8336				中断输入指定功能有效	可读可写	DVIT
M8340	M8350	M8360	M8370	脉冲输出中监控（BUSY/READY）	只读	PLSY/PLSR/DSZR/DVIT/ZRN/PLSV/DRVI/DRVA
M8341	M8351	M8361	M8371	清零信号输出功能有效	可读可写	DSZR/ZRN
M8342	M8352	M8362	M8372	原点回归方向指定	可读可写	DSZR
M8343	M8353	M8363	M8373	正转极限	可读可写	PLSY/PLSR/DSZR/DVIT/ZRN/PLSV/DRVI/DRVA
M8344	M8354	M8364	M8374	反转极限	可读可写	
M8345	M8355	M8365	M8375	近点信号逻辑反转	可读可写	DSZR
M8346	M8356	M8366	M8376	零点信号逻辑反转	可读可写	DSZR
M8347	M8357	M8367	M8377	中断信号逻辑反转	可读可写	DVIT
M8348	M8358	M8368	M8378	定位指令驱动	只读	PLSY/PWM/PLSR/DSZR/DVIT/ZRN/PLSV/DRVI/DRVA
M8349	M8359	M8369	M8379	脉冲停止指令	可读可写	PLSY/PLSR/DSZR/DVIT/ZRN/PLSV/DRVI/DRVA
M8460	M8461	M8462	M8463	用户中断输入指令	可读可写	DVIT
M8464	M8465	M8466	M8467	清零信号软元件指定功能有效	可读可写	DSZR/ZRN

当 Y000、Y001、Y002、Y003 为脉冲输出端软元件时，其相关的特殊数据寄存器见表 5-21。

表 5-21　特殊数据寄存器

软元件编号								名　称	数据长	初始值	对象指令
Y000		Y001		Y002		Y003					
D8336								中断输入指定	16 位	—	DVIT
D8340	低位	D8350	低位	D8360	低位	D8370	低位	当前值寄存器〔PLS〕	32 位	0	DSZR/DVIT/ZRN/PLSV/DRVI/DRVA
D8341	高位	D8351	高位	D8361	高位	D8371	高位				
D8342		D8352		D8362		D8372		基准速度〔Hz〕	16 位	0	DSZR/DVIT/ZRN/PLSV/DRVI/DRVA
D8343	低位	D8353	低位	D8363	低位	D8373	低位	最高速度〔Hz〕	32 位	100000	DSZR/DVIT/ZRN/PLSV/DRVI/DRVA
D8344	高位	D8354	高位	D8364	高位	D8374	高位				
D8345		D8355		D8365		D8375		爬行速度〔Hz〕	16 位	1000	DSZR

续表

软元件编号				名　称	数据长	初始值	对象指令
Y000	Y001	Y002	Y003				
D8346 低位 D8347 高位	D8356 低位 D8357 高位	D8366 低位 D8367 高位	D8376 低位 D8377 高位	原点回归速度 ［Hz］	32 位	50000	DSZR
D8348	D8358	D8368	D8378	加速时间［ms］	16 位	100	DSZR/DVIT/ZRN/ PLSV*4/DRVI/DRVA
D8349	D8359	D8369	D8379	减速时间［ms］	16 位	100	DSZR/DVIT/ZRN/ PLSV*4/DRVI/DRVA
D8464	D8465	D8466	D8467	清零信号软 元件指定	16 位	—	DSZR/ZRN

5.3　基于 PLC 的步进电机控制

5.3.1　步进电机的工作原理

步进电机是利用电磁原理，能够将脉冲信号转换为线位移或角位移的电机。每来一个脉冲信号，步进电机均转动一个角度，带动运动部件移动一小段距离。

步进电机的特点主要包括：

① 来一个脉冲信号，转一个步距角；

② 控制脉冲频率可控制转速；

③ 改变脉冲顺序可改变转动方向；

④ 角位移量或线位移量与脉冲数成正比。

通常，步进电机按励磁方式可分为三大类：

① 反应式：转子无绕组，定子开小齿、步距小，应用最广。

② 永磁式：转子极数等于每相定子极数，不开小齿，步距角较大，力矩较大。

③ 感应子式（混合式）：开小齿，比永磁式转矩更大、动态性能更好、步距角更小。

步进电机的结构如图 5-17 所示。步进电机主要由两部分构成，即定子和转子。它们均由磁性材料构成。定子有 6 个磁极，磁极上套有星形连接的三相控制绕组，每两个相对磁极为一相，组成一相控制绕组。转子没有绕组，相邻两齿之间的夹角 $\theta_t = \dfrac{360°}{Z_r}$，被称为齿距角。

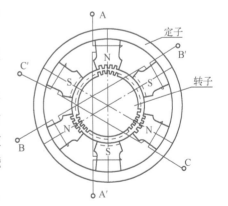

图 5-17　步进电机的结构

5.3.2　步进电机的选型

虽然步进电机已被广泛应用，但步进电机并不能像普通直流电机、交流电机一样在常规下使用，必须在由双环形脉冲信号、功率驱动电路等组成的控制系统中使用，因此用好步进电机并非易事，涉及机械、电机、电子及计算机等许多专业知识。

步进电机一经定型，其性能就取决于电机的驱动电源。步进电机的转速越高、力矩越大，所要求的电流越大，驱动电源的电压越高。电源电压对步进电机力矩的影响如图 5-18 所示。

如图 5-19 所示，在步距角不能满足要求的条件下，可采用细分驱动器来驱动步进电机，细分驱动器是通过改变相邻相（A，B）电流的大小，以改变合成磁场的夹角来控制步进电机运转的，如对驱动器 HB-4020M 的拨码开关 DIP-SW 进行细分设定，如图 5-20 所示。

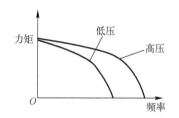

图 5-18　电源电压对步进电机力矩的影响

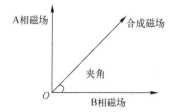

图 5-19　细分驱动器的原理

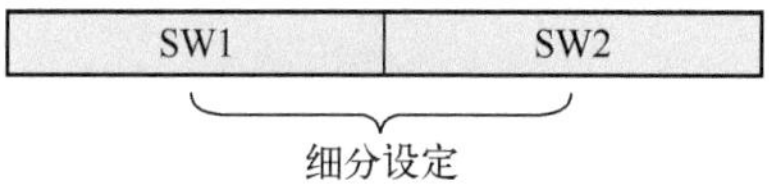

细分倍数	SW1	SW2
1	on	on
2	off	on
4	on	off
8	off	off

图 5-20　拨码开关的细分设定

一般而言，步进电机的技术参数有步距角、静转矩及电流三大要素，三大要素一旦确定，则步进电机的型号便确定了。目前市场上流行的步进电机是以机座号（电机外径）来划分的，根据机座号可分为 42BYG（BYG 为感应式步进电机的代号）、57BYG、86BYG、110BYG 等，是国际标准型号；70BYG、90BYG、130BYG 等是国内标准型号。图 5-21 为 57 步进电机外观及其接线端子。

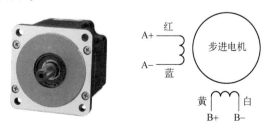

图 5-21　57 步进电机外观及其接线端子

5.3.3　步进电机驱动器

步进电机的控制属于"开环"控制，应用在定位精度一般的场合，如机床的进刀、丝杠的定位等。下面以步进驱动器 HB-4020M 为例介绍相关内容。

（1）HB-4020M 的特点

HB-4020M 为细分型步进电机驱动器，驱动电压为 DC12～32V，适配 4、6 或 8 出线，2.0A 电流以下，外径为 39～57mm 的两相混合式步进电机，可应用在对细分精度有一定要求的设备上。图 5-22 为 HB-4020M 的外观。其电气规格见表 5-22。

图 5-22　HB-4020M 的外观

表 5-22　HB-4020 的电气规格

项　　目	最小值	推荐值	最大值
供电电压 VDC（2A）	12	24	32
输出相电流（峰值）（A）	0.0	—	2.0
逻辑控制输入电流（mA）	5	10	30
步进脉冲响应频率（kHz）	0	—	100

（2）HB-4020M 的电气接线

表 5-23 为 HB-4020M 的接线端子功能。

表 5-23　HB-4020M 的接线端子功能

序　号	端　子	功　　能
1	GND	电源 DC12～32V
2	+V	电源 DC12～32V，用户可根据需要选择，一般来说，较高的电压有利于提高步进电机的高速力矩，但会加大驱动器和步进电机的损耗和发热
3	A+	步进电机 A 相，A+、A-互调，可更改一次步进电机的运转方向
4	A-	步进电机 A 相
5	B+	步进电机 B 相，B+、B-互调，可更改一次步进电机的运转方向
6	B-	步进电机 B 相
7	（+5V）	光电隔离电源，控制信号在+5～+24V 范围内均可驱动，需注意限流，在一般情况下，12V 串接 1kΩ 电阻，24V 串接 2kΩ 电阻，驱动器内部电阻为 330Ω
8	PUL	脉冲信号：上升沿有效
9	DIR	方向信号：低电平有效
10	ENA	使能信号：低电平有效

（3）HB-4020M 的供电电压

HB-4020M 的供电电压越高，步进电机在高速时的力矩越大，但会导致过压保护，甚至可能损坏 HB-4020M，在高压下工作时，步进电机低速运动的振动较大，所以在一般情况下，当步进电机的转速低于 150r/min 时，应尽量使用低压（小于等于 24V）供电，当转速提高时，可相应提高供电电压，但不要超过 HB-4020M 的最大电压（DC32V）。

（4）HB-4020M 上步进电机电流的设置

图 5-23 为 HB-4020M 上进行步进电机电流设定的示意图。电流设定值越大，步进电机输出的力矩越大，但电流大时，步进电机和 HB-4020M 的发热会比较严重。所以，一般将电流设定为步进电机的额定电流，且在保证力矩足够的情况下尽量减小电流。若步进电机需要高速运转，则可以提高电流设定值，但不能超过额定电流的 30%。

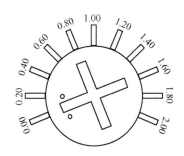

图 5-23　步进电机电流设定的示意图

5.3.4　【实例 5-1】步进电机的正向和反向循环定位控制

 实例说明

某包装设备的传动由步进电机驱动，控制要求如下：

① 按下启动按钮后，先正转 5000 个脉冲，频率为 K1000；

② 正转完成后，延时 2s 再反转 5000 个脉冲，频率为 K1000；

③ 反转完成后，延时 2s 再正转 5000 个脉冲，频率为 K1000，如此循环；

④ 按下停止按钮，步进电机停止。

解析过程

（1）电气接线。

步进电机正向和反向循环定位控制的接线如图 5-24 所示。图中，开关电源的选择与步进驱动器有关，如果步进驱动器的驱动电压为 5V，则选择 24VDC 的开关电源，建议在 Y0、Y1 输出端串接 2kΩ 电阻；FX3U PLC 选择晶体管输出，如 FX3U-32MT；步进驱动器与 FX3U-32MT 采用共阳接线方式；步进驱动器与步进电机采用两相方式。

（2）I/O 分配法。

表 5-24 为步进电机正向和反向循环定位控制的 I/O 分配表。

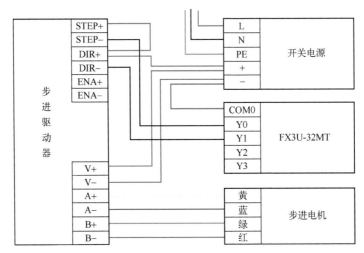

图 5-24　步进电机正向和反向循环定位控制的接线

表 5-24　步进电机正向和反向循环定位控制的 I/O 分配表

输　入	含　义	输　出	含　义
X0	启动按钮	Y0	输出脉冲
X1	停止按钮	Y1	输出方向

（3）程序的编写。

步进电机正向和反向循环定位控制梯形图如图 5-25 所示，具体解释如下：

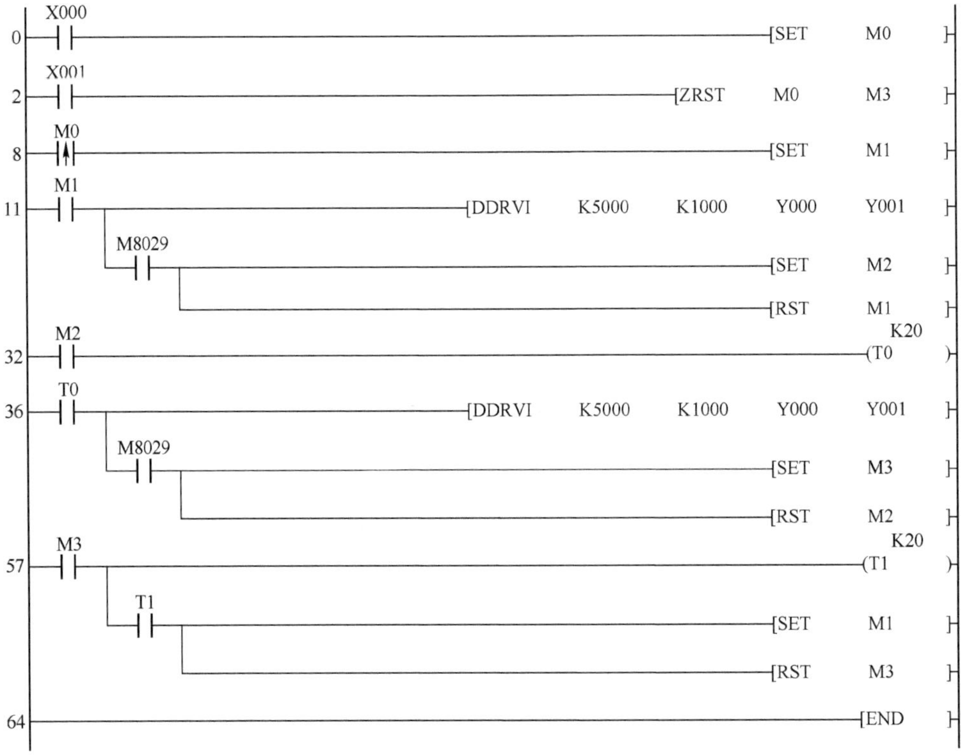

图 5-25　步进电机正向和反向循环定位控制梯形图

① 启动按钮置位 M1 后，启动正转脉冲定位控制，即 DDRVI 指令，输出 Y0 脉冲、Y1 方向；

② 当脉冲发送完毕，M8029 信号为 ON 时进入 2s 延时反转程序；

③ 反转脉冲定位控制，也是 DDRVI，只是脉冲数为−5000，速度不变；

④ 当脉冲发送完毕，M8029 信号为 ON 时进入 2s 延时正转程序，依次循环；

⑤ 当停止按钮 X1 动作后，M0～M3 全部复位，停止当前的步进控制。

5.3.5　【实例 5-2】PLSR 指令的定位控制

实例说明

FX3U PLC 通过步进电机驱动器控制步进电机运行，假设步进电机运行一周需要 1000 个脉冲，试编写程序满足如下要求：

① 按下启动按钮后，步进电机转度为 1r/s，先正转 5 周，停止 5s；

② 再反转 5 周，停止 5s；

③ 再正转，如此循环；

④ 按下停止按钮，步进电机停止。

解析过程

（1）电气接线。

PLSR 指令定位控制的接线参考图 5-24，脉冲输出端为 Y0，Y1 为方向控制，即 ON 为正转，OFF 为反转。

（2）程序的编写。

步进电机的转速为 1r/s，频率为 K1000，为了降低步进电机的失步和过冲，采用 PLSR 指令"输出脉冲"。PLSR 指令的操作数设置为：输出脉冲的最高频率为 K1000，输出脉冲的个数为 K1000×5＝K5000，加/减速时间为 200ms。

由于 PLSR 指令在程序中只能使用一次，所以采用 SFC 设计，包括激活初始状态、SFC 编程、步进电机控制，如图 5-26 所示。

图 5-26　程序结构

① 激活初始状态。

激活初始状态梯形图如图 5-27 所示，由 X000 和 X001 构成自锁回路，输出 M0，由 M0 的上升沿脉冲激活状态 S0。

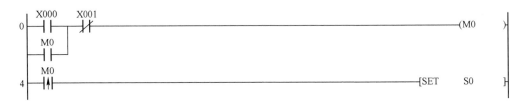

图 5-27　激活初始状态梯形图

② SFC 编程。

SFC 编程如图 5-28 所示。

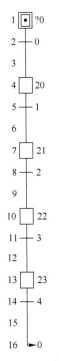

图 5-28　SFC 编程

图中，跳转 TR 和状态梯形图为

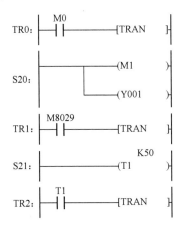

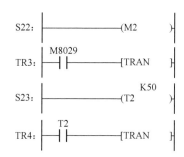

③ 步进电机控制。

步进电机控制梯形图如图 5-29 所示。

图 5-29　步进电机控制梯形图

5.3.6　【实例 5-3】农作物大棚温度控制

实例说明

农作物大棚（见图 5-30）共有 4 扇窗户。每扇窗户均有一个检测温度的双金属条，有两个输入：一个对应金属条冷的情况；另一个对应金属条热的情况。温度检测输入信号与窗户的位置直接相关，当过热时，金属条变形，触点接通，打开窗户；当温度正常时，金属条伸直，关上窗户。

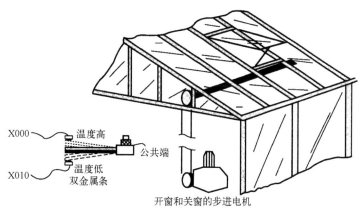

图 5-30　农作物大棚

 解析过程

（1）电气接线。

图 5-31 为关窗步进电机驱动电路。图中，Y0 可驱动 4 个关窗步进电机。选用接触器主

要是为了节省 FX3U PLC 的高速输出端口。因此，4 个关窗步进电机分别对应 Y10~Y13。需要注意的是，若需开窗，则需要另外增加 4 个接触器，步进电机驱动器和步进电机的数量不变。

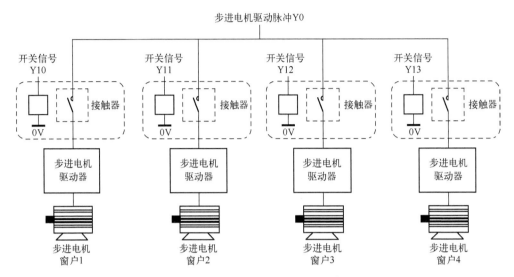

图 5-31　关窗步进电机驱动电路

（2）农作物大棚温度控制 I/O 分配表见表 5-25。

表 5-25　农作物大棚温度控制 I/O 分配表

输　入	功　能	输　出	功　能
X0~X3	来自双金属条的开窗信号	Y4~Y7	选择步进电机，用来开窗
X10~X13	来自双金属条的关窗信号	Y10~Y13	选择步进电机，用来关窗
X4~X7	检测到窗户已经全关	Y0	步进电机驱动脉冲数（晶体管输出）
X14~X17	检测到窗户已经全开		

（3）程序的编写。

图 5-32 为农作物大棚温度控制梯形图。

图 5-32　农作物大棚温度控制梯形图

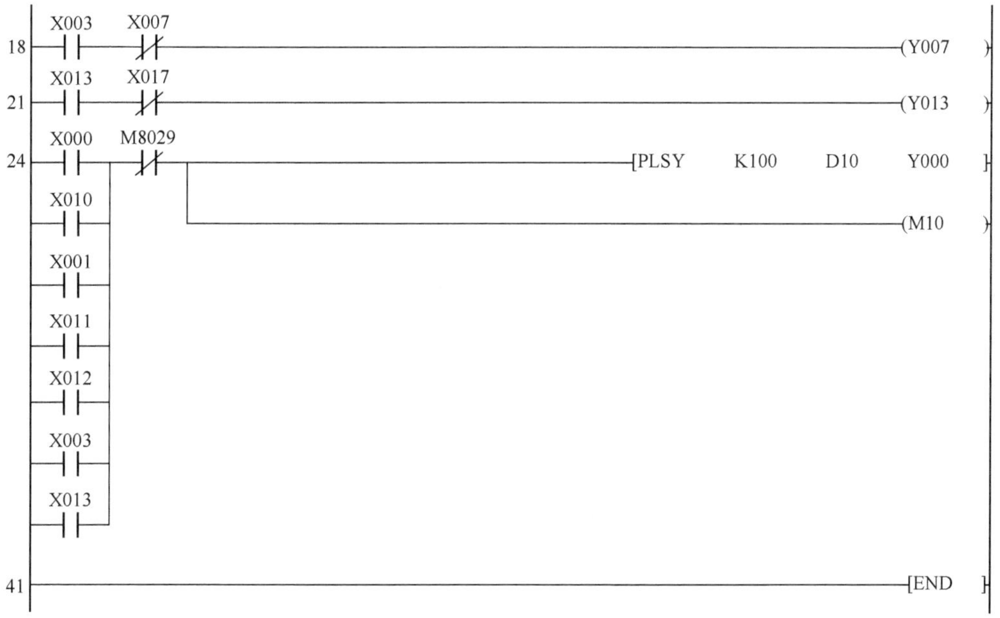

图 5-32　农作物大棚温度控制梯形图（续）

5.4　基于 PLC 的伺服电机控制

5.4.1　伺服电机的原理

伺服即为准确、精确、快速定位。与普通电机一样，伺服电机也由定子和转子构成。定子上有两个绕组，即励磁绕组和控制绕组。两个绕组的相位差为 90°。转子是永磁体，驱动控制的 U/V/W 三相电形成磁场。转子在磁场的作用下转动，同时将伺服电机自带的编码器反馈信号送给驱动器，驱动器将反馈值与目标值比较，即可调整转子转动的角度。伺服电机的精度由编码器的精度（线数）决定。

1. 启动转矩大

由于转子的电阻大，因此伺服电机的转矩特性曲线如图 5-33 所示中的曲线 1，与普通异步电机的转矩特性曲线 2 相比有明显的区别，转矩特性接近于线性，具有较大的启动转矩，当定子有控制电压时，转子立即转动，具有启动快、灵敏度高的特点。

2. 运行范围较宽

伺服电机单相运行时的转矩特性如图 5-34 所示。转差率 S 在 0~1 的范围内，伺服电机都能稳定运行。

3. 无自转现象

正常运行的伺服电机，只要失去控制电压，就立即停止运转。

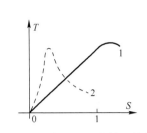

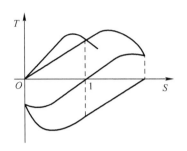

图 5-33　伺服电机的转矩特性　　　　　　图 5-34　伺服电机单相运行时的转矩特性

图 5-35 是伺服电机的机械特性。当负载一定时，控制电压 U_c 愈高，伺服电机的转速也愈高；当控制电压一定时，负载增加，伺服电机的转速下降。

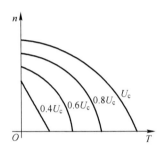

图 5-35　伺服电机的机械特性

5.4.2　MR-J4 伺服放大器

图 5-36 为 MR-J4 伺服放大器（MR-J4-500A 及以下规格）的功能方框图。

1. 电气运行

MR-J4 伺服放大器电源接通时序图如图 5-37 所示，具体解释如下：

① 在主电路电源（L1、L2、L3）上使用电磁接触器。

② 控制电路电源（L11、L21）应与主电路电源同时或比主电路电源先接通。不接通主电路电源时会在显示部件上警告，一旦接通主电路电源，警告就会消失，设备正常动作。

③ 伺服放大器可在主电路电源接通 2.5~3.5s 后接收 SON（伺服 ON）信号。因此，在接通主电路电源的同时将 SON（伺服 ON）设为 ON，2.5~3.5s 后，基本电路变为 ON，再大约 5ms 后，RD（准备完成）变为 ON，处于一个可以运行的状态。

④ 将 RES（复位）设为 ON，基本电路即被切断，伺服电机轴呈自由状态。

2. MR-J4 伺服放大器 CN1 连接器引脚定义

MR-J4 伺服放大器 CN1 连接器引脚定义见表 5-26。CN1 连接器的引脚根据控制模式不同，软元件的分配也不同，相关参数栏中对应参数的引脚可以通过软元件变更。其中，P 为位置控制模式；S 为速度控制模式；T 为转矩控制模式。

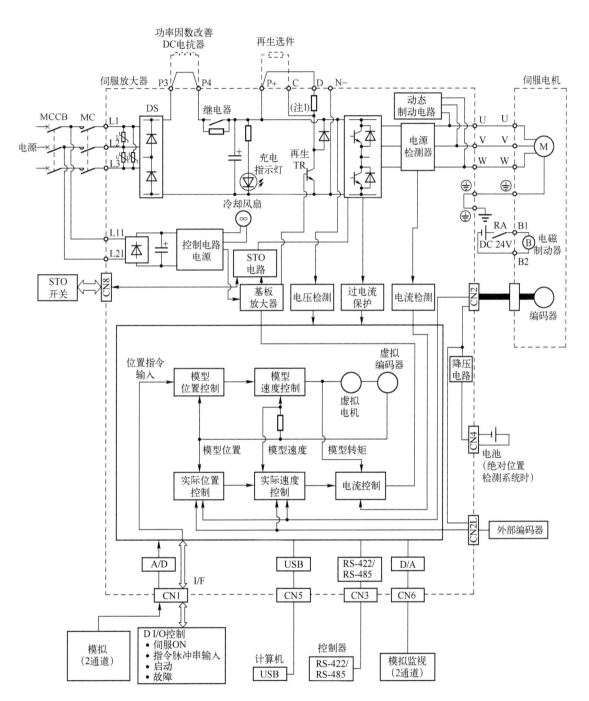

图 5-36　MR-J4 伺服放大器的功能方框图

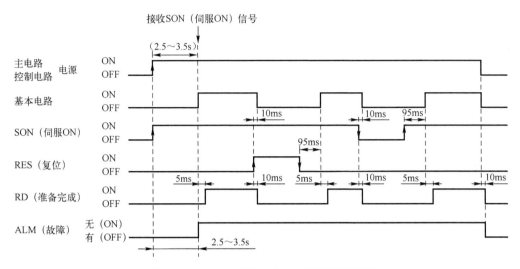

图 5-37　MR-J4 伺服放大器电源接通时序图

表 5-26　MR-J4 伺服放大器 CN1 连接器引脚定义

引脚	I/O	（注 2）不同控制模式时的输入/输出信号						相 关 参 数
		P	P/S	S	S/T	T	T/P	
1		P15R	P15R	P15R	P15R	P15R	P15R	
2	I		-/VC	VC	VC/VLA	VLA	VLA/-	
3		LG	LG	LG	LG	LG	LG	
4	O	LA	LA	LA	LA	LA	LA	
5	O	LAR	LAR	LAR	LAR	LAR	LAR	
6	O	LB	LB	LB	LB	LB	LB	
7	O	LBR	LBR	LBR	LBR	LBR	LBR	
8	O	LZ	LZ	LZ	LZ	LZ	LZ	
9	O	LZR	LZR	LZR	LZR	LZR	LZR	
10	I	PP	PP/-	（注 6）	（注 6）	（注 6）	-/PP	Pr. PD43/Pr. PD44
11	I	PG	PG/-				-/PG	
12		OPC	OPC/-				-/OPC	
13	O	（注 4）	（注 4）	（注 4）	（注 4）	（注 4）	（注 4）	Pr. PD47
14	O	（注 4）	（注 4）	（注 4）	（注 4）	（注 4）	（注 4）	Pr. PD47
15	I	SON	SON	SON	SON	SON	SON	Pr. PD03/Pr. PD04
16	I		-/SP2	SP2	SP2/SP2	SP2	SP2/-	Pr. PD05/Pr. PD06
17	I	PC	PC/ST1	ST1	ST1/RS2	RS2	RS2/PC	Pr. PD07/Pr. PD08
18	I	TL	TL/ST2	ST2	ST2/RS1	RS1	RS1/TL	Pr. PD09/Pr. PD10
19	I	RES	RES	RES	RES	RES	RES	Pr. PD11/Pr. PD12
20		DICOM	DICOM	DICOM	DICOM	DICOM	DICOM	
21		DICOM	DICOM	DICOM	DICOM	DICOM	DICOM	

续表

引脚	I/O	（注2）不同控制模式时的输入/输出信号						相 关 参 数
		P	P/S	S	S/T	T	T/P	
22	O	INP	INP/SA	SA	SA/−		−/INP	Pr. PD23
23	O	ZSP	ZSP	ZSP	ZSP	ZSP	ZSP	Pr. PD24
24	O	INP	INP/SA	SA	SA/−		−/INP	Pr. PD25
25	O	TLC	TLC	TLC	TLC/VLC	VLC	VLC/TLC	Pr. PD26
26								
27	I	TLA	TLA	TLA	TLA/TC	TC	TC/TLA	注3
28		LG	LG	LG	LG	LG	LG	
29								
30		LG	LG	LG	LG	LG	LG	
31								
32								
33	O	OP	OP	OP	OP	OP	OP	
34		LG	LG	LG	LG	LG	LG	
35	I	NP	NP/−	（注6）	（注6）	（注6）	−/NP	Pr. PD45/Pr. PD46（注5）
36	I	NG	NG/−				−/NG	
（注8）37	I	NP2	NP2/−	（注7）	（注7）	（注7）	−/NP2	Pr. PD43/Pr. PD44（注5）
（注8）38	I	NP2	NP2/−	（注7）	（注7）	（注7）	−/NP2	Pr. PD45/Pr. PD46（注5）
39								
40								
41	I	CR	CR/SP1	SP1	SP1/SP1	SP1	SP1/CR	Pr. PD13/Pr. PD14
42	I	EM2	EM2	EM2	EM2	EM2	EM2	
43	I	LSP	LSP	LSP	LSP/−		−/LSP	Pr. PD17/Pr. PD18
44	I	LSN	LSN	LSN	LSN/−		−/LSN	Pr. PD19/Pr. PD20
45	I	LOP	LOP	LOP	LOP	LOP	LOP	Pr. PD21/Pr. PD22
46		DOCOM	DOCOM	DOCOM	DOCOM	DOCOM	DOCOM	
47		DOCOM	DOCOM	DOCOM	DOCOM	DOCOM	DOCOM	
48	O	ALM	ALM	ALM	ALM	ALM	ALM	
49	O	RD	RD	RD	RD	RD	RD	Pr. PD28
50								

图 5-36 和表 5-26 中的注释解析如下。

注 1：I，输入信号；O，输出信号。

注 2：P，位置控制模式；S，速度控制模式；T，转矩控制模式；P/S，位置/速度控制切换模式；S/T，速度/转矩控制切换模式；T/P，转矩/位置控制切换模式。

注 3：通过［Pr. PD03］~［Pr. PD22］设定可使用 TL（外部转矩限制选择）信号，即可使用 TLA。

注 4：在初始状态下没有分配输出软元件，根据需要通过［Pr. PD47］分配输出软元件。

注 5：可在软件版本 B3 以上的 MR-J4-_A_-RJ 伺服放大器中使用。

注 6：可用作漏型接口的输入软元件，在初始状态下没有分配输入软元件，使用时，可根据需要通过［Pr. PD43］~［Pr. PD46］分配软元件，对 CN1-12 引脚提供 DC 24V 的+极，在软件版本 B3 以上的伺服放大器中使用。

注 7：可用作源型接口的输入软元件，在初始状态下没有分配输入软元件，使用时，可根据需要通过［Pr. PD43］~［Pr. PD46］分配软元件。

注 8：可在 B7 以上软件版本，且 2015 年 1 月以后生产的 MR-J4-_A_-RJ 伺服放大器中使用。

3. 参数的设定

表 5-27 为 MR-J4 伺服放大器的基本参数列表 PA。

表 5-27　MR-J4 伺服放大器的基本参数列表 PA

编　号	简　称	名　称	初始值	单　位
PA01	＊STY	运行模式	1000h	
PA02	＊REG	再生选件	0000h	
PA03	＊ABS	绝对位置检测系统	0000h	
PA04	＊AOP1	功能选择 A-1	2000h	
PA05	＊FBP	每转的指令输入脉冲数	10000	
PA06	CMX	电子齿轮分子（指令脉冲倍率分子）	1	
PA07	CDV	电子齿轮分母（指令脉冲倍率分母）	1	
PA08	ATU	自动调谐模式	0001h	
PA09	RSP	自动调整响应性	16	
PA10	INP	到位范围	100	［pulse］
PA11	TLP	正转转矩限制/正方向推力限制	100.0	［%］
PA12	TLN	反转转矩限制/反方向推力限制	100.0	［%］
PA13	＊PLSS	指令脉冲输入形态	0100h	
PA14	＊POL	旋转方向选择/移动方向选择	0	
PA15	＊ENR	编码器输出脉冲	4000	［pulse/rev］
PA16	＊ENR2	编码器输出脉冲 2	1	
PA17	＊MSR	伺服电机系列设定	0000h	
PA18	＊MTY	伺服电机类型设定	0000h	
PA19	＊BLK	参数写入禁止	00AAh	
PA20	＊TDS	Tough Drive 设定	0000h	
PA21	＊AOP3	功能选择 A-3	0001h	
PA22	＊PCS	位置控制构成选择	0000h	
PA23	DRAT	驱动记录仪任意报警触发器设定	0000h	

续表

编　号	简　称	名　称	初始值	单　位
PA24	AOP4	功能选择 A-4	0000h	
PA25	OTHOV	一键式调整超调量容许级别	0	[%]
PA26	* AOP5	功能选择 A-5	0000h	

5.4.3　【实例5-4】工作台的伺服控制

 实例说明

　　FX3U-32MT/ES 控制 RM-J4 伺服放大器和伺服电机实现工作台运行的示意图如图 5-38 所示。图中，FX3U-32MT/ES 选配扩展模块 FX2N-16EYT、FX2N-16EX-ES/UL，并在 FX3U PLC 侧和伺服放大器侧均设置正转限位和反转限位，具有原点回归操作、手动正转操作、手动反转操作、正转定位操作、反转定位操作等功能，同时能实现如图 5-39 所示的绝对位置方式定位。

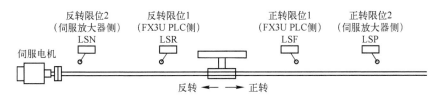

图 5-38　FX3U-32MT/ET 控制 MR-J4 伺服放大器和伺服电机实现工作台运行的示意图

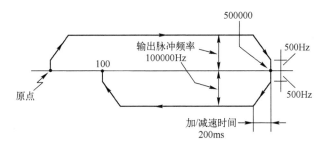

图 5-39　绝对位置方式定位

 解析过程

　　（1）电气接线和 I/O 地址分配。

　　FX3U-32MT/ET 与 MR-J4 的电气接线如图 5-40 所示。根据要求，FX3U-32MT/ES 为主机模块，负责零点信号和伺服准备好信息的输入；FX2N-16EYT 为扩展模块，负责清零信号的输出；FX2N-16EX-ES/UL 为扩展模块，用来接收外部信号，如立即停止指令、原点回归指令、JOG（+）指令、JOG（-）指令、正转定位指令、反转定位指令、正转限位、反转限位和停止命令。

　　图 5-40 的 I/O 分配表见表 5-28。

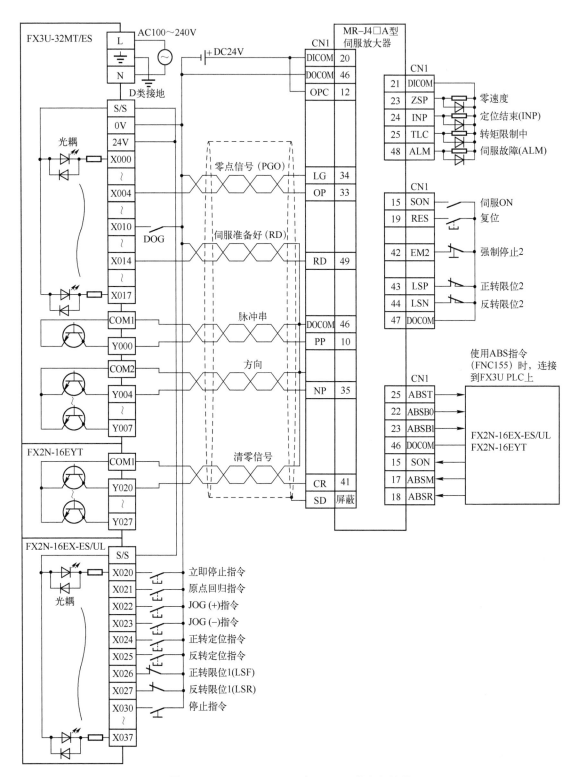

图 5-40　FX3U-32MT/ET 与 MR-J4 的电气接线

表 5-28　图 5-40 的 I/O 分配表

输　入	功　能	输　出	功　能
X4	零点信号	Y0	脉冲输出
X10	近点信号（DOG）	Y4	方向控制
X14	伺服准备好	Y20	清零信号
X20	立即停止指令		
X21	原点回归指令		
X22	JOG（+）指令		
X23	JOG（-）指令		
X24	正转定位指令		
X25	反转定位指令		
X26	正转限位 1（LSF）		
X27	反转限位 1（LSR）		
X30	停止指令		

（2）MR-J4 伺服放大器的参数设置。

① PA01 = 0000h，设置为位置控制模式。

② PA03 = 0000h，设置绝对位置检测系统为"使用增量系统"。

③ PA05 = 0，PA06 = 1，PA07 = 1，采用默认设置电子齿轮分子、分母均为 1。

④ PA13 = 0211h，设置 MR-J4 伺服放大器指令脉冲的输入形式（负逻辑、带符号脉冲串、指令输入脉冲串滤波器 500kpps 以下）。

（3）程序的编写。

① 立即停止及相关初始状态的设置。

立即停止及相关初始状态设置的梯形图如图 5-41 所示，具体分析如下：

a. 当立即停止按钮（X020）动作或伺服准备好（X014）信号为 OFF 时，执行以下动作：X 轴（Y000）脉冲输出停止；原点检出结束标志位的复位（M10）；正转侧定位结束标志位的复位（M12）；反转侧定位结束标志位的复位（M13）。

b. 通过限位输入信号输出正转极限和反转极限的特殊辅助继电器 M8343、M8344。

c. 带清零输出的原点回归有效（清零信号：Y020）。

d. 如果最高速度、加速时间、减速时间、原点回归速度、爬行速度的设定为初始值的内容，则不需要初始化程序，否则进行如下动作：最高速度的设定，即 100000（Hz）→ D8344、D8343；原点回归速度的设定，即 50000（Hz）→ D8347、D8346；加速时间的设定，即 100（ms）→ D8348；减速时间的设定，即 100（ms）→ D8349；爬行速度的设定，即 1000（Hz）→ D8345。

② 原点回归操作。

原点回归操作梯形图如图 5-42 所示，具体分析如下：

a. 当原点回归按钮动作，判断 M8348 定位驱动（Y000）为 OFF、原点回归正常结束状态 M101 为 OFF、原点回归异常结束 M102 为 OFF 三者皆符合时，进入原点回归操作。

b. 原点回归操作利用 M100 形成自锁。

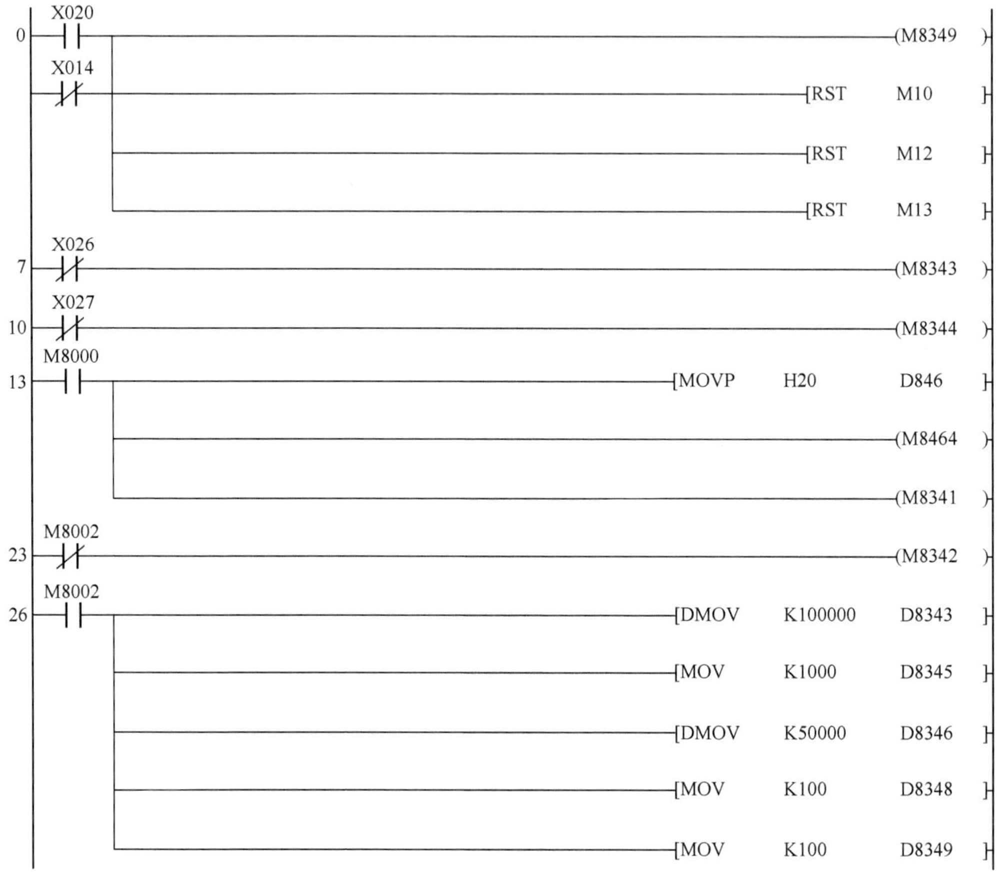

图 5-41　立即停止及相关初始状态设置的梯形图

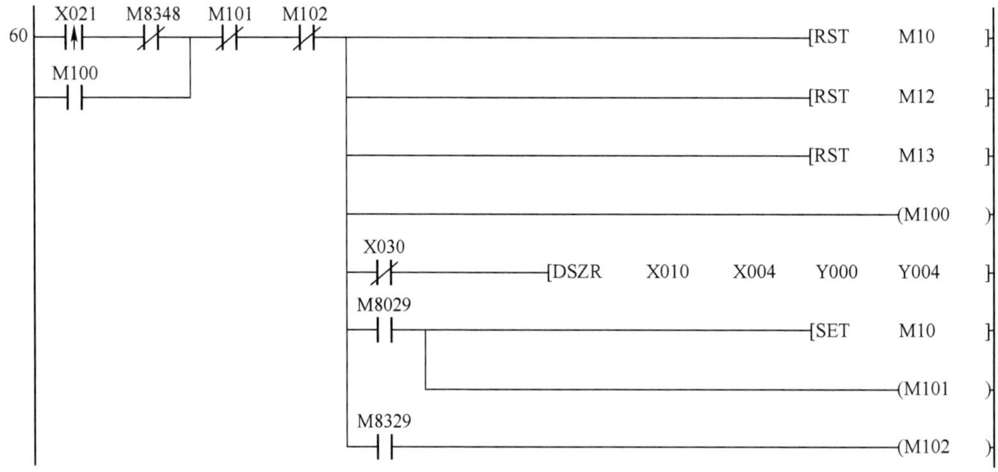

图 5-42　原点回归操作梯形图

c. 原点回归操作的动作依次为：原点检出结束标志位的复位（M10）；正转侧定位结束标志位的复位（M12）；反转侧定位结束标志位的复位（M13）；在未停止按钮动作的情况下，执行带 DOG 搜索的原点回归指令 DSZR，X010、X004、Y000、Y004 分别为近点信号、零点信号、脉冲输出端编号、旋转方向信号。

d. 原点回归操作标志位：M8329 执行结束标志位；M8029 异常结束。

③ 手动 JOG 正转操作。

手动 JOG 正转操作梯形图如图 5-43 所示，具体分析如下：

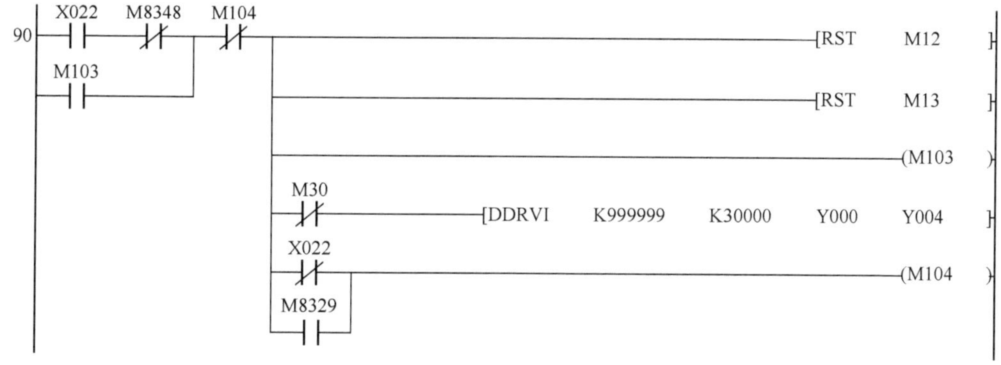

图 5-43　手动 JOG 正转操作梯形图

a. 当手动 JOG 正转按钮动作，判断 M8348 定位驱动（Y000）为 OFF、JOG(+)结束状态 M104 为 OFF 时，进入手动 JOG 正转操作。

b. 手动 JOG 正转操作利用 M103 形成自锁。

c. 手动 JOG 正转操作的动作依次为：正转侧定位结束标志位的复位（M12）；反转侧定位结束标志位的复位（M13）；在未停止按钮动作的情况下，使用相对定位指令 DDRVI 执行正方向的 JOG 运行指令，即 K999999、K30000、Y000、Y004 分别为输出脉冲数（+方向的最大值）、输出脉冲频率、脉冲输出端编号、旋转方向信号。

d. 手动 JOG 正转操作标志位：M8329 执行结束标志位。

在操作中，1 次 JOG 运行的最大移动量是 FNC158（DRVI）指令的输出脉冲数±999999，如果移动量超过这个数值，则需要再次执行 JOG。

④ 手动 JOG 反转操作。

手动 JOG 反转操作梯形图如图 5-44 所示，具体分析如下：

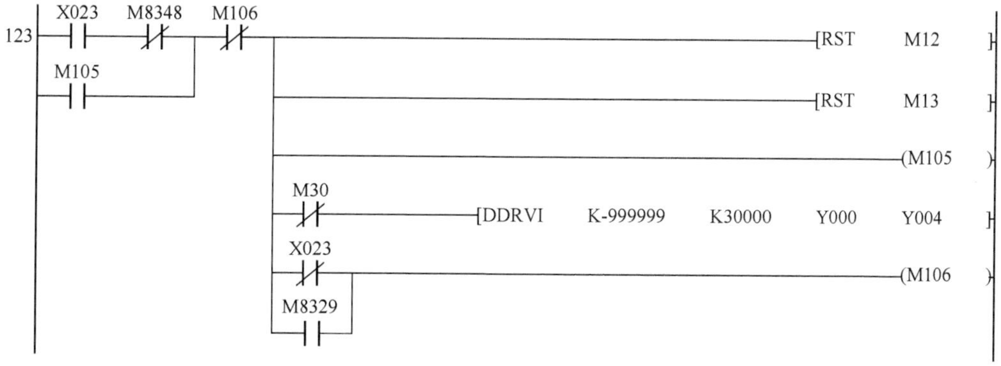

图 5-44　手动 JOG 反转操作梯形图

　　a. 当手动 JOG 反转按钮动作，判断 M8348 定位驱动（Y000）为 OFF、JOG(-)结束状态 M106 为 OFF 时，进入手动 JOG 反转操作。

　　b. 手动 JOG 反转操作利用 M105 形成自锁。

　　c. 手动 JOG 反转操作的动作依次为：正转侧定位结束标志位的复位（M12）；反转侧定位结束标志位的复位（M13）；在未停止按钮动作的情况下，使用相对定位指令 DDRVI 执行反方向的 JOG 运行指令，即 K-999999、K30000、Y000、Y004 分别为输出脉冲数（-方向的最大值）、输出脉冲频率、脉冲输出端编号、旋转方向信号。

　　d. 手动 JOG 反转操作标志位：M8329 执行结束标志位。

　　⑤ 正转定位操作。

　　正转定位操作梯形图如图 5-45 所示，具体分析如下：

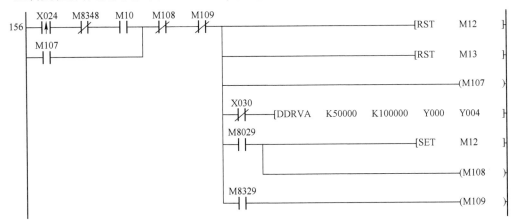

图 5-45　正转定位操作梯形图

　　a. 当正转定位操作按钮动作，判断 M8348 定位驱动（Y000）为 OFF、原点检出结束标志位 M10 为 ON、正转侧定位正常结束 M108 为 OFF、正转侧定位异常结束 M109 为 OFF 时，进入正转定位操作。

　　b. 正转定位操作利用 M107 形成自锁。

　　c. 正转定位操作的动作依次为：正转侧定位结束标志位的复位（M12）；反转侧定位结束标志位的复位（M13）；在未停止按钮动作的情况下，使用相对定位指令 DDRVA 执行正转定位运行指令，即 K50000、K100000、Y000、Y004 分别为绝对位置指定、输出脉冲频率、脉冲输出端编号、旋转方向信号。

　　d. 正转定位操作标志位：M8329 执行结束标志位；M8029 异常结束。

　　⑥ 反转定位操作。

　　反转定位操作梯形图如图 5-46 所示，具体分析如下：

　　a. 当反转定位操作按钮动作，判断 M8348 定位驱动（Y000）为 OFF、原点检出结束标志位 M10 为 ON、反转侧定位正常结束 M111 为 OFF、反转侧定位异常结束 M112 为 OFF 时，进入反转定位操作。

　　b. 反转定位操作利用 M110 形成自锁。

　　c. 反转定位操作的动作依次为：正转侧定位结束标志位的复位（M12）；反转侧定位结束标志位的复位（M13）；在未停止按钮动作的情况下，使用相对定位指令 DDRVA 执行反

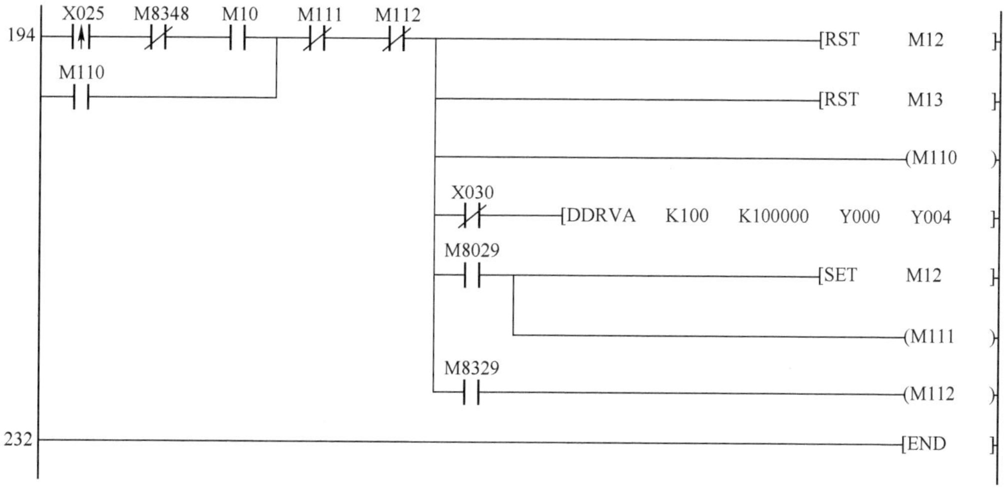

```
        X025   M8348   M10   M111   M112
194 ────┤/├────┤/├────┤ ├────┤/├────┤/├──────────────────────[RST    M12 ]
        M110
     ────┤ ├──────────────────────────────────────────────[RST    M13 ]

     ──────────────────────────────────────────────────────────(M110 )

                        X030
                     ───┤/├──────────[DDRVA   K100   K100000   Y000   Y004]
                        M8029
                     ───┤ ├───┬──────────────────────────────[SET    M12 ]
                              │
                              └───────────────────────────────────(M111 )
                        M8329
                     ───┤ ├───────────────────────────────────────(M112 )

232 ──────────────────────────────────────────────────────────────[END ]
```

图 5-46　反转定位操作梯形图

转定位运行指令，即 K100、K100000、Y000、Y004 分别为绝对位置指定、输出脉冲频率、脉冲输出端编号、旋转方向信号。

　　d. 反转定位操作标志位：M8329 执行结束标志位；M8029 异常结束。

5.5　定位控制模块及应用

5.5.1　系统构成

　　定位控制系统如图 5-47 所示。单独的定位控制模块（如 FX3U-1PG）可以放在 FX3U PLC 的右侧，与伺服放大器或步进电机驱动器、伺服电机或步进电机及相关限位构成定位控制系统。FX3U-1PG 被当作 FX3U PLC 的特殊功能模块，从靠近 FX3U PLC 的特殊功能模块开始自动分配 No.0~No.7 的单元号，如图 5-48 所示。FX3U-1PG 输入/输出的占有点数为 8 点，要保证基本单元、扩展单元、扩展模块的输入/输出点数（占有点数）与特殊功能模块占有点数的总和不超过 FX3U PLC 的最大输入/输出点数。

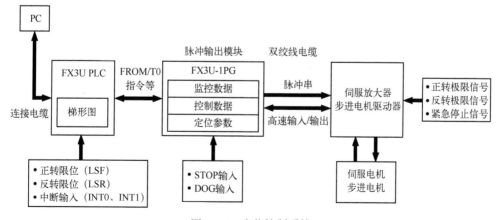

图 5-47　定位控制系统

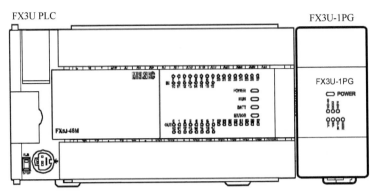

图 5-48　FX3U-1PG 的放置位置

5.5.2　FX3U-1PG 的接线方式

FX3U-1PG 的输入有漏型和源型两种输入方式。其接线方式分别如图 5-49 和图 5-50 所示。

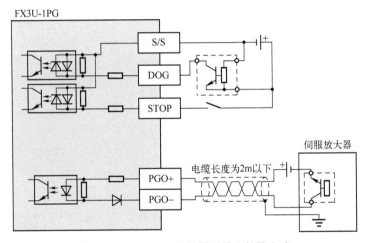

图 5-49　FX3U-1PG 的漏型输入接线方式

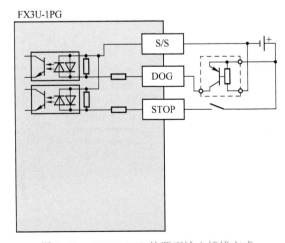

图 5-50　FX3U-1PG 的源型输入接线方式

FX3U-1PG 的输出接线方式如图 5-51 所示。

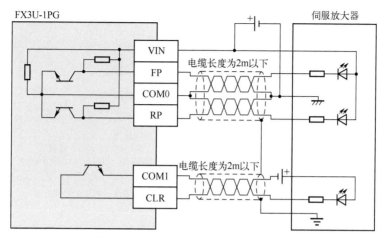

图 5-51 FX3U-1PG 的输出接线方式

5.5.3 FX3U-1PG 的缓冲存储器

FX3U-1PG 的定位参数、控制数据和监控数据通过缓冲存储器（BFM）由 FX3U PLC 主机读出和写入。当 FX3U-1PG 的电源关闭时，清除缓冲存储器的数据；当 FX3U-1PG 的电源接通时，为缓冲存储器写入初始值。

缓冲存储器分为以下几种：定位参数（BFM#0～#15、#32～#52），设定定位控制的单位、速度等；控制数据（BFM#16～#25、#53～#57），设定定位控制的数据；监控数据（BFM#26～#30、#58～#62），存储定位控制的运行状态等。

表 5-29 为 FX3U-1PG 的缓冲存储器。

表 5-29 FX3U-1PG 的缓冲存储器

	BFM 编号		项 目	内容、设定范围	初始值	R/W
	高位 16 位	低位 16 位				
定位参数	—	#0	脉冲速率	电机每转的脉冲数 1～32767PLS/REV	K2000	R/W
	#2	#1	进给速率	电机每转的移动量 1～2147483647（用户单位）	K1000	R/W
	—	#3	运行参数	单位系统等基本条件的设定	H0000	R/W
	#5	#4	最高速度	1～2147483647（用户单位） 脉冲换算值为 1～200000Hz	K100000	R/W
	—	#6	基准速度	0～32767（用户单位） 脉冲换算值为 0～200000Hz	K0	R/W
	#8	#7	JOG 速度	1～2147483647（用户单位） 脉冲换算值为 1～200000Hz	K10000	R/W
	#10	#9	原点回归速度 （高速）	1～2147483647（用户单位） 脉冲换算值为 1～200000Hz	K50000	R/W

续表

	BFM 编号		项 目	内容、设定范围	初始值	R/W
	高位 16 位	低位 16 位				
定位参数	—	#11	原点回归速度（爬行）	1~32767（用户单位） 脉冲换算值为 1~200000Hz	K1000	R/W
	—	#12	原点回归零点信号数	原点回归零点信号数的设定 0~32767	K10	R/W
	#14	#13	原点地址	原点回归结束时的地址 −2147483648~2147483647（用户单位） 脉冲换算值为−2147483648~2147483647PLS	K0	R/W
	—	#15	加/减速时间	基准速度与最高速度之间相互转换的时间 梯形加/减速：1~32767ms 近似 S 形加/减速：1~5000ms	K100	R/W
控制数据	—	#16	启动延迟时间	启动延迟时间的设定 0~1000ms	K0	R/W
	#18	#17	目标地址 I	−2147483648~2147483647（用户单位） 脉冲换算值为−2147483648~2147483647PLS	K0	R/W
	#20	#19	运行速度 I	1~2147483647（用户单位） 脉冲换算值为 1~200000Hz	K10	R/W
	#22	#21	目标地址 II	−2147483648~2147483647（用户单位） 脉冲换算值为−2147483648~2147483647PLS	K0	R/W
	#24	#23	运行速度 II	1~2147483647（用户单位） 脉冲换算值为 1~200000Hz	K10	R/W
	—	#25	运行指令	定位运行指令等的运行信息	H0000	R/W
监控数据	#27	#26	当前地址	−2147483648~2147483647（用户单位）	K0	R/W
	—	#28	状态信息	READY 等的状态信息	—	R
	—	#29	错误代码	发生错误时，储存错误代码	K0	R
	—	#30	机种代码	储存 1PG 的机种代码	K5130	R
—		#31	不可使用	—	—	—
定位参数	—	#32	定位参数选择	选择所使用定位参数的种类	H0000	R/W
	#34	#33	脉冲速率	电机每转的脉冲数 1~2147483647PLS/REV	K2000	R/W
	#36	#35	进给速率	电机每转的移动量 1~2147483647（用户单位）	K1000	R/W
	—	#37	运行参数	单位系统等基本条件的设定	H0000	R/W
	#39	#38	最高速度	1~2147483647（用户单位） 脉冲换算值为 1~200000Hz	K100000	R/W
	#41	#40	基准速度	0~2147483647（用户单位） 脉冲换算值为 0~200000Hz	K0	R/W
	#43	#42	JOG 速度	1~2147483647（用户单位） 脉冲换算值为 1~200000Hz	K10000	R/W

续表

BFM 编号		项　目	内容、设定范围	初始值	R/W
高位 16 位	低位 16 位				
#45	#44	原点回归速度（高速）	1~2147483647（用户单位） 脉冲换算值为 1~200000Hz	K50000	R/W
#47	#46	原点回归速度（爬行）	1~2147483647（用户单位） 脉冲换算值为 1~200000Hz	K1000	R/W
—	#48	原点回归零点信号数	原点回归零点信号数的设定 0~32767	K10	R/W
#50	#49	原点地址	原点回归结束时的地址 −2147483648~2147483647（用户单位） 脉冲换算值为−2147483648~2147483647PLS	K0	R/W
—	#51	加速时间	从基准速度变为最高速度的时间 梯形加/减速：1~32767ms 近似 S 形加/减速：1~5000ms 近似 S 形加/减速时加/减速时间相同	K100	R/W
—	#52	减速时间	从最高速度变为基准速度的时间 梯形加/减速：1~32767ms 近似 S 形加/减速：与加速时间相同	K100	R/W
#54	#53	目标地址变更值	−2147483648~2147483647（用户单位） 脉冲换算值为−2147483648~2147483647PLS	K0	R/W
#56	#55	运行速度变更值	1~2147483647（用户单位） 脉冲换算值为 1~200000Hz	K0	R/W
—	#57	运行指令 II	经由可编程控制器（BFM）的中断输入	H0000	R/W
#59	#58	当前地址（脉冲换算值）	−2147483648~2147483647PLS	K0	R/W
#61	#60	运行速度当前值	0~2147483647（用户单位）	K0	R
—	#62	版本信息	储存 1PG 的版本信息	—	R

定位参数（#44~#52）、控制数据（#53~#57）、监控数据（#58~#62）

　　对 BFM 进行写入和读出时，16 位数据使用 16 位指令（FROM/TO 指令等），32 位数据使用 32 位指令（DFROM/DTO 指令等）。若 32 位数据使用 16 位指令（FROM/TO 指令等），则将无法正常写入和读出，不能正常定位运行。

　　缓冲存储器直接指定是将已设定的软元件指定为直接应用指令的源或目标操作数，如图 5-52 所示。

图 5-52　缓冲存储器直接指定

　　将单元 No.1、缓冲存储器（BFM#30）的内容（机种代码）读出到数据寄存器（D10）中的梯形图如图 5-53 所示。

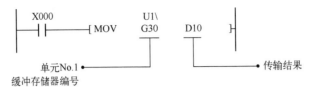

图 5-53　读出梯形图

向单元 No. 1、缓冲存储器（BFM#0）写入数据（K4000），即脉冲速率为 K4000 的梯形图如图 5-54 所示。

图 5-54　写入梯形图

5.5.4　【实例 5-5】使用 FX3U-1PG 实现往复动作

实例说明

采用 FX3U-1PG 模块外接 MR-J4 伺服放大器，实现如下功能：
① 通过单速定位运行实现往复动作；
② 执行 DOG 式机械原点回归运行、JOG 运行。

解析过程

（1）电气接线。
使用 FX3U-1PG 实现往复动作的电气接线如图 5-55 所示。
（2）输入/输出分配。
FX3U PLC 部分的输入/输出分配表见表 5-30。FX3U-1PG 部分的输入/输出分配表见表 5-31。

表 5-30　FX3U PLC 部分的输入/输出分配表

输　入	含　义	输　出	含　义
X000	错误复位	Y000	待机中显示
X001	STOP		
X002	正转限位		
X003	反转限位		
X004	正转 JOG 运行		
X005	反转 JOG 运行		
X006	DOG 式机械原点回归运行开始		
X007	单速定位运行开始		

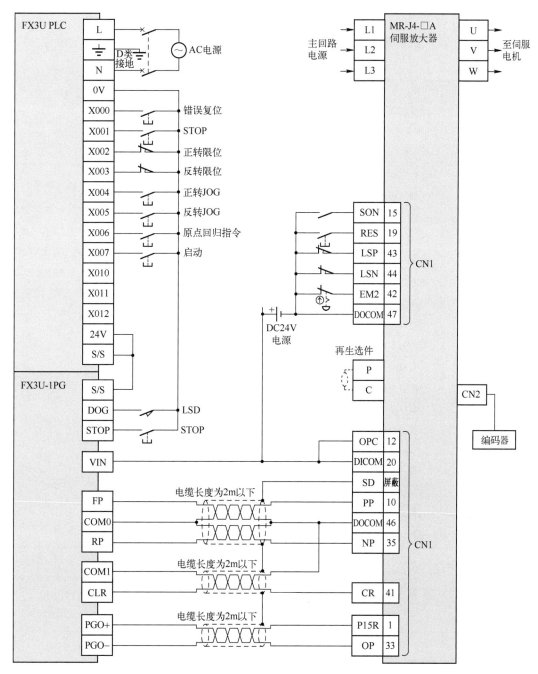

图 5-55　使用 FX3U-1PG 实现往复动作的电气接线

表 5-31　FX3U-1PG 部分的输入/输出分配表

输　入	含　义	输　出	含　义
DOG	DOG 式机械原点回归的 DOG 输入	FP	正转脉冲输出
STOP	减速停止输入	RP	反转脉冲输出
PGO	从伺服放大器输入零点信号	CLR	输出 CLR 信号

（3）软元件分配。

软元件分配表见表 5-32。

表 5-32　软元件分配表

软元件编号	名　称	备　注
M0	错误复位	
M1	STOP	
M2	正转限位	
M3	反转限位	
M4	正转 JOG 运行	
M5	反转 JOG 运行	
M6	DOG 式机械原点回归运行	
M7	相对/绝对地址	相对地址指定
M8	单速定位运行开始	
M9	中断单速定位运行开始	在始终 OFF 状态下使用
M10	双速定位运行开始	在始终 OFF 状态下使用
M11	外部指令定位运行开始	在始终 OFF 状态下使用
M12	可变速运行	在始终 OFF 状态下使用
M13	中断停止运行开始	在始终 OFF 状态下使用
M14	中断双速定位运行开始	在始终 OFF 状态下使用
M15	数据集式机械原点回归运行开始	在始终 OFF 状态下使用
M20	READY	
M28	定位结束标志位	
D11，D10	当前地址	
D21，D20	当前地址（脉冲换算值）	
D31，D30	运行速度当前值	

（4）缓冲存储器分配。

缓冲存储器分配表见表 5-33。

表 5-33　缓冲存储器分配表

BFM 编号	名　称		设定值	备　注
#0	脉冲速率		K8192	PLS/REV
#2，#1	进给速率		K1000	μm/REV
#3 b1，b0	运行参数	单位系统	H2032	b1=1，b0=0：复合系统
#3 b3，b2		中断输入设定		b3=0，b2=0：未使用
#3 b5，b4		位置数据倍率		b5=1，b4=1：$1:10^3$
#3 b6		加/减速模式		b6=0：梯形加/减速
#3 b7		可变速运行加/减速设定		b7=0：未使用
#3 b8		脉冲输出形式		b8=0：正转脉冲/反转脉冲

续表

BFM 编号	名　　称		设定值	备　　注
#3 b9	运行参数	旋转方向	H2032	b9 = 0：当前地址增加
#3 b10		原点回归方向		b10 = 0：当前地址减少
#3 b11		极限减速模式		b11 = 0：立即停止
#3 b12		DOG 输入极性		b12 = 0：a 触点
#3 b13		计数开始时期		b13 = 1：DOG 后端
#3 b14		STOP 输入极性		b14 = 0：a 触点
#3 b15		STOP 输入模式		b15 = 0：剩余距离运行
#5，#4	最高速度		K200000	
#6	基准速度		K0	
#8，#7	JOG 速度		K10000	
#10，#9	原点回归速度（高速）		K10000	
#11	原点回归速度（爬行）		K1500	
#12	原点回归零点信号数		K3	
#14，#13	原点地址		K0	
#15	加/减速时间		K100	
#16	启动延迟时间		K0	
#18，#17	目标地址 I		K1000	
#20，#19	运行速度 I		K200000	
#25	运行指令		M15 ~ M0	
#28	状态信息		M35 ~ M20	
#32	定位参数选择		K0	使用定位参数

（5）动作说明。

① DOG 式机械原点回归。

DOG 式机械原点回归示意图如图 5-56 所示。图中，将 FX3U PLC 主机的 X006 "DOG 式机械原点回归运行开始"置为 ON 后，向当前值的减小方向开始 DOG 式机械回归动作；当 DOG 输入置为 ON 时，减速到原点回归速度（爬行）；当 DOG 输入变为 OFF 时，输入 3 个计数的零点信号后停止，向当前地址写入原点地址"0"，输出 CLR 信号。

② JOG 运行。

JOG 运行示意图如图 5-57 所示。图中，将可编程控制器主机的 X004 "正转 JOG 运行"置为 ON 后，向当前值的增大方向进行 JOG 动作。

③ 单速定位运行。

单速定位运行示意图如图 5-58 所示。图中，将 X007 "单速定位运行开始"置为 ON 后，向正转方向移动 1000mm，停止 2s，此时，输出 Y000 作为待机显示，然后，向反转方向移动 1000mm，结束运行。

（6）程序的编写。

使用 FX3U-1PG 实现往复动作的梯形图如图 5-59 所示，具体解释如下：

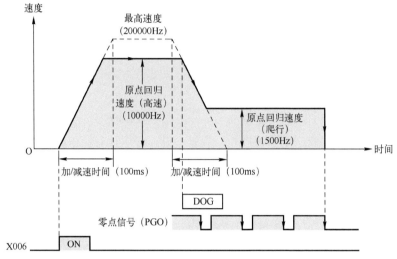

图 5-56　DOG 式机械原点回归示意图

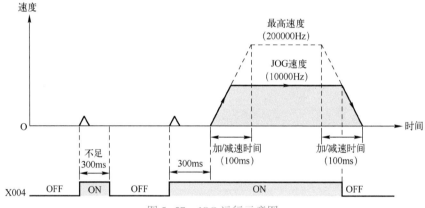

图 5-57　JOG 运行示意图

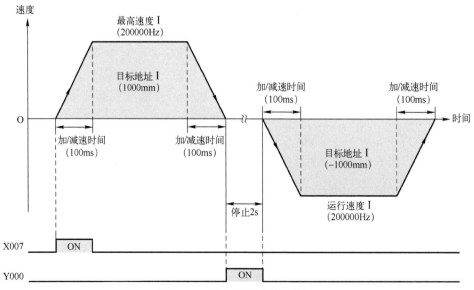

图 5-58　单速定位运行示意图

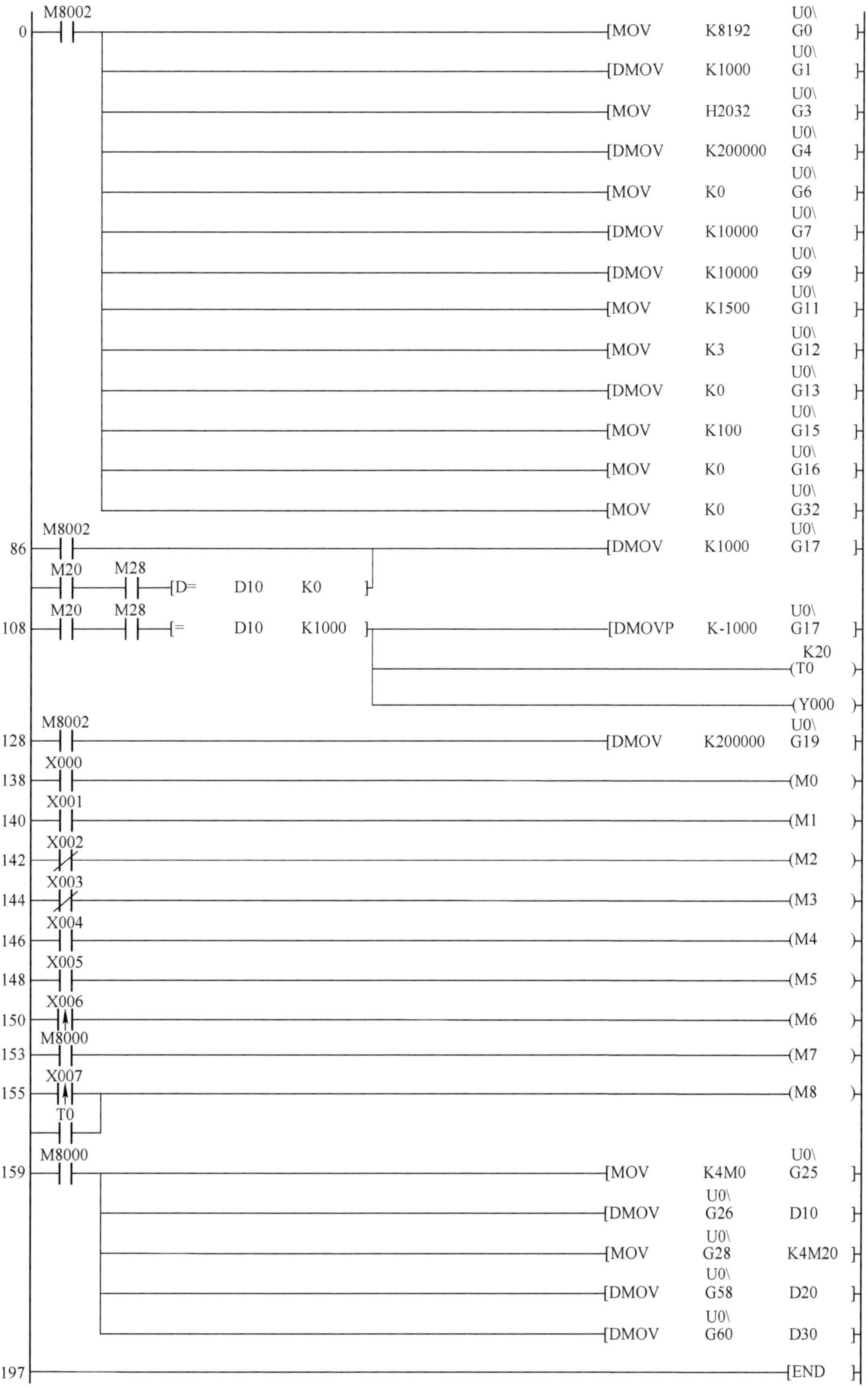

图 5-59　使用 FX3U-1PG 实现往复动作的梯形图

① 依次对 BFM 进行脉冲速率的写入 (U0\G0)、进给速率的写入 (U0\G1)、运行参数的写入 (U0\G3)、最高速度的写入 (U0\G4)、基准速度的写入 (U0\G6)、JOG 速度的写入 (U0\G7)、原点回归速度 (高速) 的写入 (U0\G9)、原点回归速度 (爬行) 的写入 (U0\G11)、原点回归零点信号数的写入 (U0\G12)、原点地址的写入 (U0\G13)、加/减速时间的写入 (U0\G15)、启动延迟时间的写入 (U0\G16)、定位参数选择 (U0\G32)。

② 执行当前地址为 0 时正转目标地址 I 的写入、当前地址为 1000 时反转目标地址 I 的写入。

③ 通过按钮输入依次完成错误复位、STOP、正转限位 (b 触点与极限 LS 接线时)、反转限位 (b 触点与极限 LS 接线时)、正转 JOG 运行、反转 JOG 运行、DOG 式机械原点回归运行开始、相对地址指定、单速定位运行开始。

④ 将以上按钮完成的 M 变量进行运行指令的写入，读出状态信息到 K4M20、当前地址 (脉冲换算值)、运行速度当前值。

【思考与练习】

1. 试说明指令 [PLSV D0 Y0 4] 的执行含义，并画出运行时序图。

2. FX3U PLC 脉冲输出端为 Y0、Y2 时，说出正转限位标志位和反转限位标志位。

3. 写出将 FX3U PLC 脉冲输出端 Y000 的清零信号指定为 Y010 的程序。

4. 如图 5-60 所示，当有正转限位、反转限位时，可以执行使用带 DOG 搜索功能的原点回归。此时，因原点回归的开始位置不同，所以原定回归动作也各不同。请阐述在以下四种位置时的工作示意：①开始位置在通过 DOG 前的时候；②开始位置在通过 DOG 内的时候；③开始位置在近点信号 OFF (通过 DOG 后) 的时候；④原点回归方向的限位开关 (正转限位 1 或反转限位 1) 为 ON 的时候。

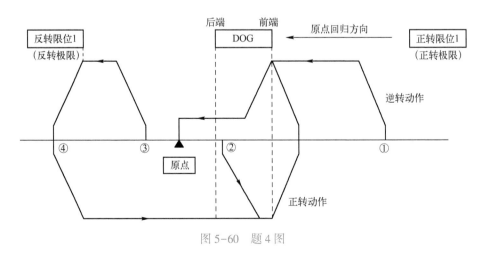

图 5-60 题 4 图

5. 图 5-61 为某独立步进双轴 (X 轴和 Y 轴) 定位控制系统的工作循环示意图，控制要求如下：

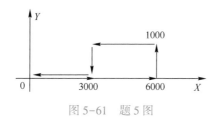

图 5-61　题 5 图

① 能单独进行双轴的原点回归及电动 JOG 正/反转操作，按照先 X 轴后 Y 轴的顺序原点回归，原点回归指示灯亮。

② 原点回归后，按下"启动"按钮，实现工作循环，具体为：X 轴运行到绝对位置 3000 处停止；暂停 1s 后，X 轴继续运行到绝对位置 6000 处停止；暂停 1s 后，Y 轴运行到绝对位置 1000 处停止；暂停 1s 后，X 轴返回到绝对位置 3000 处停止；暂停 1s 后，Y 轴返回到原点处停止；暂停 100ms 后，X 轴返回到原点处停止。

③ 要求设置"手动/自动"选择：手动为每一次工作循环后，均处在原点待命，当按下"启动"按钮后才进行一次工作循环；自动为反复循环，直到按下"停止"按钮。

④ 上述循环均可以通过按下"暂停"按钮停止，按"启动"按钮后继续当前动作。

画出 FX3U PLC 与外部电气元件的接线图、I/O 地址分配，编写程序。

第 6 章

三菱 Q 系列 PLC

📑 导读

　　Q 系列 PLC 是三菱公司从原 A 系列 PLC 基础上发展的中大型 PLC 系列产品，采用模块化的结构形式，组成和规模灵活可变，最大输入/输出点数达到 8192。高速类型 QCPU，如 Q03UDVCPU、Q04UDVCPU、Q06UDVCPU、Q13UDVCPU、Q26UDVCPU 等的 LD 指令处理速度已经达到 1.9ns，通过扩展 CPU 模块的存储器可以进行大容量的文件管理，并可将所有数据软元件的注释设置和以前的程序作为修正履历不变原样地保存在存储器内。目前，Q 系列 PLC 的性能水平居世界领先地位，适合各种中等复杂机械、自动生产线的控制场合。从结构上来看，Q 系列 PLC 的基本组成包括电源模块、CPU 模块、基板、I/O 模块等，通过扩展基板和 I/O 模块可以增加 I/O 点数，通过扩展存储器卡可以增加存储器的容量，实现多 CPU 模块在同一基板上的安装，从而进一步扩大应用范围。特殊设计的过程控制 CPU 模块最大可以控制 32 轴的高速运动控制 CPU 模块、高分辨率的模拟量输入/输出模块，适合各类过程控制和运动控制的综合需要。

▌ 6.1　概述

　　Q 系列 PLC 是三菱公司的主流中大型产品。图 6-1 为 Q 系列 PLC 的组成结构，包括主基板、电源模块、CPU 模块、输入/输出、特殊功能模块（插槽 0~11）及扩展基板等。

6.1.1　CPU 模块

　　Q 系列 PLC 根据 CPU 模块支持 I/O 点数的多少可以分为基本型、高性能型和通用型。

（1）基本型 Q CPU

基本型 Q CPU 常见的有 256 点的 Q00J CPU 和 1024 点的 Q00CPU、Q01CPU 等。

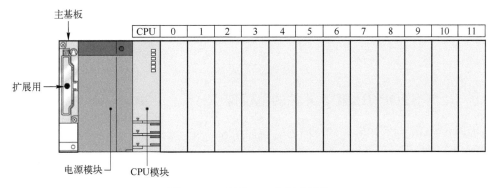

图 6-1　Q 系列 PLC 的组成结构

（2）高性能型 Q CPU

高性能型 Q CPU 主要用于过程控制和冗余控制，常见的有 4096 点的 Q12 PRHCPU 等。

（3）通用型 Q CPU

通用型 Q CPU 常见的有 1024 点的 Q00U CPU、Q01U CPU 和 2048 点的 Q02UCPU 等。

6.1.2　CPU 模块指示灯的含义

图 6-2 为 Q00U CPU 的 LED 指示灯。

图中指示灯的含义如下：

① MODE：指示 CPU 模块的模式，点亮为 Q 模式；闪烁为执行带执行条件的软元件测试或执行外部输入/输出的强制 ON/OFF 功能。

② RUN：指示 CPU 模块的运行状态，点亮为 RUN/STOP/RESET 开关设定到"RUN"，处于运行状态；熄灭为 RUN/STOP/RESET 开关设定到"STOP"，处于停止状态；"RUN"闪烁为 RUN/STOP/RESET 开关设定到"STOP"时进行参数/程序的写入。

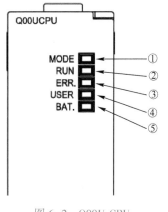

图 6-2　Q00U CPU 的 LED 指示灯

为了在写入程序后使"RUN"点亮，需要执行如下操作：将 RUN/STOP/RESET 开关从"RUN"→"STOP"→"RUN"；用 RUN/STOP/RESET 开关执行复位操作；重新启动可编程控制器的电源。

为了在写入参数后使"RUN"点亮，需要执行如下操作：用 RUN/STOP/RESET 开关执行复位操作；重新启动可编程控制器的电源。需要注意的是，在改变参数后，将 RUN/STOP/RESET 开关从"RUN"→"STOP"→"RUN"的情况下，网络参数和智能功能模块参数并不能被保存。

③ ERR.：指示 PLC 出错，点亮为自诊断出错，当检测到电池出错时，CPU 继续运行；闪烁为检测到 CPU 停止运行且出错或当通过 RUN/STOP/RESET 开关执行 CPU 复位时生效。

④ USER：指示报警器情况，点亮为报警器接通；熄灭为正常。

⑤ BAT.：指示电池情况，黄灯闪烁表示 CPU 模块的电池电压过低；绿灯表示通过标准 ROM 锁存数据还原结束，亮灯 5s；绿灯闪烁表示通过标准 ROM 锁存数据备份结束；熄灯为正常。

6.1.3　RUN/STOP/RESET 开关的复位操作

RUN/STOP/RESET 开关的复位操作流程如图 6-3 所示。

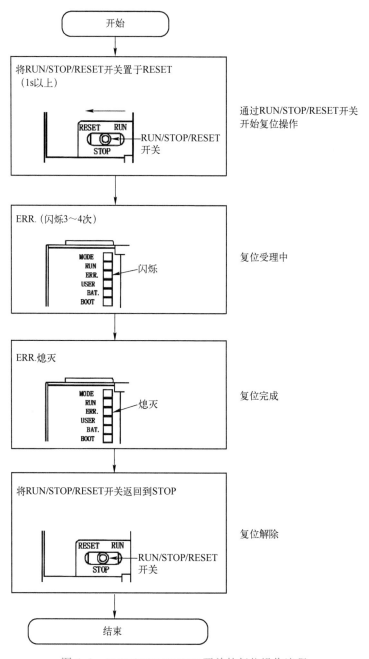

图 6-3　RUN/STOP/RESET 开关的复位操作流程

6.1.4　输入/输出编号分配

Q 系列 PLC 的输入/输出编号用十六进制数表示。在使用 16 点的输入/输出模块时，1 个插槽的输入/输出通常为"□□ 0~□□ F"的 16 点连续编号，并在输入编号的起始处附加"X"，在输出编号的起始处附加"Y"，如图 6-4 所示。

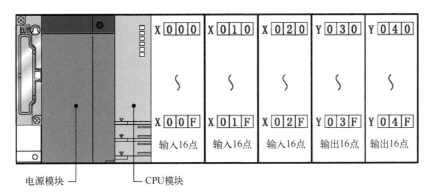

图 6-4　输入/输出编号分配实例

6.1.5　Q 系列 PLC 中相关数据类型

1. 位数据

位数据是以 1 位为单位进行处理的数据，如触点或线圈等。位软元件和位指定字软元件可以用作位数据。当使用位软元件时，位软元件以 1 点为单位进行指定，如 M0、X0、Y0 等。字软元件的位指定是通过指定字软元件. 位号来完成的。其中，位号指定用十六进制数。例如，D0 的位 5(b5)指定为 D0.5，D0 的位 10(b10)指定为 D0. A。定时器（T）、累计定时器（ST）、计数器（C）、变址寄存器（Z）不能进行位指定，如不能指定为 Z0.0。

图 6-5 为使用位数据的程序指令。

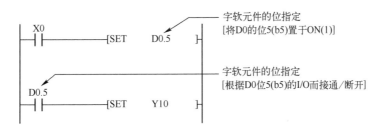

图 6-5　使用位数据的程序指令

2. 字（16 位）数据

字数据是 16 位数值数据，一般在基本指令和应用指令中使用，以下两种形式为常见的字数据：

① 十进制常数……K-32768~K32767；② 十六进制常数……H0000~HFFFF。

字软元件和进行了位数指定的位软元件可以作为字数据使用。其位数指定是通过指定 位数 位软元件的起始号 来完成的，以 4 点（4 位）为单位，可在 K1～K4 的范围内指定。连接直接软元件的指定是通过 J 网络号 \ 位数 位软元件的起始号 来完成的，如将网络号 2 指定为 X100～X10F 时，则变为 J2\K4X100。

点数指定的字数据如图 6-6 所示。图中，将位数指定为 X0 时，其字数据具体如下：①K1X0……X0～X3 的 4 点被指定；②K2X0……X0～X7 的 8 点被指定；③K3X0……X0～XB 的 12 点被指定；④K4X0……X0～XF 的 16 点被指定。

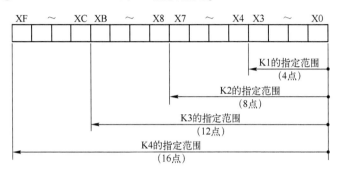

图 6-6　点数指定的字数据

当在目标（D）中已有位数指定时，则指定的点数将被作为目标使用，而进行了位数指定的点数后面的位软元件将不发生变化，如图 6-7 所示。

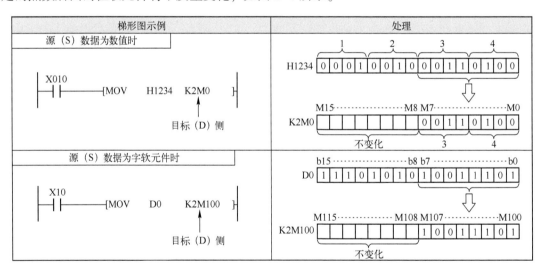

图 6-7　目标（D）中已有位数指定时的字移动指令

3. 双字数据（32 位）

CPU 模块可处理的双字数据有以下两种：

① 十进制常数……K2147483648～K2147483647；

② 十六进制常数……H00000000～HFFFFFFFF。

字软元件和进行了位数指定的位软元件可以当作双字数据使用。其中，位数指定以 4 点

（4 位）为单位，可在 K1~K8 范围内指定。

点数指令的双字数据如图 6-8 所示。

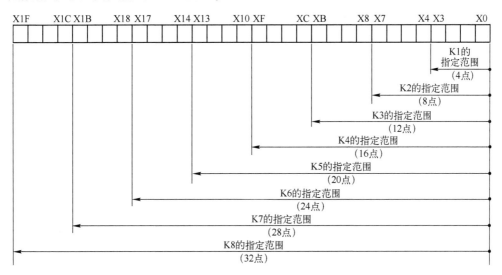

图 6-8　点数指定的双字数据

图中，将位数指定为 X0 时，其双字数据具体如下：① K1 是指 X0~X3 之间的 4 点双字；② K2 是指 X0~X7 之间的 8 点双字；③ K3 是指 X0~XB 之间的 12 点双字；④ K4 是指 X0~XF 之间的 16 点双字；⑤ K5 是指 X0~X13 之间的 20 点双字；⑥ K6 是指 X0~X17 之间的 24 点双字；⑦ K7 是指 X0~X1B 之间的 28 点双字；⑧ K8 是指 X0~X1F 之间的 32 点双字。

与字处理一样，当在目标（D）中已有位数指定时，指定的点数将被作为目标使用，进行了位数指定的点数后面的位软元件不发生变化。

双字指令如图 6-9 所示。图中，在 DMOV 等 32 位指令中，使用"指定软元件号"和"指定软元件号+1"组成双字，即指定的低 16 位字软元件 D0 与高 16 位字软元件 D1 组成双字。

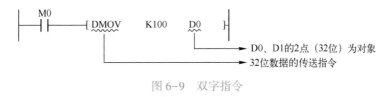

图 6-9　双字指令

4. 单精度/双精度实数数据

实数数据是用于基本指令和应用指令的浮点数据，只有字软元件能够存储实数数据。

（1）单精度实数数据（单精度浮点数据）

处理单精度浮点数据的指令需指定在低 16 位中使用的软元件。单精度浮点数据存储在"指定软元件号"和"指定软元件号+1"的 32 位中。图 6-10 为单精度实数数据的传送。浮点数据通过 E□指定，如用 E1.25 表示浮点数据 1.25。

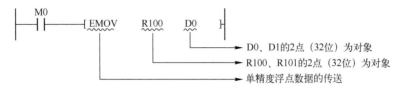

图 6-10 单精度实数数据的传送

单精度浮点数据使用两个字软元件并以下列方式表示，即

$$[符号] 1.[尾数部分] \times 2^{[指数部分]}$$

单精度浮点数据内部的位构成及含义为

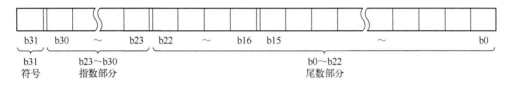

① 符号：通过 b31 表示符号，0：正；1：负。

② 指数部分：通过 b23~b30 表示 2^n 的 n。

根据 b23~b30 的 BIN 值，n 的值为

b23~b30	FFH	FEH	FDH		81H	80H	7FH	7EH		02H	01H	00H
n	未使用	127	126		2	1	0	−1		−125	−126	未使用

③ 尾数部分：通过 b0~b22 的 23 位表示，在二进制数中，1.XXXXXX… 表示为 XXXXXX…的值。

（2）双精度实数数据（双精度浮点数据）

处理双精度浮点数据的指令需指定在低 16 位中使用的软元件。双精度浮点数据存储在"指定软元件号"~"指定软元件号+3"的 64 位中。图 6-11 为双精度实数数据的传送。

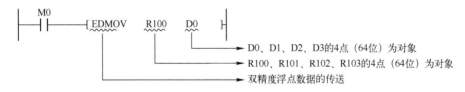

图 6-11 双精度实数数据的传送

双精度浮点数据使用 4 个字软元件并以下列方式表示，即

$$[符号] 1.[尾数部分] \times 2^{[指数部分]}$$

双精度浮点数据内部的位构成及含义为

① 符号：通过 b63 表示符号，0：正；1：负。

② 指数部分：通过 b52~b62 表示 2^n 的 n。

根据 b52~b62 的 BIN 值，n 的值为

b52~b62	7FFн	7FEн	7FDн		400н	3FFн	3FEн	3FDн	3FCн		02н	01н	00н
n	未使用	1023	1022		2	1	0	−1	−2		−1021	−1022	未使用

③ 尾数部分：通过 b0~b51 的 52 位表示，在二进制数中，1.XXXXXX… 表示为 XXXXXX… 的值。

5. 字符串数据

字符串数据包含从指定字符起至表示字符串末尾的 NULL 码（00н）为止的所有字符串数据。

（1）当指定字符为 NULL 码时

图 6-12 为使用 1 个字来存储 NULL 码。

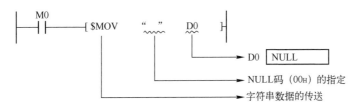

图 6-12 使用 1 个字来存储 NULL 码

（2）当字符数为偶数时

使用（字符数/2+1）个字存储字符串及 NULL 码，如图 6-13 所示。如果将 ABCD 传送至 D0~，则字符串 ABCD 将被存储在 D0 和 D1 中，NULL 码将被存储在 D2 中（NULL 码将被存储在最后的 1 个字中）。

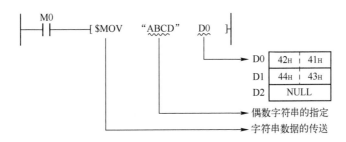

图 6-13 使用（字符数/2+1）个字存储字符串及 NULL 码

（3）当字符数为奇数时

使用（字符数/2）个字（小数部分进位）存储字符串及 NULL 码，如图 6-14 所示。如果将 ABCDE 传送到 D0~，则字符串 ABCDE 及 NULL 码将被存储在 D0~D2 中（NULL 码将被存储在最后 1 个字的高 8 位处）。

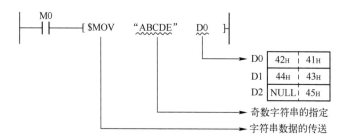

图 6-14　使用（字符数/2）个字（小数部分进位）存储字符串及 NULL 码

6.1.6　常见 Q 系列 PLC 的指令

Q 系列 PLC 的指令与 FX 系列 PLC 大致相同。以下为需要重点学习的 Q 系列 PLC 指令。

1. INV（取反）

如指令 表示输出为 X0 的取反。

2. D=、D<>、D>、D<=、D<、D>=（BIN32 位数据比较）

如指令 是将 X0~X1F 的数据与 D3、D4 的数据进行比较，一致时，将 Y33 接通。

3. E=、E<>、E>、E<=、E<、E>=（32 位浮点数据比较）

如指令 是将 D0、D1 的 32 位浮点实数数据与 D3、D4 的 32 位浮点实数数据进行比较。需要注意的是，在使用 E = 指令时，有时会发生由于误差而导致两个值不相等的现象。

4. ED=、ED<>、ED>、ED<=、ED<、ED>=（64 位浮点数据比较）

如指令 是将浮点实数 1.23 与 D4~D7 的 64 位浮点实数数据进行比较。

5. $=、$<>、$>、$<=、$<、$>=（字符串数据比较）

如指令 是将字符串 ABCDEF 与存储在 D10 后面的字符串进行比较。

6. +、+P、-、-P（ADD、SUB 算术运算指令）

如果是 32 位算术运算指令，则为 D+、D+P、D-、D-P 指令。

如指令 表示当 X5 接通时，将 D3 与 D0 进行加法运算，并将运算结果存储在 Y38~Y3F 中。

如指令 表示当 XOB 接通时，将 D0、D10 构成的双字数据与 M0~M23 构成的双字数据进行减法运算，并将运算结果存储到 D10、D11 中。

7. ∗、∗P、/、/P（MUL、DIV）

BIN16 位数据与指定的 BIN16 位数据进行乘法、除法运算。如果是 32 位的，则为 D∗、D∗P、D/、D/P 指令。

如指令

```
      X5
如指令 ┤├────────[ ∗P  K5678  K1234  D3 ]
```

，表示当 X5 接通时，将 BIN 的 5678 与 1234 的乘法运算结果存储在 D3、D4 中。

```
      X3
如指令 ┤├───┬────[ ∗P   K2X8   K314   D0 ]
          ├────[ D/P   D0    K100   D2 ]
          └────[ MOVP  D2    K4Y30 ]
```

，表示当 X3 接通时，将 X8~XF 的数据与 314 相除，并将结果输出到 Y30~Y3F 中。

8. B+、B+P、B-、B-P（BCD4 位数据加减运算）

如果是 8 位的 BCD 加减运算，则为 DB+、DB+P、DB-、DB-P 指令。

```
      SM400
如指令 ┤├───┬────[ MOVP  H5678  D993 ]
          ├────[ B+P   H1234  D993 ]
          └────[ MOVP  D993   K4Y30 ]
```

，表示将 5678 及 1234 的 BCD 数据进行加法运算，在将结果存储到 D993 中的同时再输出到 Y30~Y3F 中。

类似的还有 B∗、B∗P、B/、B/P 的乘除运算指令等。

9. E+、E+P、E-、E-P（32 位浮点实数加减运算）

```
     X20
指令 ┤├────────[ E+P  D10  D3 ]
```

表示当 X20 接通时，将 D3、D4 的 32 位浮点实数与 D10、D11 的 32 位浮点实数进行加法运算，并将加法运算结果存储在 D3、D4 中。其动作

为

D4	D3		D11	D10		D4	D3
5961.	437	+	12003.	200	⇒	17964.	637

。

类似的还有 ED+、ED+P、ED-、ED-P 表示 64 位浮点实数加减运算指令，E∗、E∗P、E/、E/P 表示 32 位浮点实数乘除法运算指令，ED∗、ED∗P、ED/、ED/P 表示 64 位浮点实数乘除法运算指令。

10. $+、$+P（字符串合并运算）

字符串合并运算指令是将指定的字符串数据连接到另外字符串数据的后面。

```
     X0
如指令 ┤├────────[ $+P  "ABCD"  D10 ]
```

，表示当 X0 接通时，将 D10~D12 中存储的字符串与字符串 ABCD 合并。

11. FLT、FLTP、DFLT、DFLTP（浮点数转换运算）

```
     SM400
如指令 ┤├────────[ FLTP  D20  D0 ]
```

，表示将 D20 的 BIN16 位数据转换为 32 位浮点实

数后，存储在 D0、D1 中，具体动作为

D20	整数转换	D1	D0
15923	⟹	15923	
BIN值		32位浮点实数	

。

12. INT、INTP、DINT、DINTP（16 位/32 位整数转换）

如指令
```
SM400
├┤──────[DINT  D20  D0 ]
```
，表示将 D20、D21 的 32 位浮点实数转换为 BIN32

D21	D20	整数转换	D1	D0
−574968.321		⟹	−574968	
32位浮点实数			BIN值	

位数据后，存储在 D0、D1 中，具体动作为

需要注意的是，当使用 INT 指令，浮点型数据超出 −32 768 ~ 32 767 范围时，或者使用 DINT 指令，浮点型数据超出 −2 147 483 648 ~ 2 147 483 647 范围时，都会出错而无法执行指令。

6.2　Q 系列 PLC 控制系统的建立

6.2.1　典型的 Q 系列 PLC 控制系统

典型的 Q 系列 PLC 控制系统如图 6-15 所示。与 FX PLC 不同，该系统需要选择独立的基板、电源、CPU 模块、输入/输出模块、通信模块等。

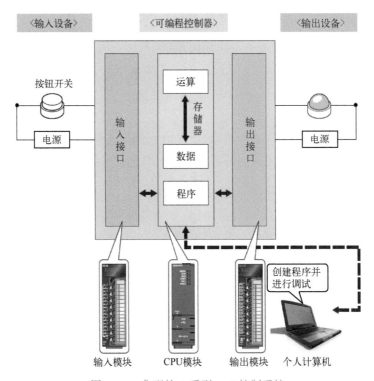

图 6-15　典型的 Q 系列 PLC 控制系统

图 6-16 为 Q 系列 PLC 在饮料瓶装箱中的应用，具体步骤如下：

① 将启动开关置 ON 时，"运行中"的指示灯亮，输送带动作；

② 输送带将箱子送到指定位置时，传感器发生感应；

③ 感应到箱子时，停止板升起，使箱子停止。

④ 当升降机上升时，吊臂向前移动，当升降机下降到合适位置时，将饮料瓶置入箱子。

⑤ 产品计数器的值将增加 1。

⑥ 以上步骤都完成时，CPU 模块做出判断，停止板下降，将箱子输送出去。

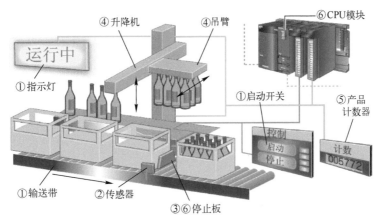

图 6-16 Q 系列 PLC 在饮料瓶装箱中的应用

6.2.2 【实例 6-1】Q12HCPU 控制系统的配置

实例说明

Q12HCPU 控制系统共有三个模块，如图 6-17 所示，包括串口 232 通信模块 QJ71C24N、数字量输入模块 QX40、数字量输出模块 QY10，要求实现功能如下：

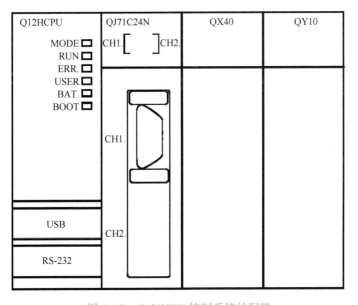

图 6-17 Q12HCPU 控制系统的配置

① 正确配置相关模块；

② QX40 外接输入按钮 SB1、SB2、SB3，QY10 外接 H1、H2、H3 三个指示灯。

③ 当按下 SB1 时，H1 灯亮；延时 3s 后，H1 灯灭，H2 灯亮；延时 3s 后，H2 灯灭，H3 灯亮；延时 3s 后，H3 灯灭，H1 灯亮；一直循环，当按下 SB2 后，所有的指示灯都灭。

④ 当按下 SB3 时，指示灯亮、灭循环同③，当循环 5 次时，自动停止，等待再次 SB3 动作。

 解析过程

（1）电气接线。

QX40、QY10 的电气接线分别如图 6-18、图 6-19 所示。图中，端子编号参考元件定义表。

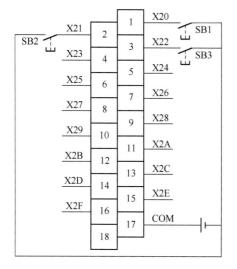

图 6-18　QX40 的电气接线

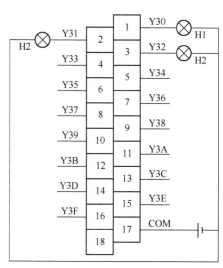

图 6-19　QY10 的电气接线

（2）Q 系列 PLC 的配置。

在如图 6-20 所示 GX Works2 的"新建工程"界面中选择 QCPU（Q 模式），并选择 Q12H 的 PLC 类型。

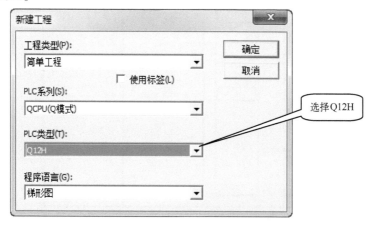

图 6-20　"新建工程"界面

按如图 6-21 所示单击 "参数" → "PLC 参数" → "I/O 分配设置"，依次添加插槽 1、2、3 的模块。其中，0 号插槽为 CPU 的类型，不用选择。

图 6-21　"I/O 分配设置" 界面

在 1 号插槽中，单击 模块添加 按钮，按如图 6-22 所示添加 "QJ71C24N" 模块。这里需要指出的是，安装插槽号(S) 0 的起始地址可以自定义，也可以勾选 ☑ 指定起始XY地址(X) 0000 (H) 占用1插槽[32点]。

图 6-22　添加 "QJ71C24N" 模块

依次在 2 号插槽中添加 QX40 数字量输入模块，起始地址默认为 X/Y0020；在 3 号插槽中添加 QY10 数字量输出模块，起始地址默认为 X/Y0030，如图 6-23 所示。

单击 设置结束 按钮，即完成参数设置。

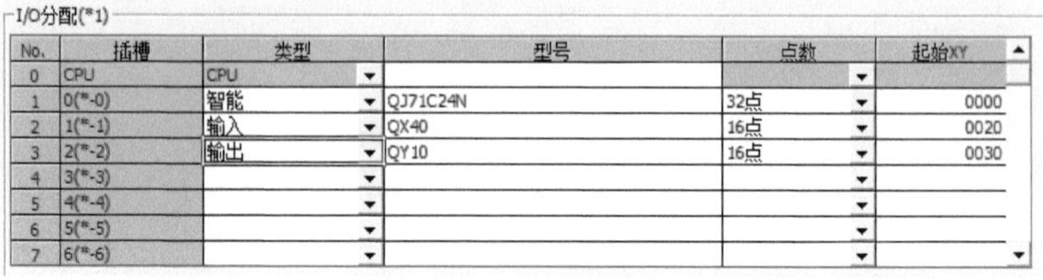

图 6-23　添加后的最终结果

（3）输入/输出分配表见表 6-1。

表 6-1　输入/输出分配表

输　入	功　能	输　出	功　能
X20	SB1	Y30	H1
X21	SB2	Y31	H2
X22	SB3	Y32	H3

（4）程序的编写

图 6-24 为 Q12HCPU 控制系统的配置梯形图，具体解释如下：

① 上电初始化 SM402 为 ON，复位 Y30、Y31 和 Y31 及循环计数器 C0，同时在以下两种情况下也要复位：一种是计数动作时中间变量为 M0，当 C0 = 5 时复位；另一种是在 SB1 按钮启动（非计数动作）、M0 = OFF、SB2 按钮动作时复位。

② 非计数动作（M0 = OFF），按钮 SB1 动作（X20 瞬时 ON），置位指示灯 H1（Y30），进入定时 3s 的状态，依次到 Y31、Y32，反复循环，直至按钮 SB2 动作时（X21 瞬时 ON）停止。

③ 当所有的指示灯都不亮时，计数动作（X22 瞬时 ON），置位 Y30，进入定时 3s 的状态，依次到 Y31、Y32，反复循环，待循环计数 C0 = 5 时（采用 Y32 的下降沿）进行自动复位。

图 6-24　Q12HCPU 控制系统的配置梯形图

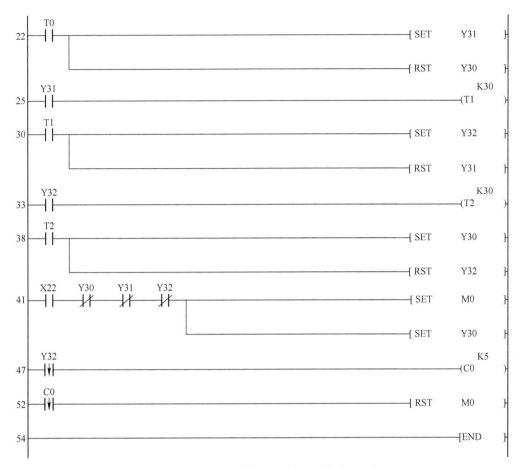

图 6-24　Q12HCPU 控制系统的配置梯形图（续）

6.3　Q 系列 PLC 模拟量模块

6.3.1　A/D 转换模块 Q64ADH

1. 概述

图 6-25 为 A/D 转换模块 Q64ADH 的外观。表 6-2 为 A/D 转换模块 Q64ADH 的技术指标。

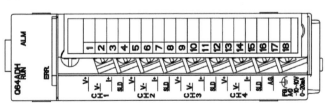

图 6-25　A/D 转换模块 Q64ADH 的外观

表 6-2　A/D 转换模块 Q64ADH 的技术指标

模拟输入点数		4 点（4 通道）		
模拟输入	电压	DC −10～10V（输入电阻值为 1MΩ）		
	电流	DC 0～20mA（输入电阻值为 250Ω）		
数字输出	不使用标度功能时	−20 480～20 479		
	使用标度功能时	−32 768～32 767		
输入/输出特性、最大分辨率		模拟输入范围	数字输出值	最大分辨率
	电压	0～10V	0～20 000	500μV
		0～5V		250μV
		1～5V		200μV
		−10～10V	−20 000～20 000	500μV
		1～5V（扩展模式）	−5000～22 500	200μV
		用户范围设置	−20 000～20 000	219μV
	电流	0～20mA	0～20 000	1000nA
		4～20mA		800nA
		4～20mA（扩展模式）	−5000～22 500	800nA
		用户范围设置	−20 000～20 000	878nA

2. 模块添加及其属性设置

在如图 6-26 所示的"工程"界面中，单击"智能功能模块"→"添加新模块（M）"。在如图 6-27 所示的"添加新模块"界面中，将"模块选择"中的"模块类型（K）"设置为"模拟模块"，"模块型号（T）"设置为"Q64ADH"，"安装位置"中的"基板号（B）"用来指定安装对象模块的基板号，"安装插槽号（S）"用来设置安装对象模块的插槽号，"指定起始 XY 地址（X）"用来设置基于安装插槽号对象模块的起始输入/输出编号（十六进制数），可任意设置。

图 6-26　"工程"界面

图 6-28 为"开关设置 0000：Q64ADH"界面。

图 6-27　"添加新模块"界面

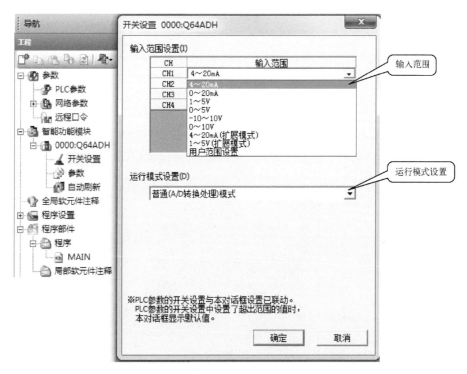

图 6-28　"开关设置 0000:Q64ADH"界面

6.3.2　【实例 6-2】Q64ADH 模块的配置与编程

 实例说明

在如图 6-29 所示的 Q00U CPU 系统中，需要用 Q64ADH 对三个 4~20mA 的模拟量输入信号进行配置，要求如下：

① 数字量输入 QX10 模块和数字量输出 QY10 模块的地址分别为 X10~

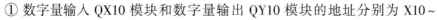

X1F、X20~X2F，可读取指令信号、输入信号异常检测复位信号、出错复位信号和出错代码（BCD4）。

② Q64ADH 的 CH1~CH3 被设置为允许 A/D 转换并读取输出值。

③ CH1 通过采样处理进行 A/D 转换，CH2 通过每 50 次的平均处理进行 A/D 转换，CH3 通过 10 次的移动平均进行 A/D 转换，若模块出错，则以 BCD 格式显示出错代码。

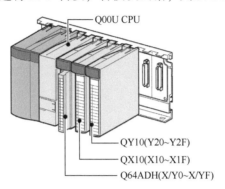

图 6-29　用 Q64ADH 模块的配置实例

解析过程

（1）在"工程"界面中，单击"智能功能模块"→"Q64ADH"→"开关设置"，弹出"开关设置 0000:Q64ADH"界面，如图 6-30 所示，可对输入范围和运行模式进行设置。

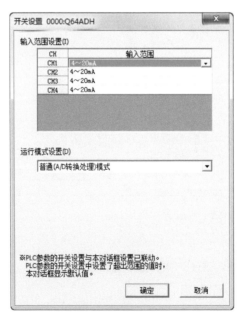

图 6-30　"开关设置 0000:Q64ADH"界面

（2）通道的设置。

根据要求在如图 6-31 所示中进行通道的设置，在设置中如果出现红色背景，则表明参数错误。

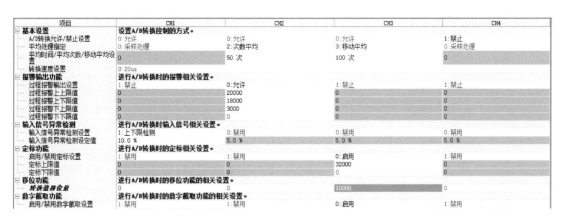

图 6-31　通道的设置

（3）软元件的定义见表 6-3。

表 6-3　软元件的定义

软 元 件	内　容	备　注
D1（D11）	CH1 数字输出值	
D2（D12）	CH2 数字输出值	
D8	输入信号异常检测标志	
D10	出错代码	
D18	报警输出标志（过程报警）	
D28（D13）	CH3 数字运算值	
M0	CH1 A/D 转换完成标志	
M1	CH2 A/D 转换完成标志	
M2	CH3 A/D 转换完成标志	
M20~M27	报警输出标志（过程报警）	
M50~M53	输入信号异常检测标志	
M100	模块 READY 确认标志	
X0	模块 READY	
X9	动作条件设置完成标志	
XC	输入信号异常检测信号	
XE	A/D 转换完成标志	Q64ADH（X/Y0~X/YF）
XF	出错发生标志	
Y9	动作条件设置请求	
YF	出错清除请求	
X10	数字输出值读取指令输入信号	
X13	输入信号异常检测复位信号	QX10（X10~X1F）
X14	出错复位信号	
Y20~Y2F	出错代码表示（BCD4 位）	QY10（Y20~Y2F）

（4）自动刷新的设置。

根据软元件的定义进行自动刷新设置，如图 6-32 所示，依次设置 D1、D2、D28、D18、D8、D10。

项目	CH1	CH2	CH3	CH4
□ 传送至CPU	将缓冲存储器的数据传送至指定软元件。			
── A/D转换完成标记				
── 数字输出值	D1	D2		
── 最大值				
── 最小值				
── 数字运算值		D28		
── 报警输出标记（过程报警）	D18			
── 输入信号异常检测标记	D8			
── 最新错误代码	D10			
── 错误履历最新地址				
── 差异转换基准值				
── 差异转换状态标记				
── 记录保持标记				
── 累积流量值				
── 流量累积暂停标记				
── 累积流量清除标记				

图 6-32　自动刷新的设置

图 6-33　对 CPU 模块
复位操作

（5）智能功能模块参数的写入。

将设置的参数写入 CPU 模块中，并对 CPU 模块进行复位或将 Q 系列 PLC 的电源置为 OFF→ON，如图 6-33 所示。

（6）程序的编写。

图 6-34 为 Q64ADH 模块的读取梯形图，具体解释如下：

① 数字输出值的读取。当读取信号 X10 动作时，读取 A/D 转换完成标志（M0～M2），并依次读取 CH1、CH2 的数字输出值和 CH3 数字运算值。

② 在报警发生状态及发生报警时的处理。报警输出标志从 D18 送至 M20～M27，当 M22 上升沿触发时，进行 CH2 过程报警（上限值报警发生时），置位 M103，并进入相关处理；当 M23 上升沿触发时，进行 CH2 过程报警（下限值报警发生时），置位 M101，并转入相关处理。

③ 输入信号异常检测状态及检测出异常时的处理。输入信号异常检测标志从 D8 送至 M50～M53，当 M50 上升沿触发时，CH1 输入信号异常，置位 M102，并转入相关处理。

④ 出错代码显示及复位处理。出错代码从 D10 送至 Y20～Y2F，并进行 BCD 显示，同时进行复位处理。

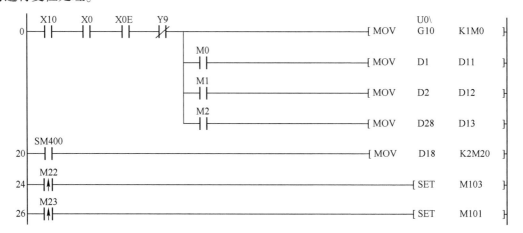

图 6-34　Q64ADH 模块的读取梯形图

图 6-34 Q64ADH 模块的读取梯形图（续）

6.3.3 D/A 转换模块 Q64DAH

1. 概述

图 6-35 为 D/A 转换模块 Q64DAH 的外观与接线端子。

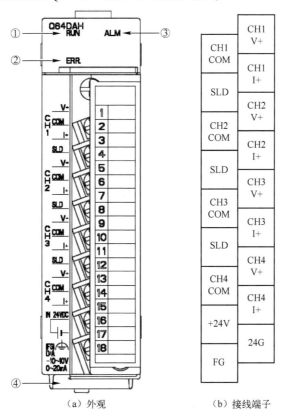

（a）外观　　　　　（b）接线端子

图 6-35　D/A 转换模块 Q64DAH 的外观与接线端子

图 6-35 中，① RUN 用来显示 D/A 转换模块的动作状态，具体为：点亮表示正常动作中；闪烁表示偏置/增益设置模式中；熄灭表示 5V 电源断开、发生看门狗定时器出错、可

在线更换模块。

② ERR. 用来显示 D/A 转换模块的出错及状态，具体为：点亮表示发生出错代码（112以外的出错）；闪烁表示出错代码 112 发生中；熄灭表示正常动作中。

③ ALM 用来显示 D/A 转换模块的报警状态，具体为：点亮表示报警输出发生中；熄灭表示正常动作中。

④ 序列号显示板，可显示额定铭牌的序列号。

图 6-36 为 D/A 转换模块 Q64DAH 的电压输出接线。

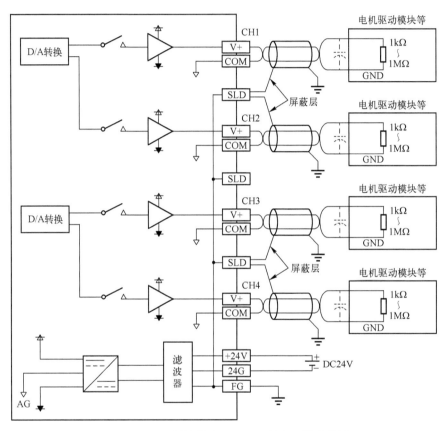

图 6-36   D/A 转换模块 Q64DAH 的电压输出接线

表 6-4 为 D/A 转换模块 Q64DAH 的技术指标。

表 6-4   D/A 转换模块 Q64DAH 的技术指标

模拟输出点数		4 点（4 通道）
数字输入	不使用标度功能时	−20 480~20 479
	使用标度功能时	−32 768~32 767
模拟输出	电压	DC −10~10V（外部负载电阻值为 1kΩ~1MΩ）
	电流	DC 0~20mA（外部负载电阻值为 0~600Ω）

续表

	模拟输出范围		数 字 值	最大分辨率
输入/输出特性、最大分辨率	电压	0~5V	0~20 000	250μV
		1~5V		200μV
		−10~10V	−20 000~20 000	500μV
		用户范围设置		333μV
	电流	0~20mA	0~20 000	1000nA
		4~20mA		800nA
		用户范围设置	−20 000~20 000	700nA

图 6-37 为 D/A 转换模块 Q64DAH 的电流输出接线。

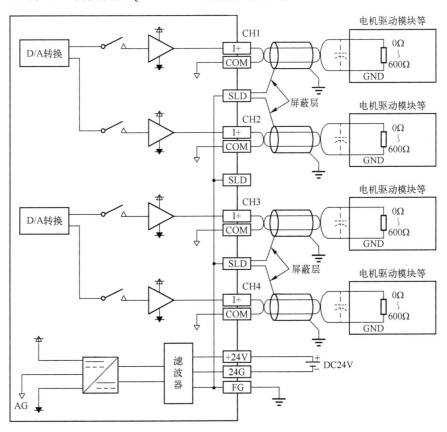

图 6-37　D/A 转换模块 Q64DAH 的电流输出接线

2. Q64DAH 模块的添加

（1）在"工程"界面中，单击"智能功能模块"→"添加新模块"，"添加新模块"界面如图 6-38 所示。图中，将"模块选择"中的"模块类型（K）"设置为"模拟模块"，"模块型号（T）"设置为如图 6-39 所示中的"Q64DAH"，"安装位置"中的"基板号（B）"用来指定安装对象模块的基板号，"安装插槽号（S）"用来设置安装对象模块的插槽号，"指定起始 XY 地址"用来设置基于安装插槽号对象模块的起始输入/输出编号（十六进制数），可任意设置。

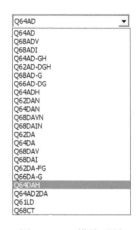

图 6-38　"添加新模块"界面　　　　　　图 6-39　"模块型号
　　　　　　　　　　　　　　　　　　　　　　　　（T)"下拉列表

（2）在"工程"界面中，单击"智能功能模块"→"模块型号"（本例中的 0000：Q64DAH)→"开关设置"，"开关设置 0000:Q64DAH"界面如图 6-40 所示。

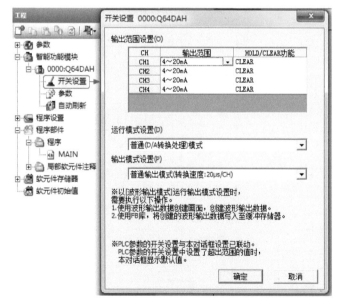

图 6-40　"开关设置 0000:Q64DAH"界面

① 输出范围设置：对各通道使用的输出范围进行设置，如 4～20mA（默认值）、0～20mA、1～5V、0～5V、-10～10V、用户范围设置等；HOLD/CLEAR 功能表示在各通道中设置 CPU 模块变为 STOP 状态时或发生出错时，是保持还是清除输出的模拟值，CLEAR 为默认值。

②"运行模式设置（D)"可设置两种运行模式：普通（D/A 转换处理）模式（默认值）和偏置/增益设置模式。

③"输出模式设置（P)"可设置三种输出模式：普通输出模式（转换速度：20μs/CH）

（默认值）、波形输出模式（转换速度：50μs/CH）、波形输出模式（转换速度：80μs/CH）。

（3）对各通道的参数设置如图 6-41 所示。在"工程"界面中，单击"智能功能模块"→"模块型号"（本例中的 0000：Q64DAH）→"参数"设置相关参数。表 6-5 为 CH1~CH4 通道的设置范围。

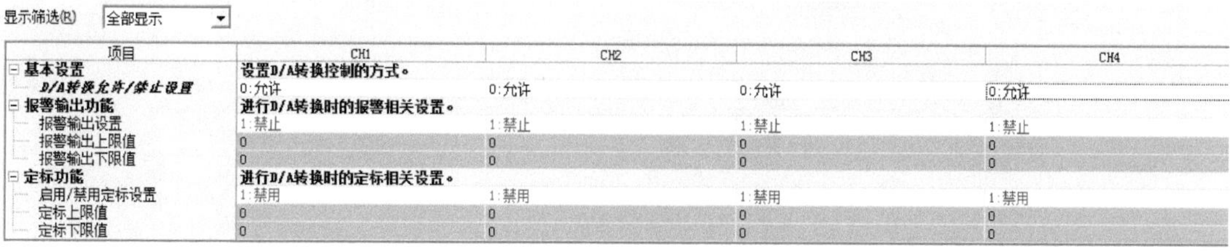

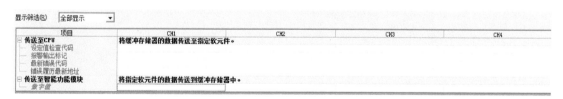

图 6-41　对各通道的参数设置

表 6-5　CH1~CH4 通道的设置范围

项　　目		设　置　值
基本设置	D/A 转换允许/禁止设置	0：允许 1：禁止（默认值）
报警输出功能	报警输出设置	0：允许 1：禁止（默认值）
	报警输出上限值	-32 768~32 767（默认值：0）
	报警输出下限值	-32 768~32 767（默认值：0）
标度功能	标度有效/无效设置	0：有效 1：无效（默认值）
	标度上限值	-32 000~32 000（默认值：0）
	标度下限值	-32 000~32 000（默认值：0）

（4）在"工程"界面中，单击"智能功能模块"→"模块型号"（本例中的 0000：Q64DAH）→"自动刷新"（见图 6-42），可使用的软元件为 X、Y、M、L、B、T、C、ST、D、W、R、ZR，在使用位软元件 X、Y、M、L、B 的情况下，应设置可被 16 点整除的编号，如 X10、Y120、M16 等。此外，缓冲存储器的数据将被存储到从设置的软元件 No. 开始的 16 点中。例如，如果设置了 X10，则数据将被存储到 X10~X1F 中。

图 6-42　自动刷新

3. Q64DAH 的缓冲存储器

表 6-6 为 Q64DAH 的常见缓冲存储器。

表 6-6   Q64DAH 的常见缓冲存储器

地址 (十进制)	地址 (十六进制)	名　称	默　认　值	读取/写入
0	0_H	D/A 转换允许/禁止设置	$000F_H$	R/W
1	1_H	CH1 数字值	0	R/W
2	2_H	CH2 数字值	0	R/W
3	3_H	CH3 数字值	0	R/W
4	4_H	CH4 数字值	0	R/W
9	9_H	输出模式	0000_H	R
10	A_H	系统区域	—	—
11	B_H	CH1 设置值检查代码	0000_H	R
12	C_H	CH2 设置值检查代码	0000_H	R
13	D_H	CH3 设置值检查代码	0000_H	R
14	E_H	CH4 设置值检查代码	0000_H	R
19	13_H	最新出错代码	0	R
20	14_H	设置范围	0000_H	R
21	15_H	系统区域	—	—
22	16_H	偏置·增益设置模式偏置指定	0000_H	R/W
23	17_H	偏置·增益设置模式增益指定	0000_H	R/W
24	18_H	偏置·增益调整值指定	0	R/W
25	19_H	系统区域	—	—
26	$1A_H$	HOLD/CLEAR 功能设置	0000_H	R
47	$2F_H$	报警输出设置	$000F_H$	R/W
48	30_H	报警输出标志	0000_H	R
53	35_H	标度有效/无效设置	$000F_H$	R/W
54	36_H	CH1 标度下限值	0	R/W
55	37_H	CH1 标度上限值	0	R/W
56	38_H	CH2 标度下限值	0	R/W
57	39_H	CH2 标度上限值	0	R/W
58	$3A_H$	CH3 标度下限值	0	R/W
59	$3B_H$	CH3 标度上限值	0	R/W
60	$3C_H$	CH4 标度下限值	0	R/W
61	$3D_H$	CH4 标度上限值	0	R/W
158	$9E_H$	模式切换设置	0	R/W
159	$9F_H$		0	R/W

6.3.4 【实例 6-3】Q64DAH 模拟量输出的编程

 实例说明

用三菱 Q00U PLC 来控制两个模拟量的输出 (见图 6-43), 模拟量输出模块采用

Q64DAH，具体要求如下：

① 将 D/A 转换模块 Q64DAH 的 CH1 和 CH2 设置为允许 D/A 转换，并进行数字值写入；

② 在数字值写入出错的情况下，对出错代码进行 BCD 显示；

③ 对 CH1 仅进行标度设置，对 CH2 仅进行报警输出设置。

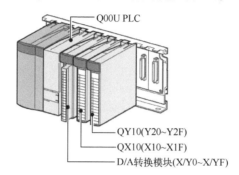

图 6-43　由 Q00U PLC 控制的模拟量输出模块配置

 解析过程

（1）根据要求进行 Q00U PLC 的 I/O 分配，如图 6-44 所示。

No.	插槽	类型	型号	点数	起始XY
0	CPU	CPU			
1	0(*-0)	智能	Q64DAH	16点	0000
2	1(*-1)	输入	QX10	16点	0010
3	2(*-2)	输出	QY10	16点	0020
4	3(*-3)				
5	4(*-4)				
6	5(*-5)				
7	6(*-6)				

图 6-44　Q00U PLC 的 I/O 分配

（2）使用的软元件见表 6-7。

表 6-7　使用的软元件

软 元 件	内　　　容	
D1	CH1 数字值	
D2	CH2 数字值	
D8	报警输出标志	
D10	出错代码	
M20~M27	报警输出标志	
X0	模块 READY	
X7	外部供应电源 READY 标志	D/A 转换模块（X/Y0~X/YF）
XE	报警输出信号	
XF	出错发生标志	
Y1	CH1 输出允许/禁止标志	
Y2	CH2 输出允许/禁止标志	

软 元 件	内　　容	
YE	报警输出清除请求	D/A 转换模块（X/Y0～X/YF）
YF	出错清除请求	
X11	批量输出允许信号	QX10（X10～X1F）
X12	数字值写入指令输入信号	
X14	报警输出复位信号	
X15	出错复位信号	
Y20～Y2F	出错代码显示（BCD4 位）	QY10（Y20～Y2F）

（3）Q64DAH 模块的通道设置见表 6-8。

表 6-8　Q64DAH 模块的通道设置

设 置 项 目	CH1	CH2	CH3	CH4
D/A 转换允许/禁止设置	允许	允许	禁止	禁止
报警输出设置	禁止	允许	禁止	禁止
报警输出下限值	—	3000	—	—
报警输出上限值	—	10000	—	—
标度有效/无效设置	有效	无效	无效	无效
标度上限值	32000	—	—	—
标度下限值	0	—	—	—

完成后的参数设置如图 6-45 所示。完成后的自动刷新设置如图 6-46 所示。

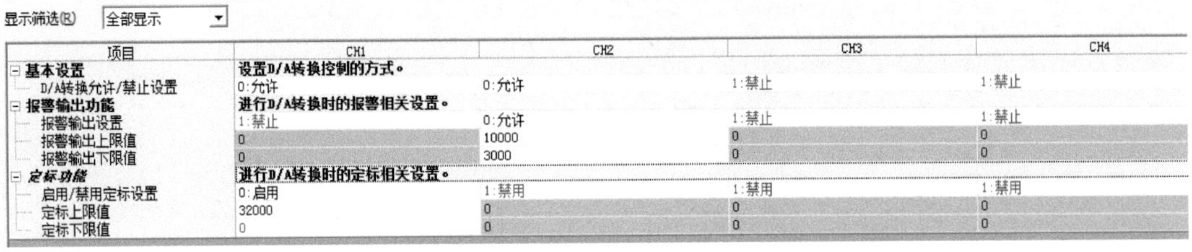

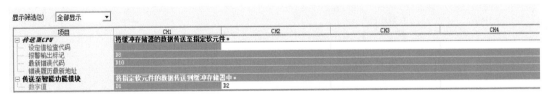

图 6-45　完成后的参数设置

图 6-46　完成后的自动刷新设置

将设置的参数写入 CPU 模块，并对 CPU 模块复位或将 Q00U PLC 的电源置为 OFF→ON。

（4）程序的编写。

图 6-47 为 Q64DAH 模拟量输出梯形图，具体解释如下：

① 数字值的写入，即通过定义的 D1 和 D2 变量将相关数据写入。

② 设置运行模拟输出，即将 Y1 和 Y2 输出。

③ 报警输出标志的读取，即从 D8 输出到 M20 ~ M27，CH2 的上限报警处理为 SET M100、CH2 的下限报警处理为 SET M101，报警输出清除为 Y0E。

④ 出错代码显示及复位处理：前者显示为 Y20 ~ Y2F；后者复位为 Y0F。

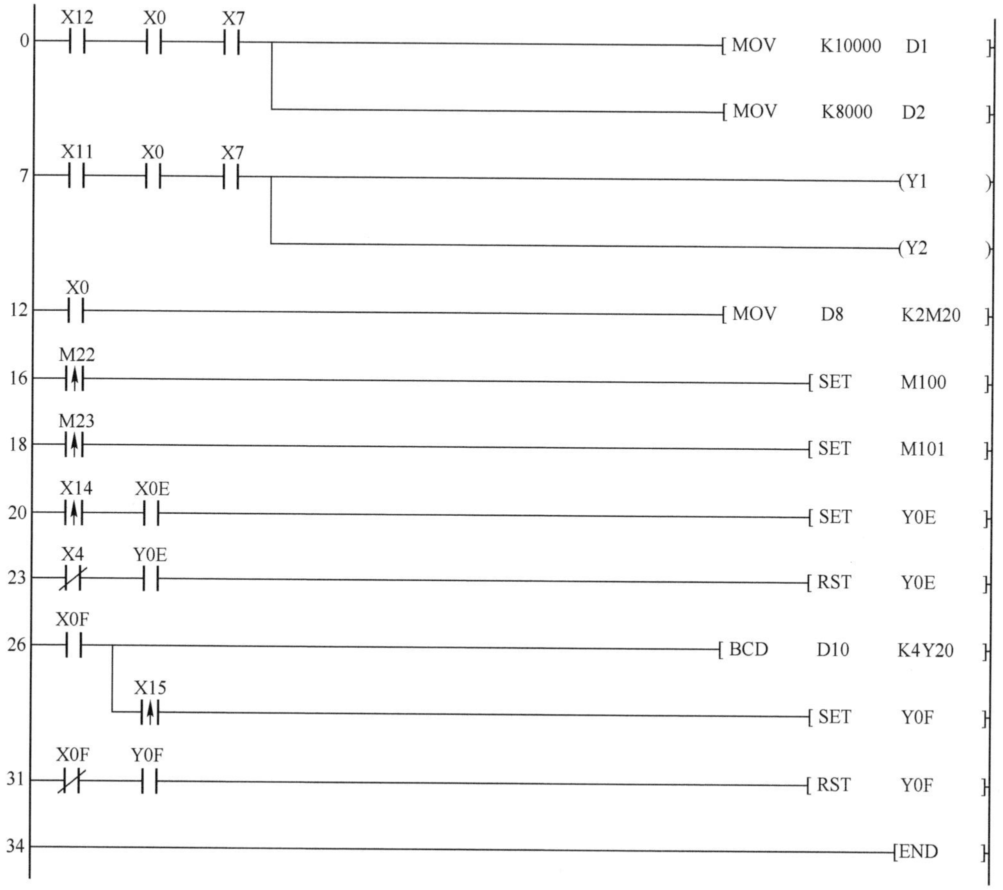

图 6-47　Q64DAH 模拟量输出梯形图

6.4　三菱 Q 系列 PLC 的 SFC 编程

6.4.1　Q 系列 PLC SFC 运行模式的设置

1. 概述

SFC 运行模式设置用于指定 Q 系列 PLC SFC 程序的 START 条件或双 START 时的处理方法，在 GX Works2 的参数文件中可以进行相关设置。表 6-9 是 SFC 运行模式的设置项目。

表 6-9 SFC 运行模式的设置项目

项　　目	说　　明	设置范围	默认值	设置文件
SFC 程序 START 模式	● 指定启动 SFC 程序时的"初始化 START"或"重新开始 START"	初始化 START/重新开始 START	初始化 START	参数文件
块 0 START 条件	● 指定是否要自动启动块 0	自动 START ON/自动 START OFF	自动 START	
在块 STOP 时的输出模式	● 指定块 STOP 时的线圈输出模式	线圈输出 OFF/HOLD	OFF	
周期性执行块设置	● 指定周期性执行块的第一个块号	0~319	无设置	SFC 程序
	● 指定周期性执行块的执行时间间隔	1~65 535ms		
在两次块 START 时的运行模式	● 指定当对已经有效的块发出 START 请求时发生的运行	暂停/等待（可以为暂停设置指定的块范围）	等待	
在转移到有效步时的运行模式（两步 START）	● 指定对已经有效的步执行转移（跟随）时或当启动有效步时发生的运行	暂停/等待/传送（可以为暂停设置或"等待"设置指定的步范围）	传送	

2. START 模式

SFC 程序的 START 模式可以根据特殊继电器 SM322 设置指定为初始化 START 或重新开始 START，见表 6-10。

表 6-10 START 模式

设　　置	SM 322 状态	运　行　说　明
初始化 START（默认）	ON/OFF	● 初始化 START ● 当为块 0 指定"自动 START ON"时： 　……从块 0 的初始步开始执行。 ● 当为块 0 指定"自动 START OFF"时： 　……用 SFC 控制"块 START"指令启动的块从其初始步开始执行
重新开始 START	OFF	
	ON	重新开始 START

3. 块 0 START 条件

表 6-11 为块 0 START 条件。

表 6-11 块 0 START 条件

设　　置	运　　　　行	
	在 SFC 程序 START 时	在块 END（块 0）时
自动 START ON（默认）	● 自动激活块 0，并从其初始步起执行	● 在块 END 时再次自动激活初始步
自动 START OFF	● 与其他块的方式相同，块 0 是通过 SFC 控制"块 START"指令或块 START 步引起的 START 请求激活的	● 在块 END 时块 0 失效并等待另一次 START 请求

4. 块 STOP 时的输出模式

表 6-12 为块 STOP 时的输出模式，可以根据特殊继电器 SM325 的设置组合运行。

表 6-12　块 STOP 时的输出模式

设　置	SM325 状态	块 STOP 模式位状态	运　行	
			除运行 HOLD 步之外的有效步	运行 HOLD 步
线圈输出 OFF（默认）、线圈输出 ON	OFF（线圈输出 OFF）	"OFF" 或无设置（立即 STOP）	运行输出线圈的输出在发出 STOP 指令时变为 OFF，并停止运行	
		ON（转移后 STOP）	在 STOP 指令后，当满足转移条件时，运行输出线圈的输出变为 OFF 并停止运行	运行输出线圈的输出在发出 STOP 指令时变为 OFF，并停止运行
线圈输出 ON	ON（线圈输出 HOLD）	"OFF" 或无设置（立即 STOP）	在 STOP 指令下建立线圈输出 HOLD 状态并停止运行	
		ON（转移后 STOP）	在 STOP 指令后，当满足转移条件时，建立线圈输出 HOLD 状态并停止运行	在 STOP 指令下建立线圈输出 HOLD 状态并停止运行

5. SFC 程序处理顺序

SFC 程序的处理顺序如图 6-48 所示。

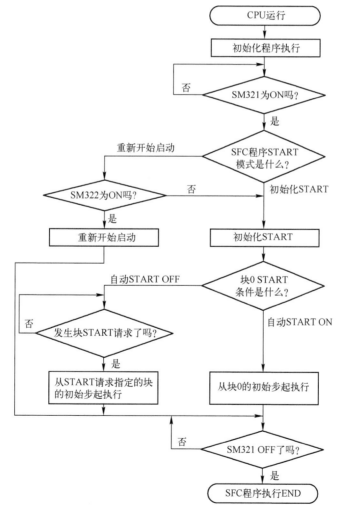

图 6-48　SFC 程序的处理顺序

图 6-49 为块执行顺序实例。如果同时激活块 0 的第 3 步和第 4 步，块 1 的第 4 步和第 5 步，则块执行顺序如图 6-50 所示。

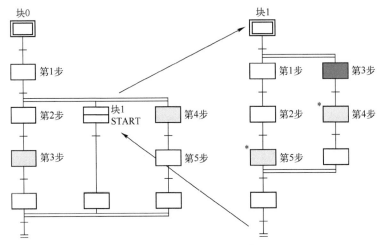

图 6-49　块执行顺序实例

*按从左到右顺序处理单个块内的有效步。

图 6-50　同时激活块 0 和块 1 相应步的块执行顺序

6.4.2　【实例 6-4】三种流程工艺的 SFC 编程

实例说明

用三菱 Q12HCPU 来控制三种流程工艺，要求采用 SFC 编程，具体要求如下：

① 待机状态灯 H0 亮，表示当前流程已经结束，允许通过按钮来触发任何一个流程。

② SB1 按钮触发 A 流程，即 H0 灭，KM1 吸合，定时 2s；2s 后，KM1 断开，KM2 吸合，继续定时 2s；2s 后，KM2 断开，当前流程结束，进入待机状态，H0 亮。

③ SB2 按钮触发 B 流程，即 H0 灭，KM3 吸合，定时 2s；2s 后，KM3 断开，KM4 吸合，继续定时 2s；2s 后，KM4 断开，KM5 吸合，继续定时 2s；2s 后，KM5 断开，当前流程结束，进入待机状态，H0 亮。

④ SB3 按钮触发 C 流程，即 H0 灭，KM6 吸合，定时 2s；2s 后，KM6 断开，KM7 吸合，继续定时 2s；2s 后，KM7 断开，KM8 吸合，继续定时 2s；2s 后，KM8 断开，KM9 吸合，继续定时 2s；2s 后，KM9 断开，当前流程结束，进入待机状态，H0 亮。

解析过程

（1）输入/输出分配表见表 6-13。

表 6-13　输入/输出分配表

输　　入	功　　能	输　　出	功　　能
X20	SB1	Y30	H0
X21	SB2	Y31	KM1
X22	SB3	Y32	KM2
		Y33	KM3
		Y34	KM4
		Y35	KM5
		Y36	KM6
		Y37	KM7
		Y38	KM8
		Y39	KM9

（2）程序的编写。

在"新建工程"界面中，将"程序语言（G）"选择"SFC"，如图 6-51 所示。

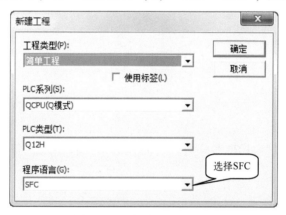

图 6-51　"新建工程"界面

在"Q 参数设置"界面的"SFC 设置"中，将"SFC 程序启动模式"设置为"初始启动"、"启动条件"设置为"自动启动块 0"、"块停止时的输出模式"设置为"变为 OFF"，如图 6-52 所示。

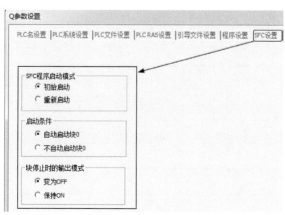

图 6-52　"Q 参数设置"界面

如图 6-53 所示，在"工程"界面中，单击"000：Block"选择分支，即分支 A（S10→S11→JUMP S0）、分支 B（S20→S21→S22→JUMP S0）、分支 C（S30→S31→S32→S33→JUMP S0）。

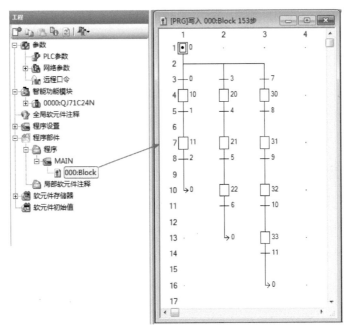

图 6-53　选择分支

以分支 A 为例，相应的梯形图分别如图 6-54~图 6-59 所示。分支 B 和分支 C 的梯形图见本书的数字资源。

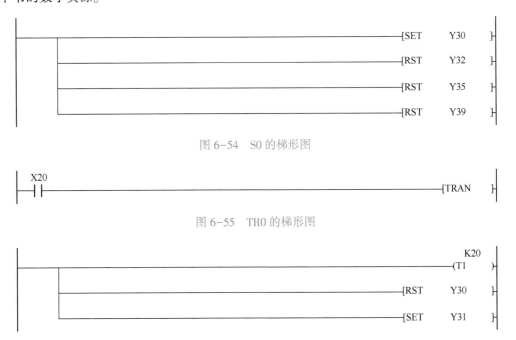

图 6-54　S0 的梯形图

图 6-55　TR0 的梯形图

图 6-56　S10 的梯形图

```
  T1
 ──┤├─────────────────────────────────────────────[TRAN ]─
```

图 6-57　TR1 的梯形图

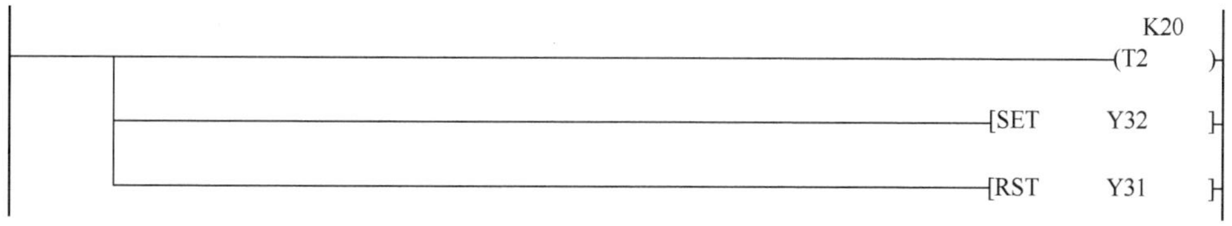

```
                                                          K20
 ──┬─────────────────────────────────────────────────────(T2 )─
   │
   ├──────────────────────────────────────────[SET    Y32 ]─
   │
   └──────────────────────────────────────────[RST    Y31 ]─
```

图 6-58　S11 的梯形图

```
  T2
 ──┤├─────────────────────────────────────────────[TRAN ]─
```

图 6-59　TR2 的梯形图

【思考与练习】

1. 请回答如下问题。

① Q 系列 PLC 与 FX3U PLC 在输入/输出定义上有什么不同？

② Q 系列 PLC 如何添加模块？

③ Q 系列 PLC 的 SFC 控制与 FX3U SFC 有何不同？

④ Q64ADH 和 Q64DAH 的技术指标有哪些？

2. 在某 Q00UCPU 控制系统中，当 QX40 模块上的 X0 由 OFF 变为 ON 时，将存储在 D0～D5 中的数据进行相加，并将结果存储在 D11 和 D10 中。请用梯形图进行编程。

3. 在某 Q00UCPU 控制系统中，当 QX40 模块上的 X1 由 ON 变成 OFF 时，先将 D100～D103 中的数据与 D0～D3 中的数据分别 1 对 1 相加，然后求出相加结果后的最小值。请用梯形图进行编程。

4. 请用 GX Works2 软件添加表 6-14 中的模块，并画出有多个启动/停止按钮的两台三相异步电动机的星-三角启动示意图，同时进行梯形图和 SFC 编程。

表 6-14　模块

编　　号	名　　称	机　　型
1	基板	Q33B
2	电源模块	Q62P
3	CPU 模块	Q02UCPU
4	输入模块	QX40
5	输出模块	QY40P

5. 将模拟量输入模块 Q64ADH 的 CH1～CH3 设置为允许 A/D 转换的数字输出值读取，即 CH1 通过采样处理进行 A/D 转换、CH2 通过每 50 次的平均处理进行 A/D 转换、CH3 通

过 10 次的移动平均进行 A/D 转换，当模块出错时，以 BCD 格式显示出错代码。请画出电气接线图，并编写梯形图。

6. 两种液体混合装置如图 6-60 所示，电磁阀 YV1、YV2 控制流入液体 A、B；电磁阀 YV3 控制流出液体 C；SL1、SL2、SL3 为高、中、低液位感应器；YKM 为搅匀电机。

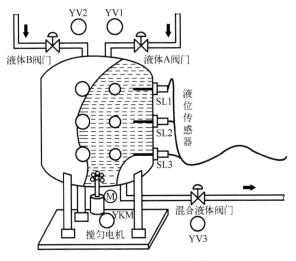

图 6-60　两种液体混合装置

初始状态，容器是空的，电磁阀 YV1、YV2 和搅匀电动机 YKM 及混合液体阀门 YV3 均为 OFF，液位传感器 SL1、SL2、SL3 均为 OFF。按下启动按钮，开始下列操作。

① 电磁阀 YV1 开启，注入液体 A，至高度 SL2 时，关闭电磁阀 YV1，同时开启电磁阀 YV2，注入液体 B，当液位上升到 SL1 时，关闭电磁阀 YV2。

② 停止液体 B 注入后，启动搅匀电机 YKM，使 A、B 两种液体混合 20s。

③ 20s 后，开启电磁阀 YV3，放出混合液体 C，当液面减至 SL3 时，开始计时，经 20s 放空后，关闭电磁阀 YV3，完成了一个周期，下一个周期自动开始。

④ 按下停止按钮后，一直要到一个周期完成才能停止，当有下一个启动输入时，又开始工作。

请根据以上控制要求，选用相应的 Q 系列 PLC，列出输入/输出分配表，并编写相应的 SFC 程序。

第 7 章
三菱 FX/Q 系列 PLC 的通信

📑 导读

在工业控制系统中，复杂的控制系统不能仅靠增加 PLC 的输入/输出点数或改进机型来实现多控制功能，应采用多台 PLC 连接通信，如通过 FX PLC 与 FX PLC 之间的 $N:N$ 网络开放式现场总线 CC-Link 来实现。CC-Link 数据容量大，通信速度多级可选，适合从较高管理层网络到较低传感器层网络的不同范围。由三菱 FX 或 Q 系列 PLC 组成的 CC-Link 网络可以用于生产线的分散控制和集中管理及与上位网络之间的数据交换等，共有三种形式，即 Q 系列 PLC 为主站、FX2N-16CCL-M 为主站、FX3U-16CCL-M 为主站。触摸屏与 PLC 的连接可实现设备的可视化。操作人员不仅可以通过图文信息得知是由哪个设备造成的停机，还能够在画面上观察到故障设备的情况，并指出故障设备的位置，大大提高了生产效率。

▶ 7.1 三菱 PLC 的通信

7.1.1 概述

1. 通信系统的基本组成

近年来，PLC 与计算机通信发展很快。在由 PLC 与计算机构成的综合系统中，计算机主要用来完成数据处理、修改参数、图像显示、打印报表、文字处理、系统管理、编制 PLC 程序、监视工作状态等任务；PLC 主要是直接面向现场、面向设备进行实时控制。PLC 与计算机连接可以更加有效地发挥各自的优势，互补应用中的不足，扩大 PLC 的处理能力。

为了适应 PLC 的网络化要求，几乎所有的 PLC 生产厂家都开发了上位计算机通信接口或专用通信模块：小型 PLC 都有上位计算机通信接口；中、大型 PLC 都有专用通信模块。

PLC 通信是指 PLC 与计算机、PLC 与 PLC、PLC 与现场设备或远程 I/O 之间进行信息交换，如 PLC 编程就是由计算机输入程序到 PLC 及计算机从 PLC 中读取程序的简单 PLC 通信。无论计算机还是 PLC，都属于数字设备，它们之间交换的数据（或称为信息）都是用 0 和 1 表示的数字信号。通常将具有一定编码要求的数字信号称为数据信息。很显然，PLC 通信属于数据通信。

图 7-1 为通信系统的基本组成，即由传送设备、发送器、接收器、传送控制设备（通信软件、通信协议）和通信介质（总线）等部分组成。

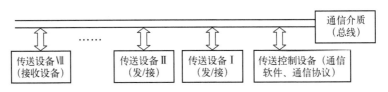

图 7-1   通信系统的基本组成

通信系统中的传送设备至少有两个，即发送设备和接收设备，对于多台设备之间的数据传送，有时还有主、从之分。主传送设备起控制、发送和处理信息的主导作用；从传送设备用来被动地接收、监视和执行主传送设备的信息。主、从关系在实际通信时由数据传送的结构来确定。在 PLC 通信系统中，传送设备可以是 PLC、计算机或各种外围设备。

传送控制设备主要用来控制发送与接收之间的同步协调，保证信息发送与接收的一致性。这种一致性靠通信协议和通信软件来保证。通信协议是指在通信过程中必须严格遵守的数据传送规则和约定。

2. 通信方式

通信方式有两种基本方式，即并行通信方式和串行通信方式。

（1）并行通信方式

并行通信方式是指被传送数据的每一位同时发送或接收，如图 7-2 所示，即 8 位二进制数同时从设备 A 传送到设备 B。在并行通信方式中，并行传送的数据有多少位，传输线就有多少根，传送数据很快。若数据的位数较多，传送距离较远，必然导致线路复杂、成本高。所以，并行通信方式不适合长距离传送。

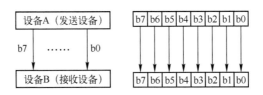

图 7-2   并行通信方式示意图

（2）串行通信方式

串行通信方式是指被传送数据一位一位地顺序传送，如图 7-3 所示，即在传送数据时只需要 1 根或 2 根传输线分时传送，与数据位数无关。串行通信方式虽然慢，但特别适合多位数据的长距离通信。目前，串行通信方式的数据传输速率每秒可达兆字节的数量级。计算机与 PLC 的通信、PLC 与现场设备的通信、远程 I/O 的通信、开放式现场总线（CC-Link）的通信均采用串行通信方式。

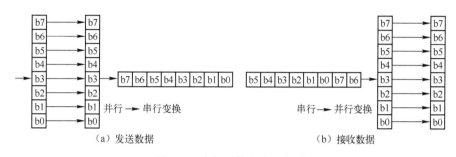

图 7-3　串行通信方式示意图

串行通信方式按数据传送的方向可分为单工通信、半双工通信和全双工通信，如图 7-4 所示。

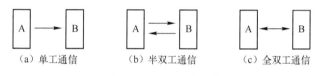

图 7-4　串行通信方式

单工通信是指数据的传送始终保持在一个固定的方向，不能进行反方向传送。半双工通信是两个通信设备在同一时刻只能有一个通信设备发送数据，另一个通信设备接收数据，没有限制哪一个通信设备处于发送或接收状态，只是两个通信设备不能同时发送或接收数据。全双工通信是指两个通信设备可以同时发送和接收数据，在任一时刻均可有两个方向的数据在传送。

为了保证发送数据和接收数据的一致性，串行通信方式又采用了两种通信技术，即同步通信技术和异步通信技术。异步通信技术是指将被传送的数据编码为一串脉冲，按照固定位数（通常按一字节，即 8 位二进制数）分组，在每组数据的开始位加 0 标记，在末尾处加校验位 1 和停止位 1 标记，传送设备一组一组地发送数据，接收设备一组一组地接收数据，在开始位和停止位的控制下，保证数据传送不会出错，如图 7-5 所示。

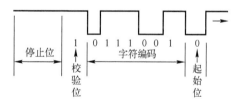

图 7-5　异步通信技术示意图

异步通信技术要求每传送一字节都要加开始位、校验位和停止位，传送效率低，主要用于中、低速数据传送。

3. 通信种类

三菱 PLC 的通信种类及具体描述见表 7-1。

表 7-1   三菱 PLC 的通信种类及具体描述

通信种类		具体描述
CC-Link	功能	① 对于以 MELSEC A，QnA PLC 作为主站的 CC-Link 系统而言，FX PLC 可以作为远程设备站进行连接。 ② 对于以 MELSEC Q PLC 作为主站的 CC-Link 系统而言，FX PLC 可以作为远程设备站、智能设备站进行连接。 ③ 可以构筑以 FX PLC 为主站的 CC-Link 系统
	用途	生产线的分散控制和集中管理，与上位网络之间的信息交换等
$N:N$ 网络	功能	可以在 FX PLC 之间进行简单的数据连接
	用途	生产线的分散控制和集中管理等
并联连接	功能	可以在 FX PLC 之间进行简单的数据连接
	用途	生产线的分散控制和集中管理等
计算机连接	功能	可以将计算机等作为主站，FX PLC 作为从站进行连接。计算机侧的协议对应 "计算机连接协议格式 1，格式 4"
	用途	数据的采集和集中管理等
变频器通信	功能	可以通过通信控制三菱变频器 FREQROL
	用途	运行监视、控制值的写入、参数的参考及变更等
MODBUS 通信	功能	可以与 RS-232C 和 RS-485 支持 MODBUS 的设备进行 MODBUS 通信
	用途	生产线的分散控制和集中管理等
以太网通信	功能	可以利用 TCP/IP・UDP/IP 通信协议，经过以太网（100BASE-TX、10BASE-T），将 FX PLC 与计算机或工作站等上位系统连接
	用途	生产线的分散控制和集中管理，与上位网络之间的信息交换等
无协议通信	功能	可以与具备 RS-232C 或 RS-485 接口的各种设备，采用无协议的方式进行数据交换
	用途	与计算机、条形码阅读器、打印机、各种测量仪表之间的数据交换

7.1.2   FX3U PLC 通信的连接方式

图 7-6 为 FX3U PLC 通信的连接方式。共有 3 种连接方式：在 A 位置安装 FX3U-485ADP(-MB)适配器，用于 RS485 通信；在 B 位置安装 FX3U-485-BD、FX3U-422-BD、FX3U-232-BD 等通信板；在 C 位置安装特殊单元、特殊模块。

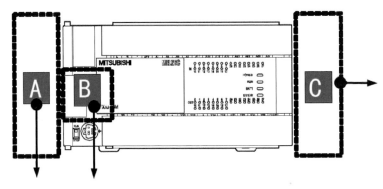

图 7-6   FX3U PLC 通信的连接方式

7.1.3 FX PLC 与 FX PLC 之间的 $N : N$ 通信

1. $N : N$ 通信基础

在工业控制系统中，复杂的控制系统不能仅靠增加 PLC 的输入/输出点数或改进机型来实现多控制功能，应采用多台 PLC 连接通信来实现。这种 PLC 与 PLC 之间的通信被称为同位通信。三菱 FX PLC 常用的同位通信方式为 $N : N$ 通信，即在最多 8 台 FX PLC 之间通过 RS485 通信连接，再通过软元件相互连接。在全部由 485ADP 构成的情况下，通信的总延长距离最长可达 500m。

以 FX3U PLC 为例，FX3U PLC 与 FX3U PLC 之间 $N : N$ 通信的连接方式如图 7-7 所示。图中，各站之间的位软元件（0~64 点）和字软元件（4~8 点）被自动数据连接，通过分配到本站上的软元件可以知道其他站的 ON/OFF 状态和数据寄存器数值。这种连接方式适用于生产线的分布控制和集中管理等场合，根据要连接的点数，有 3 种模式可以选择，不同模式下的软元件分配见表 7-2。

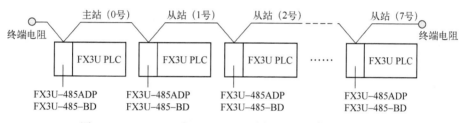

图 7-7 FX3U PLC 与 FX3U PLC 之间 $N : N$ 通信的连接方式

表 7-2 不同模式下的软元件分配

站 号		模式 0		模式 1		模式 2	
		位软元件（M）	字软元件（D）	位软元件（M）	字软元件（D）	位软元件（M）	字软元件（D）
		0 点	各站 4 点	各站 32 点	各站 4 点	各站 64 点	各站 8 点
主站	站号 0	—	D0~D3	M1000~M1031	D0~D3	M1000~M1063	D0~D7
从站	站号 1	—	D10~D13	M1064~M1095	D10~D13	M1064~M1127	D10~D17
	站号 2	—	D20~D23	M1128~M1159	D20~D23	M1128~M1191	D20~D27
	站号 3	—	D30~D33	M1192~M1223	D30~D33	M1192~M1255	D30~D37
	站号 4	—	D40~D43	M1256~M1287	D40~D43	M1256~M1319	D40~D47
	站号 5	—	D50~D53	M1320~M1351	D50~D53	M1320~M1383	D50~D57
	站号 6	—	D60~D63	M1384~M1415	D60~D63	M1384~M1447	D60~D67
	站号 7	—	D70~D73	M1448~M1479	D70~D73	M1448~M1511	D70~D77

从表中可以看出，$N : N$ 数据的连接是在最多 8 台 FX3U PLC 之间自动更新的。应注意，在 $N : N$ 连接时，其内部的特殊辅助继电器不能用作其他用途。

2. 硬件选择与接线方式

$N:N$ 数据连接的通信方式共有两个通道。图 7-8 为通道 1，可以选用 FX3U-485-BD，最长通信距离为 50m；也可以选用 FX3U-CNV-BD+FX3U-485ADP（-MB），即左侧适配器，最长通信距离为 500m。图 7-9 为通道 2，可以在选用 FX3U-□-BD（□中为 232、422、485、USB、8AV 中的任意一个）为通道 1 的基础上，添加 FX3U-485ADP（-MB）为通道 2；也可以在选用适配器为通道 1 的基础上，添加 FX3U-485ADP（-MB）为通道 2。在通道 2 的配置中，当选用 FX3U-8AV-BD 时，通信通道将占据 1 个通道；当选用 FX3U-CF-ADP 时，通信通道将占据 1 个通道。

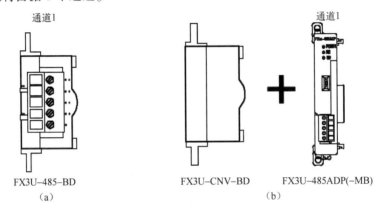

图 7-8　通道 1

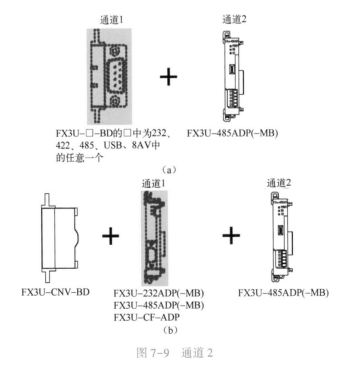

图 7-9　通道 2

在选用 FX3U-485-BD、FX3U-485ADP（-MB）的情况下，使用内置终端电阻进行终端电阻切换开关的设定，如图 7-10 所示。

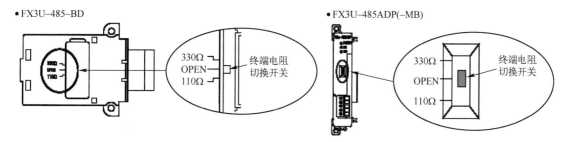

图 7-10　终端电阻切换开关的设定

图 7-11 为 $N:N$ 通信的接线原理，采用 1 对接线方式。

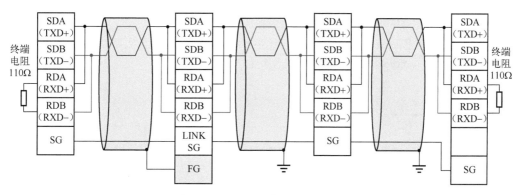

图 7-11　$N:N$ 通信的接线原理

3. 数据寄存器

在图 7-7 中，0 号 FX3U PLC 为主站，其余为从站，它们之间的数据通信通过相关通信接口进行连接。站点号的设定数据存放在特殊数据寄存器 D8176 中，主站为 0，从站为 1~7，站点的总数存放在数据寄存器 D8177 中。$N:N$ 通信相关的软元件名称与内容见表 7-3。

表 7-3　$N:N$ 通信相关的软元件名称与内容

软元件	名　　称	内　　　容	设定值
M8038	参数设定	设定通信参数用的标志位，也可以作为确认有无 $N:N$ 网络程序用的标志位，在顺控程序中请勿置 ON	
M8179	通道设定	设定所使用通信口的通道（使用 FX3G、FX3GC、FX3U、FX3UC 时），在顺控程序中设定：无程序，通道 1；有 OUT M8179 程序，通道 2	
D8176	相应站号设定	$N:N$ 网络设定使用时的站点号：主站设定为 0，从站设定为 1~7 ［初始值：0］	0~7
D8177	从站总数设定	设定从站的总站数，从站可编程控制器无须设定 ［初始值：7］	1~7
D8178	刷新范围设定	选择要相互进行通信的软元件点数的模式，从站可编程控制器无须设定 ［初始值：0］，当混合有 FX0N、FX1S 系列 PLC 时，仅可以设定模式 0	0~2
D8179	重试次数	即使在重复指定次数的通信也没有响应的情况下，可以确认错误及其他站的错误，从站可编程控制器无须设定 ［初始值：3］	0~10
D8180	监视时间	设定用于判断通信异常的时间（50~2550ms），以 10ms 为单位进行设定，从站可编程控制器无须设定 ［初始值：5］	5~255

7.1.4 【实例 7-1】三台 FX3U PLC 之间的通信

实例说明

现在共有三台 FX3U PLC，分别是 FX3U-64MR PLC 一台、FX3U-32MR PLC 两台，它们之间的通信示意图如图 7-12 所示，具体要求如下：

① 主站 0 的 FX3U-64MR PLC 输入（X000~X003），输出到从站 1 和从站 2；接收从站 1 的信号到 Y004~Y007，接收从站 2 的信号到 Y010~Y013，一一对应并相应执行 ON/OFF。

② 从站 1 接收主站 0 的信号，并输出到 Y004~Y007，接收从站 2 的信号到 Y010~Y013，将输入信号（X000~X003）输出到主站 0、从站 2。

③ 从站 2 接收主站 0 的信号，并输出到 Y004~Y007，接收从站 1 的信号到 Y010~Y013，将输入信号（X000~X003）输出到主站 0、从站 1。

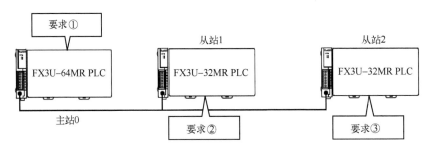

图 7-12　三台 FX3U PLC 之间的通信示意图

解析过程

（1）通信连接。

三台 FX3U PLC 采用 FX3U-485ADP 连接，构成 $N:N$ 网络，按要求将 FX3U-64MR PLC 设置为主站，数据更新采用模式 0，重试次数为 3，公共暂停时间为 50ms。

（2）连接软元件。

根据 $N:N$ 通信模式，连接软元件见表 7-4。

表 7-4　连接软元件

站　号		输入（X）	连接软元件	输入（Y）
0	主站	X000~X003	D0	Y000~Y003
1	从站 1	X000~X003	D10	Y004~Y007
2	从站 2	X000~X003	D20	Y010~Y013

（3）程序的编写。

图 7-13 为主站 0 的梯形图，具体解释如下：

① 设置通信格式 D8120 为 H23F6。

② 设置 D8176~D8180 的参数。在 D8176 中设定主站地址 0；在 D8177 中设定从站数，设定范围为 K1~K7，这里选 K2；在 D8178 中设置数据的刷新模式 0；在 D8179 中设置通信重复次数为 3；在 D8180 中设置等待时间为 50ms。

③ 主站信息的写入程序（主站→从站），即将本站 X000~X003 中的内容通过连接软元件 D0 传送到从站的输出（Y）中。

④ 从站信息的读出程序（从站→主站），使用连接软元件，读出所使用从站的数据。

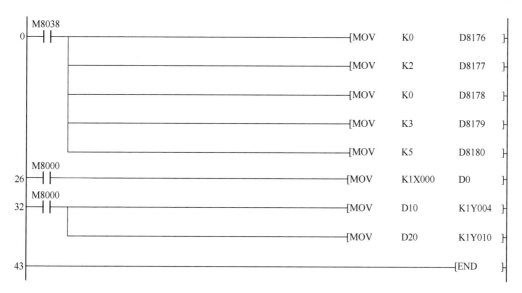

图 7-13 主站 0 的梯形图

图 7-14 为从站 1 的梯形图，具体解释如下：

① 设置通信格式 D8120 为 H23F6。

② 设置 D8176 的参数。在 D8176 中的设定范围为 K1~K7，站点从 1 号开始依次分配，不能重复设定或空号，这里选 K1。

③ 从站信息的写入程序（从站→主站），将本站 X000~X003 中的内容传送到连接软元件中。根据所设定的站点不同，连接软元件也不同，其中，［MOV K1X000 D10］中的 D10 为本站的软元件编号。

图 7-14 从站 1 的梯形图

④ 其他从站信息的读出程序，如从站 2→本站，使用连接软元件 D20 输出到 Y010～Y013 中。

Q：如果主站、从站采用通道 2，则应该如何编写程序？

A：凡是使用通道 2 的站点，均需要编写输出 M8179 的程序，如图 7-15 所示的主站为通道 2 时的梯形图、如图 7-16 所示的从站为通道 2 时的梯形图。

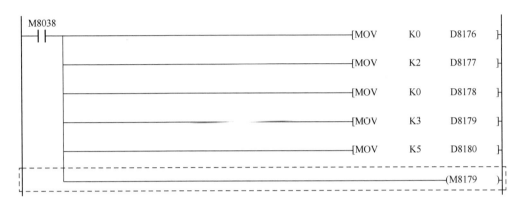

图 7-15   主站为通道 2 时的梯形图

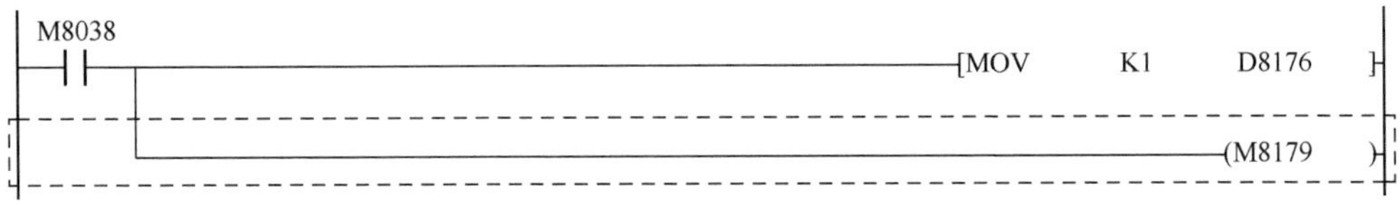

图 7-16   从站为通道 2 时的梯形图

7.2   CC-Link 的通信

7.2.1   概述

CC-Link 是由三菱公司最早提出的一种开放式现场总线，数据容量大，通信速度多级可选，是复合的、开放的、适应性强的网络系统，适合从较高管理层网络到较低传感器层网络的不同范围。在一般情况下，CC-Link 的一层网络由 1 个主站和 64 个从站组成。主站由 PLC 担当，从站可以是远程 I/O 模块、特殊功能模块、带有 CPU 的 PLC 本地站、人机界面、变频器及各种测量仪表、阀门等。CC-Link 具有很高的数据传输速度，最高可达 10Mb/s，底层通信协议遵循 RS485，主要采用广播-轮询的方式进行通信，支持主站与本地站、智能设备站之间的瞬间通信，被中国国家标准委员会批准为中国国家标准指导性技术文件。

由三菱 FX 系列或 Q 系列 PLC 组成的 CC-Link 网络可以用于生产线的分散控制和集中管理，以及与上位网络之间的数据交换等，共有三种形式，分别如图 7-17、图 7-18 和图 7-19 所示。

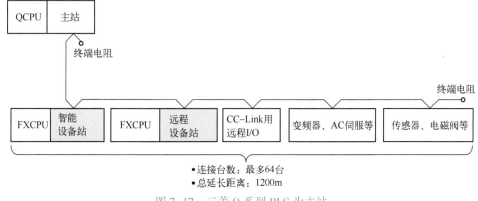

- 连接台数：最多64台
- 总延长距离：1200m

图 7-17　三菱 Q 系列 PLC 为主站

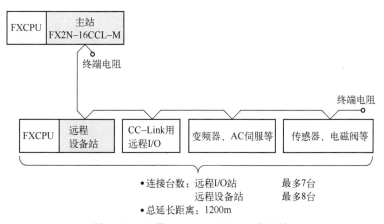

- 连接台数：远程I/O站　　　最多7台
　　　　　　　远程设备站　　　最多8台
- 总延长距离：1200m

图 7-18　三菱 FX2N-16CCL-M 为主站

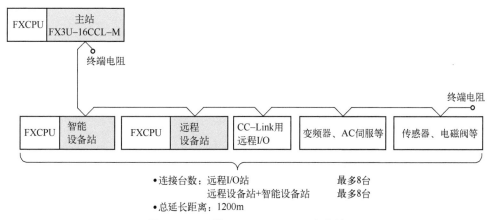

- 连接台数：远程I/O站　　　　　　最多8台
　　　　　　　远程设备站+智能设备站　最多8台
- 总延长距离：1200m

图 7-19　三菱 FX3U-16CCL-M 为主站

7.2.2　QJ61BT11N 模块

QJ61BT11N 模块是三菱 PLC 形成 CC-Link 总线的主站/从站模块，外观如图 7-20 所示。

QJ61BT11N 模块的站点设置与传输速率设置如图 7-21 所示。QJ61BT11N 模块的传输速率和模式见表 7-5。

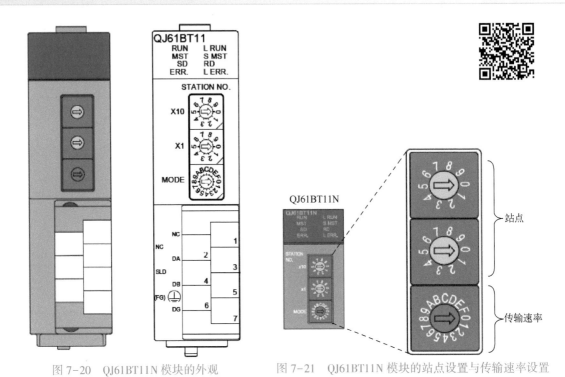

图 7-20　QJ61BT11N 模块的外观　　　　图 7-21　QJ61BT11N 模块的站点设置与传输速率设置

表 7-5　QJ61BT11N 模块的传输速率和模式

编　　号	传输速率	模　　式
0	156kb/s	在线
1	625kb/s	
2	2.5Mb/s	
3	5Mb/s	
4	10Mb/s	
5	156kb/s	站点设置开关为 0 时：线路测试 1 站点设置开关为 1~64 时：线路测试 2
6	625kb/s	
7	2.5Mb/s	
8	5Mb/s	
9	10Mb/s	
A	156kb/s	硬件测试
B	625kb/s	
C	2.5Mb/s	
D	5Mb/s	
E	10Mb/s	
F	不允许设置	

以 QJ61BT11N 模块为主站的 Q PLC 可以与远程设备站使用远程输入 RX 和远程输出 RY 进行通信，到远程设备站的设定数据使用远程寄存器 RWw 和 RWr 进行通信，如图 7-22 所示。

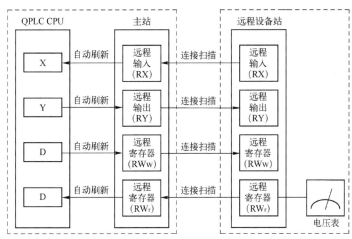

图 7-22　以 QJ61BT11N 模块为主站的 Q PLC 与远程设备站的通信

QJ61BT11N 模块有如下通信方式：

① 远程网络模式。

远程网络模式可以与所有站（远程 I/O 站、远程设备站、本地站、智能设备站、备用主站）通信，并根据使用情况配置不同的系统。

② 远程 I/O 网络模式。

在远程 I/O 网络模式中，仅主站和远程 I/O 站才能执行高速循环传送，与远程网络模式相比，可以缩短连接扫描时间，与远程 I/O 站通信时，开关和指示灯的开/关数据均通过远程输入 RX 和远程输出 RY 进行通信。

7.2.3　FX2N-32CCL 模块

FX2N-32CCL 模块是三菱 FX 系列 PLC 连接到 CC-Link 网络的从站模块，外观如图 7-23 所示。它可以占用 1~4 个站，站点设置和站点数设置如图 7-24 所示。

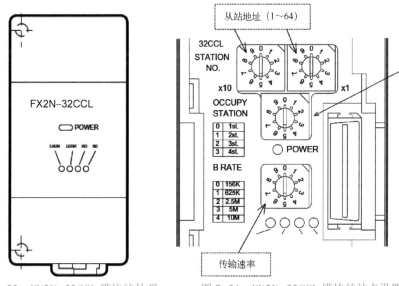

图 7-23　FX2N-32CCL 模块的外观　　　图 7-24　FX2N-32CCL 模块的站点设置和站点数设置

表 7-6 为 FX2N-32CCL 模块的读专用 BFM。表 7-7 为 FX2N-32CCL 模块的写专用 BFM。以 FX2N-32CCL 模块为从站，与主站之间的映射关系如图 7-25 所示。

表 7-6   FX2N-32CCL 模块的读专用 BFM

BFM 编号	说　　明	BFM 编号	说　　明
#0	远程输出 RY00~RY0F（设定站）	#16	远程寄存器 RWw8（设定站+2）
#1	远程输出 RY10~RY1F（设定站）	#17	远程寄存器 RWw9（设定站+2）
#2	远程输出 RY20~RY2F（设定站+1）	#18	远程寄存器 RWwA（设定站+2）
#3	远程输出 RY30~RY3F（设定站+1）	#19	远程寄存器 RWwB（设定站+2）
#4	远程输出 RY40~RY4F（设定站+2）	#20	远程寄存器 RWwC（设定站+3）
#5	远程输出 RY50~RY5F（设定站+2）	#21	远程寄存器 RWwD（设定站+3）
#6	远程输出 RY60~RY6F（设定站+3）	#22	远程寄存器 RWwE（设定站+3）
#7	远程输出 RY70~RY7F（设定站+3）	#23	远程寄存器 RWwF（设定站+3）
#8	远程寄存器 RWw0（设定站）	#24	波特率设定值
#9	远程寄存器 RWw1（设定站）	#25	通信状态
#10	远程寄存器 RWw2（设定站）	#26	CC-Link 模块代码
#11	远程寄存器 RWw3（设定站）	#27	本站编号
#12	远程寄存器 RWw4（设定站+1）	#28	占用站点数
#13	远程寄存器 RWw5（设定站+1）	#29	出错代码
#14	远程寄存器 RWw6（设定站+1）	#30	FX 系列模块代码（K7040）
#15	远程寄存器 RWw7（设定站+1）	#31	保留

表 7-7   FX2N-32CCL 模块的写专用 BFM

BFM 编号	说　　明	BFM 编号	说　　明
#0	远程输入 RX00~RX0F（设定站）	#16	远程寄存器 RWr8（设定站+2）
#1	远程输入 RX10~RX1F（设定站）	#17	远程寄存器 RWr9（设定站+2）
#2	远程输入 RX20~RX2F（设定站+1）	#18	远程寄存器 RWrA（设定站+2）
#3	远程输入 RX30~RX3F（设定站+1）	#19	远程寄存器 RWrB（设定站+2）
#4	远程输入 RX40~RX4F（设定站+2）	#20	远程寄存器 RWrC（设定站+3）
#5	远程输入 RX50~RX5F（设定站+2）	#21	远程寄存器 RWrD（设定站+3）
#6	远程输入 RX60~RX6F（设定站+3）	#22	远程寄存器 RWrE（设定站+3）
#7	远程输入 RX70~RX7F（设定站+3）	#23	远程寄存器 RWrF（设定站+3）
#8	远程寄存器 RWr0（设定站）	#24	未定义（禁止写）
#9	远程寄存器 RWr1（设定站）	#25	未定义（禁止写）
#10	远程寄存器 RWr2（设定站）	#26	未定义（禁止写）
#11	远程寄存器 RWr3（设定站）	#27	未定义（禁止写）
#12	远程寄存器 RWr4（设定站+1）	#28	未定义（禁止写）
#13	远程寄存器 RWr5（设定站+1）	#29	未定义（禁止写）
#14	远程寄存器 RWr6（设定站+1）	#30	未定义（禁止写）
#15	远程寄存器 RWr7（设定站+1）	#31	保留

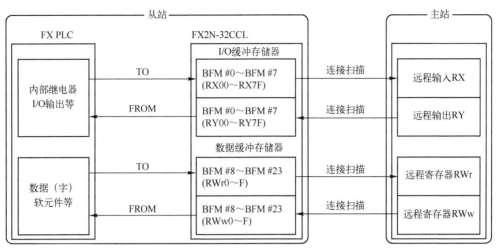

图 7-25　从站与主站之间的映射关系

7.2.4　【实例 7-2】三菱 Q 系列 PLC 与两台 FX PLC 之间的 CC-Link 通信

实例说明

现在共有三台 PLC：Q00UCPU 为主站，FX3U-32MR PLC 和 FX3U-64MR
PLC 为从站，它们之间采用 CC-Link 进行通信（见图 7-26），具体要求如下：

① 主站 0 外接 3 个按钮，分别为从站 1 工序启动信号 X0、从站 2 工序启动信号 X1、从站 1 工序和从站 2 工序停止信号 X2；读取从站 1 工序结束命令；读取从站 2 工序到位状态和两个模拟量信号 AI1 和 AI2，同时将每隔 5s 的 0.125V 信号写入从站 2 的模拟量输出端口 A01。

② 从站 1 接收主站 0 的工序启动信号后，Y0 指示灯亮；延时 3s，启动设备 Y1；延时 3s，停止设备 Y1、启动设备 Y2；延时 3s，停止设备 Y2，输出工序结束命令到主站；等待主站停止后，再次启动。

③ 从站 2 接收主站 0 的工序启动信号后，Y0 设备启动，到达限位 X0，延时 5s 后，输出工序到位状态到主站；将 FX3U-3A-ADP 上的模拟量输入 1 和模拟量输入 2 分别传送到主站；同时接收主站的模拟量输出信号到该模拟量模块的电压输出端口。

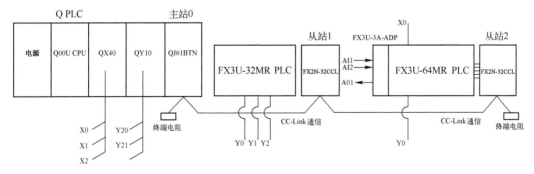

图 7-26　三菱 Q 系列 PLC 与两台 FX PLC 之间的 CC-Link 通信示意图

解析过程

（1）通信连接。

三菱 Q 系列 PLC 与两台 FX PLC 之间的 CC-Link 的通信连接如图 7-27 所示。

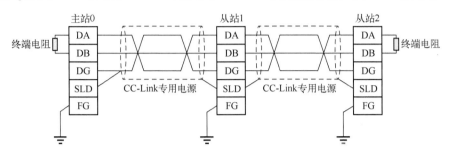

图 7-27　三菱 Q 系列 PLC 与两台 FX PLC 之间的 CC-Link 的通信连接

（2）CC-Link 网络参数。

图 7-28 为主站 0 的 CC-Link 网络参数。图中，类型设置为"主站"，模式设置为"远程网络（Ver. 1 模式）"，总连接台数为"2"，远程输入（RX）为"M0"，远程输出（RY）为"M128"，远程寄存器（RWr）为"D0"，远程寄存器（RWw）为"D200"。

图 7-28　主站 0 的 CC-Link 网络参数

单击图 7-28 中的"站信息设置"，就会出现如图 7-29 所示的"CC-Link 站信息模块 1"界面，图中的占用站点数为 1，需要在 FX2N-32CCL 中设置相应的开关。

在图 7-28 中如果勾选 ☑ 在CC-Link配置窗口中设置站信息，则可以在如图 7-30 所示中配置更详细的模块。

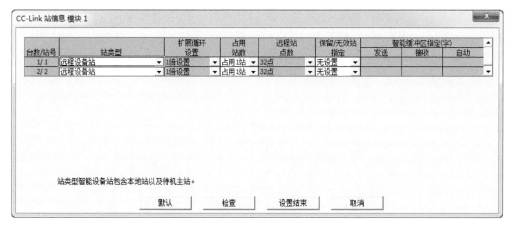

图 7-29　"CC-Link 站信息模块 1"界面

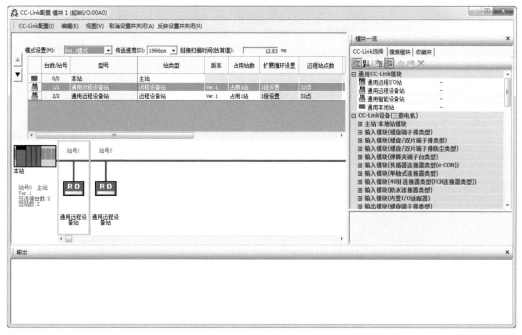

图 7-30　详细配置 CC-Link 模块

根据技术指标，QJ61BT11N 模块支持 32 个远程 I/O（RX/RY）和 4 个远程寄存器（RWw/RWr），与从站 FX2N-32CCL 模块之间的映射软元件见表 7-8。

表 7-8　QJ61BT11N 模块与 FX2N-32CCL 模块之间的映射软元件

映射软元件	主站 QJ61BT11N 模块	从站 FX2N-32CCL 模块
M0～M31	读取从站 1 的数字量输入信号	从站 1：写专用 BFM0#～BFM1#
M32～M63	读取从站 2 的数字量输入信号	从站 2：写专用 BFM0#～BFM1#
M128～M159	写入数字量输出信号到从站 1	从站 1：读专用 BFM0#～BFM1#
M160～M191	写入数字量输出信号到从站 1	从站 2：读专用 BFM0#～BFM1#
D0～D3	读取从站 1 的 4 个数据	从站 1：写专用 BFM8#～BFM11#
D4～D7	读取从站 2 的 4 个数据	从站 2：写专用 BFM8#～BFM11#

主站可以直接采用 MOV 等指令来使用映射软元件；从站必须采用 FROM/TO 指令才能使用映射软元件，如从站读取两个 BFM 的 I/O 缓冲区，即 BFM#0~BFM1#，如图 7-31 所示，则可将主站的数字量信号 M128~M159 读取出来。图 7-31 中，语句中的最后一个 K2 表示以 16 位二进制为单位，如图 7-32 所示。

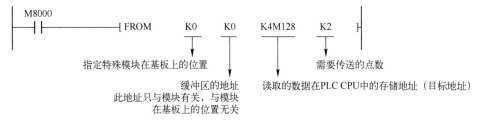

图 7-31　从站读取两个 BFM 的 I/O 缓冲区

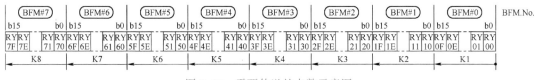

图 7-32　需要传送的点数示意图

如读取 4 个 BFM 的 I/O 缓冲区，即 BFM#8~BFM11#，则程序为

〔FROM　K0　K8　D200　K4　〕

（3）程序的编写。

主站 Q PLC 的梯形图如图 7-33 所示。与从站用 FROM/TO 语句不同，主站只需要用 MOV 等指令就可以读取、写入数据及进行其他运算，具体解释如下：

① 按钮 X0、X2 形成自锁，输出 M128，即从站 1 设备启动。

② 按钮 X1、X2 形成自锁，输出 M160，即从站 1 设备启动。

③ 当停止按钮动作时，输出 M129、M161 给从站 1 和从站 2。

④ 接收到从站 1 的工序结束命令信号 M0 后，输出指示灯 Y20 信息，接收到从站 2 的工序到位状态到主站 M32 后，输出指示灯 Y21 信息。

⑤ 模拟量信号的处理，即先将 D300 从初始值 0.125V 开始，每隔 5s，加 0.125V，直至到达量程，然后将 D300 数值传送到 D204，即从站 2，同时将从站 2 的两个模拟量 D4、D6 依次读出到 D304、D306。

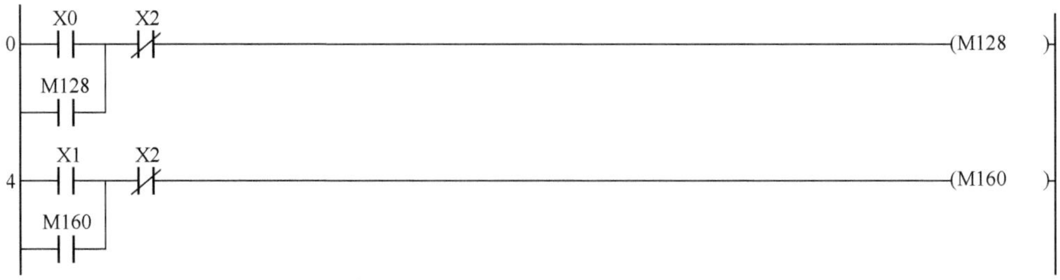

```
     X0    X2
0 ───┤├────┤/├─────────────────────────(M128)
   M128
  ───┤├──

     X1    X2
4 ───┤├────┤/├─────────────────────────(M160)
   M160
  ───┤├──
```

图 7-33　主站 Q PLC 的梯形图

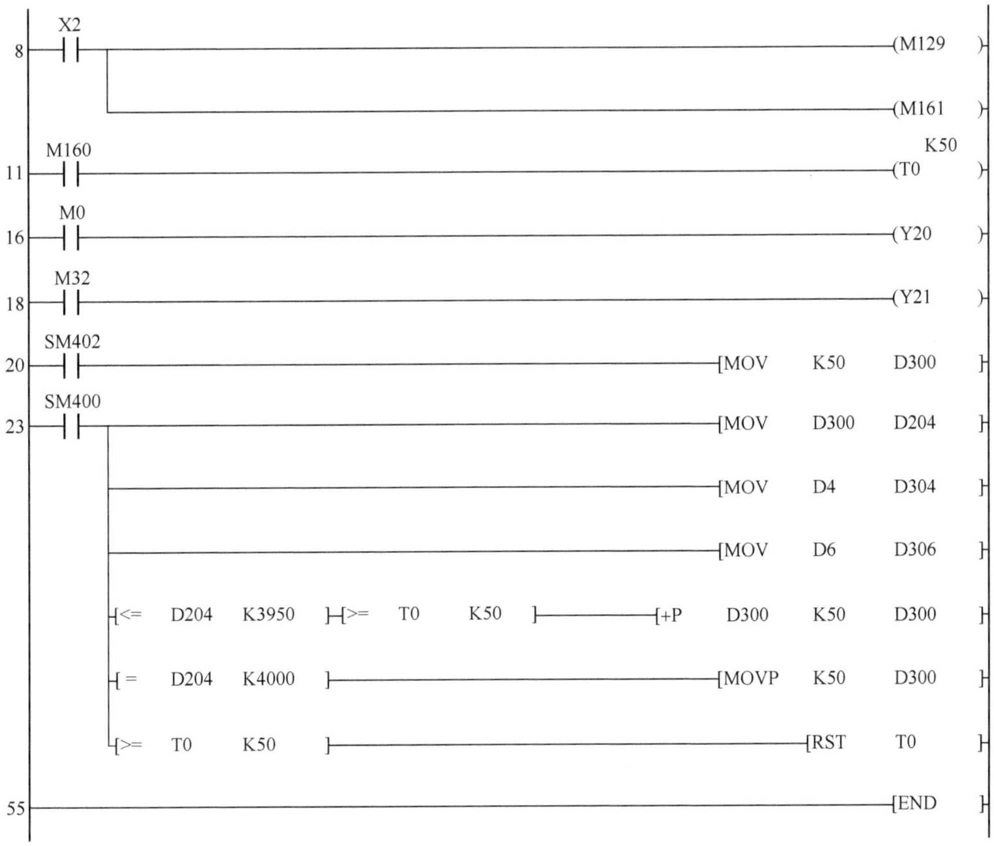

图 7-33　主站 Q PLC 的梯形图（续）

从站 1 的梯形图如图 7-34 所示，具体解释如下：

① 通过 FROM/TO 语句读取/写入映射软元件。

② 当从主站 0 发过来的信号 M128＝ON 时，Y000 指示灯亮；延时 3s，启动设备 Y001；延时 3s，停止设备 Y001、启动设备 Y002；延时 3s，停止设备 Y002，输出工序结束命令信号 M0 到主站；等待主站停止后，再次启动。

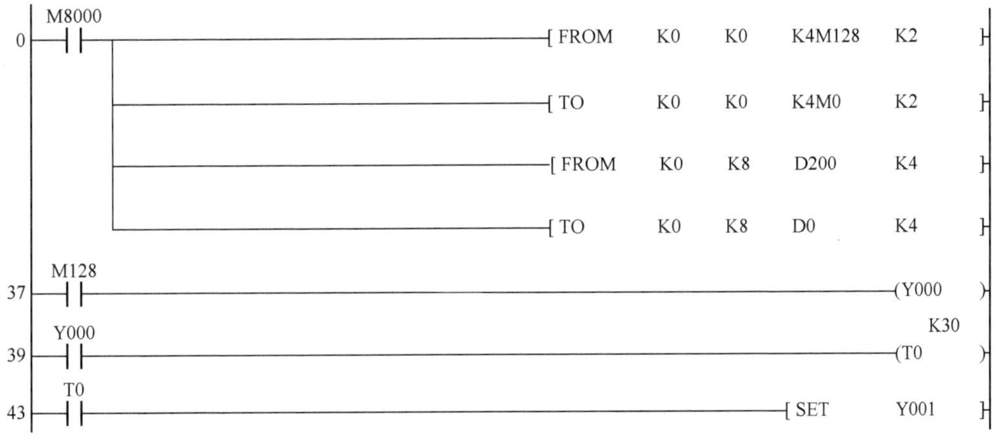

图 7-34　从站 1 的梯形图

图 7-34 从站 1 的梯形图（续）

从站 2 的梯形图如图 7-35 所示，具体解释如下：

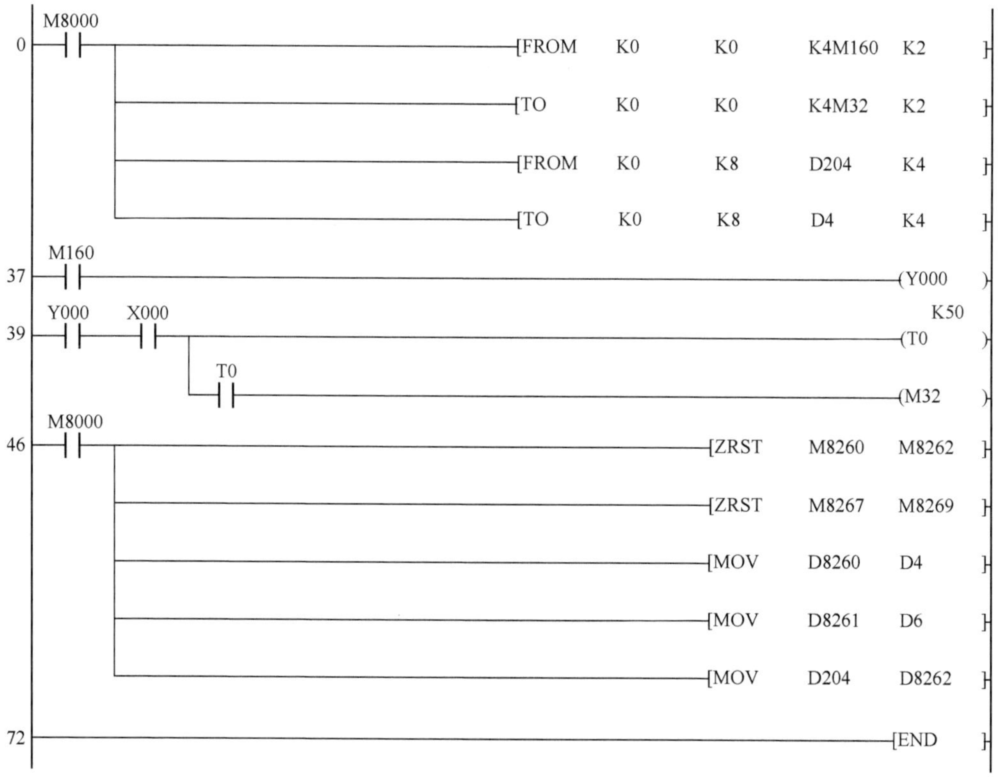

图 7-35 从站 2 的梯形图

① 通过 FROM/TO 语句读取/写入映射软元件。

② 当从主站 0 发过来的信号 M160 = ON 时，Y000 设备启动，到达限位 X000，延时 5s

后，输出工序到位状态 M32 到主站。

③ 设置 FX3U-3A-ADP 模拟量模块的参数，将输入 1（D8260）、输入 2（D8261）分别传送到 D4 和 D6，最后传送到主站，同时接收主站的模拟量输出信号 D204 到该模拟量模块的电压输出端口 D8262。

（4）调试。

将梯形图分别下载到各自的 PLC 后，观察各自通信模块的指示灯情况，在正常情况下，指示灯的状态见表 7-9。

表 7-9　指示灯的状态

站　　点	模　　块	指 示 灯 亮	指 示 灯 灭
主站 0	QJ61BT11N	LRUN、RD、SD、RUN、MST	LERR、ERR、SMST
从站 1	FX2N-32CCL	LRUN、RD、SD	LERR
从站 2	FX2N-32CCL	LRUN、RD、SD	LERR

ERR 亮，表明有通信错误，原因包括开关类型设置不对、在同一条线上有一个以上的主站、在参数内容中有一个错误、激活了数据连接监视定时器、断开电缆连接、传送路径受到噪声影响；ERR 闪烁，表明某个站点有通信错误。

　　Q：FX3U-64CCL 模块与 FX2N-32CCL 模块有什么区别？

　　A：FX2N-32CCL 模块仅对应 CC-Link Ver. 1.00，而 FX3U-64CCL 模块对应 CC-Link Ver. 2.00 和 CC-Link Ver. 1.10。因此，FX2N-32CCL 模块作为远程设备站动作，FX3U-64CCL 模块作为智能设备站动作，见表 7-10。

表 7-10　FX3U-64CCL 模块与 FX2N-32CCL 模块的区别

项　　目	FX2N-32CCL 模块	FX3U-64CCL 模块
CC-Link 对应版本	Ver. 1.00	Ver. 2.00 和 Ver. 1.10
站类别	远程设备站	智能设备站
数据区域	RX：BFM#0~#7 RY：BFM#0~#7 RWw：BFM#8~#23 RWr：BFM#8~#23	RX：BFM#0~#7（扩展循环设置为 1 倍时）BFM#64~#77 RY：BFM#0~#7（扩展循环设置为 1 倍时）BFM#120~#133 RWw：BFM#8~#23（扩展循环设为 1 倍时）BFM#176~#207 RWr：BFM#8~#23（扩展循环设为 1 倍时）BFM#304~#335

7.3　三菱 PLC 与触摸屏的通信

7.3.1　触摸屏概述

1. 触摸屏系统的组成

触摸屏是一种可接收手指触控等输入信号的感应式液晶显示装置，当接触显示屏上的图形或文字时，显示屏上的触觉反馈系统便根据预先编制的程序驱动各种连接装置，可取代机械式的按钮面板，并借由显示画面制造生动的多媒体效果。触摸屏作为一种最新的输入设备，是目前最简单、方便、自然的一种人机交互方式，是显示和控制 PLC 等外围设备的最理想方案。

触摸屏系统的基本组成如图 7-36 所示，包括编程计算机（含编程软件）、触摸屏、现场连接设备（如 PLC、条码阅读器、温控器、打印机等）。

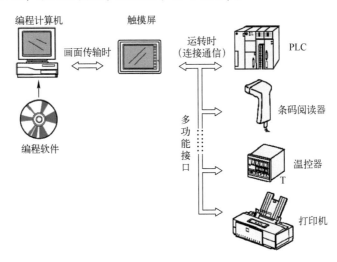

图 7-36　触摸屏系统的基本组成

触摸屏从一出现就受到了广泛关注，显示直观，操作简单。它强大的功能及优异的稳定性非常适合应用在工业环境中，如自动化控制设备中、自动洗车机中、天车升降控制系统中、生产线监控系统中等。在日常生活中的各个领域也已经广泛应用了触摸屏，在智能大厦管理系统、会议室声光控制系统、温室的温度调节系统中也都应用了触摸屏。

触摸屏是操作人员和设备之间架起的双向沟通桥梁。操作人员可以通过触摸屏上的组合文字、按钮、指示灯、仪表、图形、表格、测量数字等监控、管理及显示设备的运行状态。

2. 触摸屏的编程软件

触摸屏编程软件是操作人员根据工业应用对象及控制任务的要求配置（定义、制作、编辑及设定参数等）的应用软件。

不同品牌触摸屏的编程软件不同，但都具有一些通用功能，如画面、标签、配方、上传、下载、仿真等。

图 7-37　触摸屏与设备通信示意图

（1）基本功能

触摸屏编程的目的在于操作与监控设备，尽可能精确地映射设备。触摸屏与设备之间通过 PLC 等外围设备通信，示意图如图 7-37 所示。

（2）画面编辑制作

画面是触摸屏的重要组成部分，可以将设备的状态可视化，并为操作设备创建先决条件。用户可以创建一系列带有显示单元或控件的画面，并通过画面之间的切换完成应用目的，如图 7-38 所示。

创建画面一定要从工程项目的全局考虑，并在编程前进行基本的设置和拆分。图 7-39

为创建画面的基本模板,包括固定窗口、事件消息窗口、基本区域、消息指示器、功能键分配等。

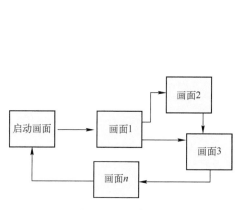

图 7-38　创建画面

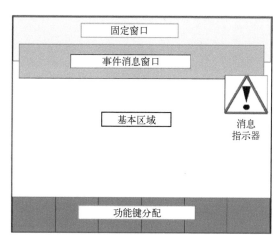

图 7-39　创建画面的基本模板

画面是过程的映像,可以在画面中显示过程并指定过程值。图 7-40 为生产不同果汁搅拌设备的画面。配料从不同的容器注入搅拌器,然后进行搅拌,通过画面可显示出容器与搅拌器中的液位,通过人机界面可以打开与关闭进口阀门、搅拌电机等。

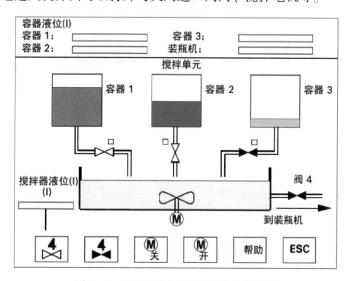

图 7-40　生产不同果汁搅拌设备的画面

(3) 仿真

仿真分为离线仿真和在线仿真。离线仿真不会从 PLC 等外部设备中获取数据,只能从人机界面的本地地址读取数据,所有的数据都是静态的。离线仿真方便用户直观预览效果,不必每次仿真都下载程序到触摸屏或操作面板,可以极大地提高编程效果。

在线仿真又称模拟运行,可以直接在计算机上模拟触摸屏的操控效果,与下载到人机界面再进行相应的操作是一样的。

（4）下载

在下载触摸屏编程软件之前，必须通过画面编辑制作"工程文件"，并通过计算机和触摸屏的串行通信口、USB 口或以太网口将"工程文件"下载到人机界面的处理器中。

7.3.2 MCGS 触摸屏

图 7-41 为 MCGS 触摸屏的外观，是国内的主流产品，有 7 英寸屏和 10 英寸屏两种。

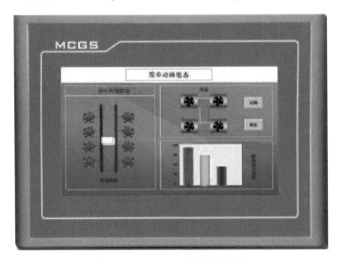

图 7-41　MCGS 触摸屏的外观

1. MCGS 触摸屏组态软件的系统构成

MCGS 触摸屏软件系统包括组态环境和运行环境，如图 7-42 所示。组态环境相当于一套完整的工具软件，帮助用户设计和构造应用系统。运行环境则按照组态环境构造的组态工程，以用户指定的方式运行，并进行各种处理，完成用户组态设计的目标和功能。

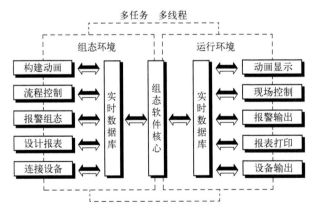

图 7-42　MCGS 触摸屏的软件系统

组态环境是生成用户应用系统的工作环境，由可执行程序 McgsSet.exe 支持，存放在 MCGS 目录的 Program 子目录中。用户在组态环境中完成动画设计、设备连接、编写控制流程、编制工程打印报表等全部组态工作后，生成扩展名为 .mcg 的工程文件，又称为组态结果数据库，与运行环境一起，构成用户应用系统，统称为工程。

运行环境是用户应用系统的运行环境，由可执行程序 McgsRun.exe 支持，存放在 MCGS 目录的 Program 子目录中，可完成对工程的控制工作。

2. MCGS 触摸屏组态软件的五大组成部分

MCGS 触摸屏组态软件的五大组成部分如图 7-43 所示。MCGS 触摸屏组态软件所建立的工程由主控窗口、设备窗口、用户窗口、实时数据库和运行策略五大组成部分构成。每一部分可分别进行组态操作，具有不同的特性，可完成不同的工作。

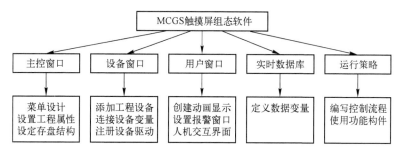

图 7-43　MCGS 触摸屏组态软件的五大组成部分

（1）主控窗口

主控窗口是工程的主窗口或主框架，可以放置一个设备窗口和多个用户窗口，主要的组态操作包括定义工程名称、编制工程菜单、设计封面图形、确定自动启动窗口、设定动画刷新周期、指定数据库存盘文件名称及存盘时间等。

（2）设备窗口

设备窗口是连接和驱动外部设备的工作环境，用于配置数据采集与控制输出设备、注册设备驱动程序、定义连接与驱动设备用的数据变量。

（3）用户窗口

用户窗口主要用于设置工程中的人机交互界面，如生成各种动画显示画面、报警输出画面、数据与曲线图表画面等。

（4）实时数据库

实时数据库是工程各个部分的数据交换与处理中心，可将工程的各个部分连接成有机的整体，定义不同类型和名称的变量，作为数据采集、处理、输出控制、动画连接及设备驱动的对象。

（5）运行策略

运行策略主要用来完成工程运行流程的控制，包括编写控制程序（if...then 脚本程序）、选用各种功能构件，如数据提取、定时、配方操作、多媒体输出等。

3. MCGS 触摸屏组态软件的安装

MCGS 触摸屏组态软件可在 http://www.mcgs.com.cn 中下载安装，目前为嵌入版 7.7，其安装过程如图 7-44 所示。

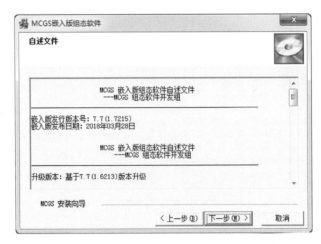

图 7-44   MCGS 触摸屏组态软件嵌入版 7.7 的安装过程

7.3.3　【实例 7-3】在触摸屏上显示简单的按钮状态

实例说明

在触摸屏上显示简单的按钮状态组态示意图如图 7-45 所示。三菱 FX3U PLC 的编程口与一台 7 英寸的 MCGS 触摸屏连接，现要求在触摸屏上能够动态反应按钮的 ON/OFF 状态。

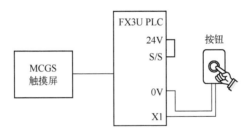

图 7-45　在触摸屏上显示简单的按钮状态组态示意图

解析过程

（1）新建工程设置如图 7-46 所示。

（2）进入工作台，会看到主控窗口、设备窗口、用户窗口、实时数据库和运行策略等五大组成部分，如图 7-47 所示。

（3）设备组态如图 7-48 所示，选择"通用串口父设备"→"三菱_FX 系列编程口"。如果要选择其他的通信方式，则进入"设备管理"后，即可选择其他的通信接口。

双击图 7-48 中的"通用串口父设备 0"即会弹出如图 7-49 所示的"通用串口设备属性编辑"界面，可以选择"最小采样周期""串口端口号""通信波特率""数据位位数""停止位位数""数据校验方式"。其中，"串口端口号"按照实际端口选择，其余的均选择为 9600 波特率、7 位数据位、1 位停止位和偶校验方式。

图 7-46　新建工程设置

图 7-47　进入工作台

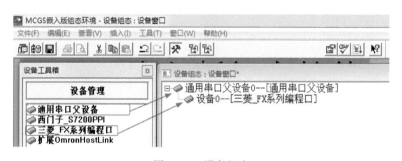

图 7-48　设备组态

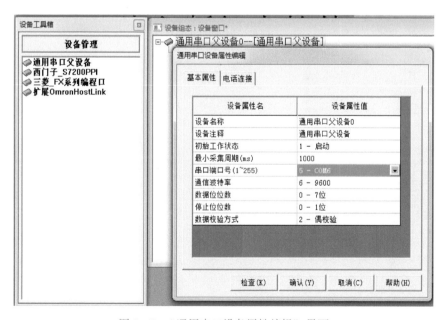

图 7-49　"通用串口设备属性编辑"界面

　　双击图 7-48 中的"设备 0"即会弹出如图 7-50 所示的"设备编辑窗口"界面，选择 CPU 类型为"4-FX3UCPU"。

在"设备编辑窗口"中的 CPU 类型选择完成后，退出时，会弹出如图 7-51 所示的存盘提醒窗口，单击"是（Y）"后退出。

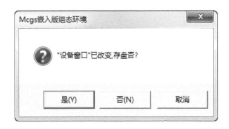

图 7-50　"设备编辑窗口"界面　　　　　　　　　　图 7-51　存盘提醒窗口

（4）图 7-52 为"数据对象属性设置"界面，增加本实例要用的变量名称 X1，"对象类型"选择为"开关"。

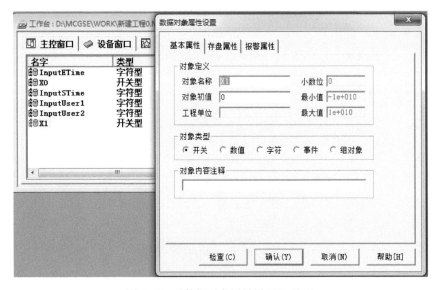

图 7-52　"数据对象属性设置"界面

重新进入"设备窗口"→"设备编辑窗口"界面，在右边的"通道名称"中选择"只读 X0001"，如图 7-53 所示；双击后进入如图 7-54 所示的"变量选择"界面，选择开关型 X1；完成设置后的"设备编辑窗口"界面如图 7-55 所示。

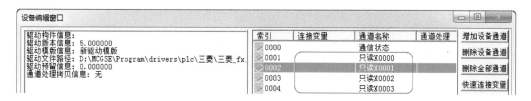

图 7-53 "通道名称"界面

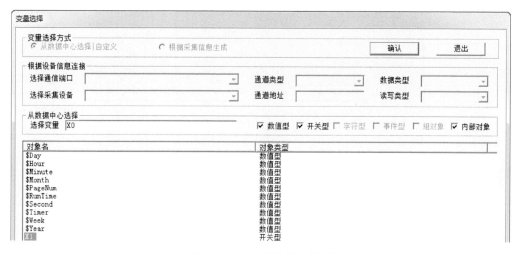

图 7-54 "变量选择"界面

图 7-55 "设备编辑窗口"完成设置后的界面

（5）用户窗口的编辑。

在 MCGS 触摸屏组态平台上，单击"用户窗口"，在"用户窗口"中单击"新建窗口"按钮，生成"窗口 0"图标，如图 7-56 所示。

图 7-56 "窗口 0"图标

单击如图 7-57（a）所示工具条中的"工具箱"按钮，打开动画工具箱。

为了快速构图和组态，MCGS 触摸屏系统内部提供了常用的图元对象、图符对象和动画构件对象，被称为系统图形对象。工具箱和常用图符如图 7-57 所示。

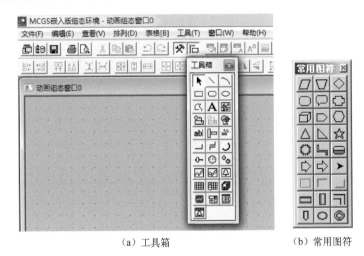

（a）工具箱　　　　　　　　（b）常用图符

图 7-57　工具箱和常用图符

在如图 7-58 所示界面中画一个圆形，并通过"属性设置"界面"填充颜色"，弹出如图 7-59 所示的"动画组态属性设置"界面，在"?"处选择变量 X1，在"填充颜色连接"选择"0"或"1"时对应的颜色。

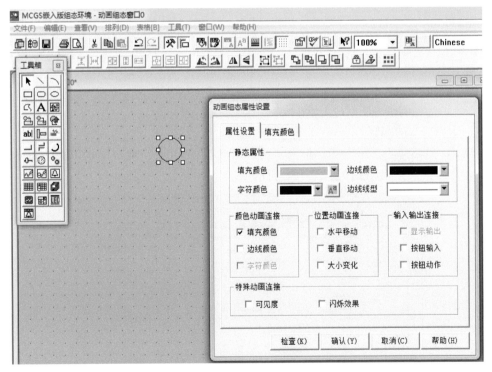

图 7-58　画一个圆形

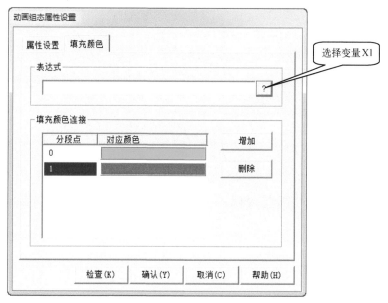

图 7-59 "动画组态属性设置"界面

（6）触摸屏模拟运行（在线仿真）。

在"MCGS 嵌入版组态环境-动画组态窗口 0"界面中，选择"工具（T）"→"下载配置……"，如图 7-60 所示，在弹出的"下载配置"界面中选择"模拟运行"和"工程下载"，如图 7-61 所示。

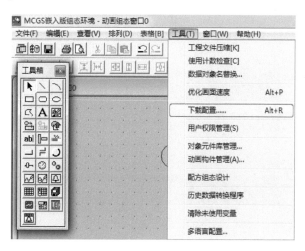

图 7-60 选择"工具（T）"→"下载配置……"

单击如图 7-62 所示中的模拟启动按钮 ，就可以与建立通信联系的 PLC 进行在线仿真了，可看到 X1 变量在 ON 或 OFF 时的颜色变化。需要注意的是，如果在仿真时通信不正常，则无法看到真实的数据变化。

（7）MCGS 触摸屏与 FX PLC 的连接

先通过 USB 编程线将 MCGS 触摸屏的组态画面下载到实际的触摸屏中，然后按如图 7-63 所示进行 MCGS 触摸屏与 FX PLC 的连接，采用编程口方式连接。

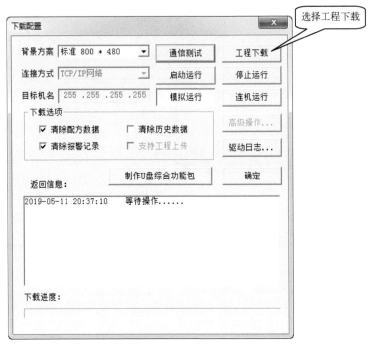

图 7-61 "模拟运行"和"工程下载"的选择

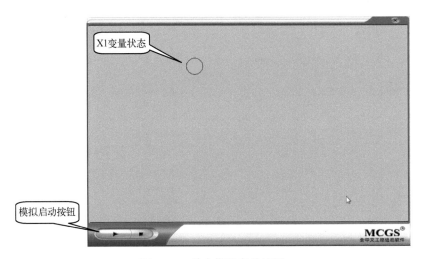

图 7-62 单击模拟启动按钮

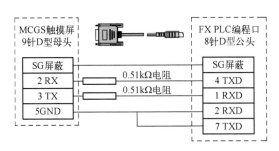

图 7-63 MCGS 触摸屏与 FX PLC 的连接

7.3.4 【实例 7-4】水位控制系统的监控

 实例说明

图 7-64 为水位控制系统的监控示意图。PLC 采用三菱 FX3U PLC，配置模拟量适配器 FX3U-3A-ADP。其监控要求如下：

① 在触摸屏上设置切换开关，当关闭切换开关时为现场按钮启动；当断开切换开关时为触摸屏按钮启动。

② 当一号罐中的液位低于等于总深度的 80% 时，无论触摸屏按钮还是现场按钮都可以启动泵（Y0）；当液位达到总深度的 90% 时，将泵（Y0）复位。如果需要重新启动泵（Y0），则需要在一号罐的液位低于等于 80% 时，通过触摸屏按钮或现场按钮来启动。

③ 当泵（Y0）停止工作后，根据二号罐液位的情况设置阀一的动作，即液位不低于总深度的 30% 时，开启阀一（Y1）；液位大于等于总深度的 90% 时，关闭阀一（Y1）。

④ 阀二（Y2）的动作取决于二号罐的液位情况，当液位不低于总深度的 40% 时，阀二（Y2）处于开启状态，否则为闭合状态。

对 FX3U PLC 进行编程，并对触摸屏进行组态后的监控。

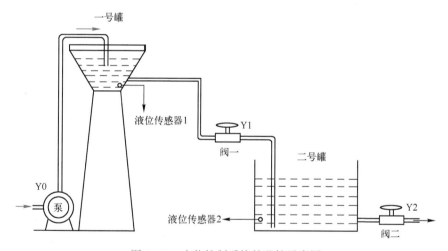

图 7-64　水位控制系统的监控示意图

 解析过程

（1）电气接线与输入/输出定义。

图 7-65 为水位控制系统监控的电气接线。其电气设备包括输入按钮、输出线圈（泵启动接触器线圈、电磁阀线圈）及模拟量适配器 FX3U-3A-ADP（用于连接两个液位传感器）等。

图 7-65 的输入/输出分配表见表 7-11。表中，一号罐液位和二号罐液位的 D8260、D8261 为特殊数据寄存器。

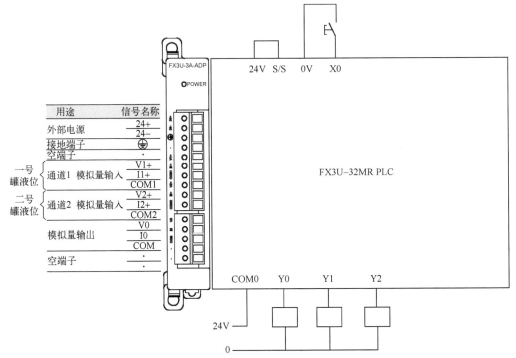

图 7-65　水位控制系统监控的电气接线

表 7-11　图 7-65 的输入/输出分配表

输　　入	功　　能	输　　出	功　　能
X0	现场按钮控制	Y0	泵
D8260	一号罐液位	Y1	阀一
D8261	二号罐液位	Y2	阀二

（2）FX3U PLC 程序的编写。

图 7-66 为水位控制系统监控梯形图，具体解释如下：

① 根据 FX3U-3A-ADP 适配器的初始化方法进行特殊辅助继电器的设定，即［ZRST M8260 M8262］和［ZRST M8267 M8269］，并通过调用［MOV D8260 D11］、［MOV D8261 D101］语句来读取一号罐的液位值，则 D11、D101 就是触摸屏可以调用的变量了，取值在 0~4000 之间。

② 在触摸屏上设置切换开关 M11，当 M11 关闭时为现场按钮启动，当 M11 断开时为触摸屏按钮启动。当一号罐的液位低于总深度的 80%，即 D11 的值小于 4000×80% = 3200 时，无论触摸屏按钮还是现场按钮都可以启动泵 Y000；当液位达到总深度的 90% 时，即 D11 的值达到 4000×90% = 3600 时，将 Y000 复位。

③ 当泵停止工作后，即符合 Y000 运行且 D11 的值大于等于 4000×90% = 3600 时，置位 M0，表示在当前情况下可以对阀一进行开启或开启动作。在 M11 关闭的情况下，根据二号罐液位的情况控制阀一的动作，当液位低于等于总深度的 30%，即 D101 的值小于等于 4000×30% = 1200 时，开启阀一（Y001）；当液位高于总深度的 90% 时，即 D101 的值大于等于 4000×40% = 3600 时，关闭阀一（Y001）。

④ 阀二（Y002）的动作取决于二号罐的液位情况，当液位不低于总深度的 40% 时，即 D101 的值大于等于 4000×40%＝1600 时，开启阀二（Y002）。

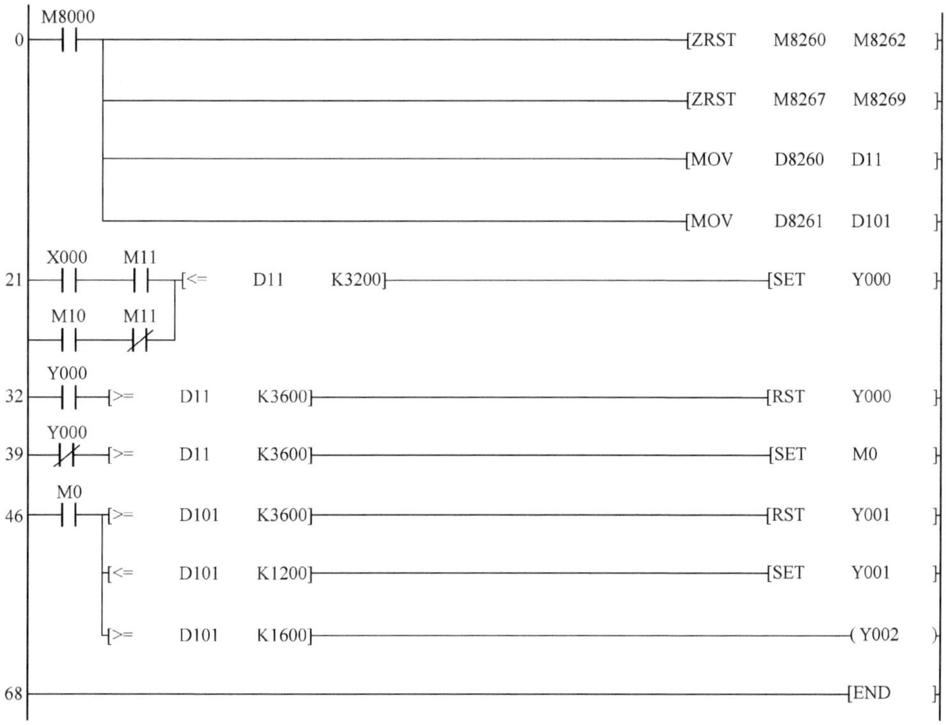

```
   M8000
0 ┤├──┬───────────────────────────────────[ZRST  M8260  M8262 ]
     │
     ├───────────────────────────────────[ZRST  M8267  M8269 ]
     │
     ├───────────────────────────────────[MOV   D8260  D11   ]
     │
     └───────────────────────────────────[MOV   D8261  D101  ]

    X000  M11
21 ┤├──┤├──┬[<=  D11  K3200]──────────────────[SET   Y000 ]
    M10  M11 │
   ┤├──┤/├──┘

    Y000
32 ┤├──[>=  D11  K3600]──────────────────────[RST   Y000 ]

    Y000
39 ┤/├──[>=  D11  K3600]─────────────────────[SET   M0   ]

    M0
46 ┤├──┬[>=  D101  K3600]────────────────────[RST   Y001 ]
      │
      ├[<=  D101  K1200]────────────────────[SET   Y001 ]
      │
      └[>=  D101  K1600]──────────────────────( Y002 )

68 ─────────────────────────────────────────[END ]
```

图 7-66　水位控制系统监控梯形图

（3）MCGS 触摸屏组态。

① 用户窗口属性设置。

首先新建工程，在"用户窗口"中选中"窗口 0"，单击"窗口属性"进入"用户窗口属性设置"界面（见图 7-67），将"窗口名称"改为"水位控制"，将"窗口标题"改为"水位控制"，其他不变，单击"确认（Y）"。

图 7-67　"用户窗口属性设置"界面

② 对象元件库管理。

在如图 7-68 所示中，单击"工具"菜单，选中"对象元件库管理…"或单击工具条中的"工具箱"按钮，打开动画工具箱，工具箱中的图标用于从对象元件库中读取存盘的图形对象，如图 7-69（a）所示中的图标用于把当前用户窗口中选中的图形对象存入对象元件库中。

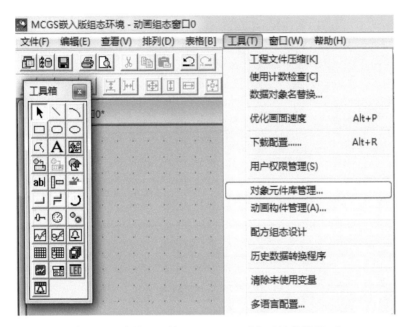

图 7-68　选择"工具（T）"→"对象元件库管理…"

从"对象元件库管理"中的"储藏罐"中选取中意的罐后，按"确认"，则所选中的罐会出现在组态画面中，可以改变大小和位置，如罐 1、罐 2。

从"对象元件库管理"中的"阀"和"泵"中分别选取两个阀、1 个泵。

流动的水是由动画工具箱中的"流动块"构件制作成的，选中"流动块"动画构件图标，移动鼠标至窗口的预定位置，当鼠标的光标变为十字形状时，单击鼠标左键，移动鼠标，即可形成一道虚线，拖动一定距离后，单击鼠标左键，即可生成一段流动块，再拖动鼠标，可沿原来方向，也可沿垂直方向生成下一段流动块。若想结束绘制，则双击鼠标左键即可。若想修改流动块，则选中流动块（在流动块周围出现选中标志：白色小方块），按住鼠标左键不放，拖动鼠标，就可调整流动块的形状。

用工具箱中的 A 可分别对阀、罐进行文字注释。

③ 整体画面。

最后生成的整体画面如图 7-70 所示。其中液位指示由于没有定义数据，因此只出现外方框；阀二由于位置变量没有确定，因此只显示两个阀的手柄。

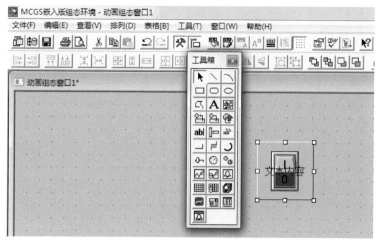

（a）"动画组态窗口1"界面

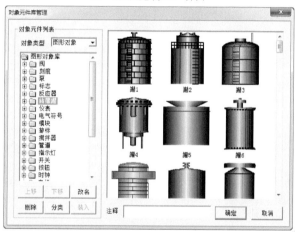

（b）"对象元件库管理"界面

图 7-69 "动画组态窗口 1"和"对象元件库管理"界面

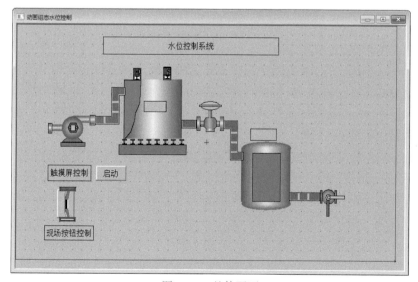

图 7-70 整体画面

选择菜单"文件"中的"保存窗口"，可将完成的画面保存。

（4）触摸屏模拟运行（在线仿真）。

在 PLC 正常运行后，触摸屏即可进行模拟运行，如图 7-71 所示。

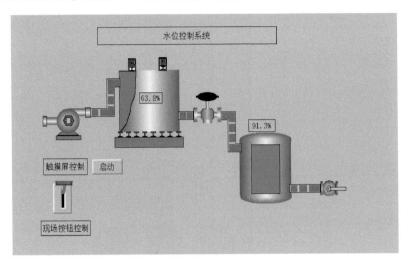

图 7-71　触摸屏模拟运行

7.4　三菱 PLC MX Component4 通信控件

7.4.1　MX Component4 概述

三菱 PLC 与上位机、触摸屏等连机均需要建立协议。用户在编程过程中均需要对协议有相当多的了解，导致对三菱 PLC 通信系统的编程变得非常复杂。若使用三菱 MX 系列产品，则可以方便地创建一个通信系统，无需了解如以太网通信或串行通信等那样的复杂协议。三菱 MX 系列产品不用编程，可以通过 Visual Basic、Excel 等普通软件收集现场数据来开发高级用户应用程序。

MX Component4 是三菱 MX 系列产品中最常见的一种。它支持 PLC 与计算机的所有通信路径，通过简单的设置就能通信，不用了解复杂的通信协议，使系统的开发效率大幅提高。图 7-72 为通过 MX Component4 实现通信的相关产品，如 Q 系列 PLC、FX 扩展端口、以太网模块、以太网内置型 CPU 等。

MX Component4 的基本功能：不用考虑通信协议就能与指定的 PLC 通信，支持计算机与 PLC 的所有通信路径；可实现软元件监视功能，访问特殊功能模块的缓冲存储器；可根据通信设置向导进行配置并保存为一个逻辑站编号；支持 Visual Basic、Visual C++、VBA 和 VB Script 编程语言，并可以由 ASP 功能通过 Internet/intranet 监视。

MX Component4 支持的路径很多，包括串行通信（计算机链接模块、CPU 的 COM、G4）、USB、MELSECNET/H、Ethernet 和 CC-Link 总线连接、GX Simulator PLC 仿真程序、Modem 等。

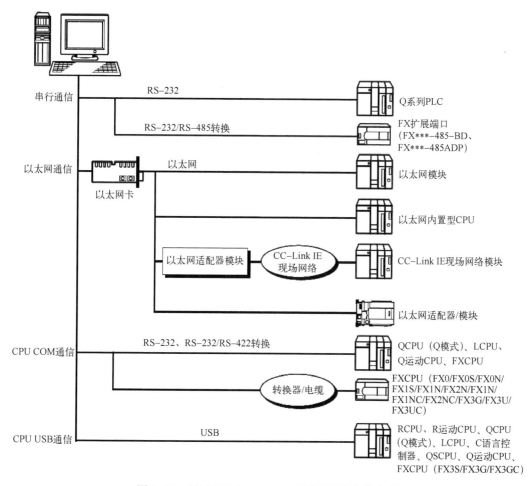

图 7-72 通过 MX Component4 实现通信的相关产品

7.4.2 MX Component4 的常见属性与事件

MX Component4 部件包括 ActCpuType 属性值、Open 函数、Read Device Randon 函数、Write Device Random 函数、Set Device 函数和 Get Device 函数。

1. ActCpuType 属性值

表 7-12 为常见 CPU 的 ActCpuType 属性值。

表 7-12 常见 CPU 的 ActCpuType 属性值

CPU 类型	十进制	十六进制
CPU_Q00JCPU	48	0x30
CPU_Q00UJCPU	128	0x80
CPU_Q00CPU	49	0x31
CPU_Q00UCPU	129	0x81
CPU_Q01CPU	50	0x32

续表

CPU 类型	十进制	十六进制
CPU_Q01UCPU	130	0x82
CPU_Q02CPU	34	0x22
CPU_Q02PHCPU	69	0x45
CPU_Q02UCPU	131	0x83
CPU_Q03UDCPU	112	0x70
CPU_Q03UDECPU	144	0x90
CPU_Q03UDVCPU	209	0xD1
CPU_Q04UDHCPU	113	0x71
CPU_Q04UDEHCPU	145	0x91
CPU_Q04UDVCPU	210	0xD2
CPU_Q06CPU	35	0x23
CPU_Q06PHCPU	70	0x46
CPU_Q06UDHCPU	114	0x72
CPU_Q06UDEHCPU	146	0x92
CPU_Q06UDVCPU	211	0xD3
CPU_Q10UDHCPU	117	0x75
CPU_Q10UDEHCPU	149	0x95
CPU_Q12CPU	36	0x24
CPU_Q12PHCPU	65	0x41
CPU_Q12PRHCPU	67	0x43
CPU_Q13UDHCPU	115	0x73
CPU_Q13UDEHCPU	147	0x93
CPU_Q13UDVCPU	212	0xD4
CPU_Q20UDHCPU	118	0x76
CPU_Q20UDEHCPU	150	0x96
CPU_FX0CPU	513	0x201
CPU_FX0NCPU	514	0x202
CPU_FX1CPU	515	0x203
CPU_FX1SCPU	518	0x206
CPU_FX1NCPU	519	0x207
CPU_FX2CPU	516	0x204
CPU_FX2NCPU	517	0x205
CPU_FX3SCPU	522	0x20A
CPU_FX3GCPU	521	0x209
CPU_FX3UCCPU	520	0x208

2. Open（通信线路的打开）函数

Open 函数可用属性的设置值进行线路连接，VB 中用 Object. Open 来表示。

Open 函数动作可在 ActCpuType 属性中设置正确的 CPU 类型。即使在 ActCpuType 属性中输入了与进行通信 CPU 的不同类型的 CPU，Open 函数也会正常结束，此时有可能发生连接范围、可以使用的方法及软元件范围变窄等现象。与 Open 函数相反的函数为 Close（通信线路的关闭）函数。

3. Read Device Random（软元件的随机读取）函数

软元件的随机读取可以使用 Read Device Random 函数。其格式为

$$lRet = object.ReadDeviceRandom(szDeviceList, lSize, lData(0))$$

Read Device Randon 函数的参数功能和数据类型见表 7-13。lSize（varSize）可指定的最大读取点数为 0x7FFFFFFF 点。lData（lplData 或 lpvarData）应预留出相当于 lSize（varSize）中指定点数的存储器区域。在没有存储器区域的情况下，有可能会发生应用程序出错等严重现象。

表 7-13　Read Device Random 函数的参数功能和数据类型

数 据 类 型	参　　数	功　　能
Long	lRet	返回值
String	szDeviceList	软元件名
Long	lSize	读取点数
Long	lData(n)	读取的软元件值

4. Write Device Random（软元件的随机写入）函数

软元件的随机写入可以使用 Write Device Random 函数。其格式为

$$lRet = object.WriteDeviceRandom(szDeviceList, lSize, lData(0))$$

Write Device Random 函数的参数功能和数据类型见表 7-14。

表 7-14　Write Device Random 函数的参数功能和数据类型

数 据 类 型	参　　数	功　　能
Long	lRet	返回值
String	szDeviceList	软元件名
Long	lSize	写入点数
Long	lData(n)	写入的软元件值

5. Set Device（软元件数据的设置）函数

软元件数据的设置可以用 Set Device 函数。其格式为

$$lRet = object.SetDevice(szDevice, lData)$$

Set Device 函数的参数功能和数据类型见表 7-15。

表 7-15　Set Device 函数的参数功能和数据类型

数 据 类 型	参　　数	功　　能
Long	lRet	返回值
String	szDevice	软元件名
Long	lData	设置数据

6. Get Device（软元件数据的获取）函数

软元件数据的获取可以用 Get Device 函数。其格式为

$$lRet = object.GetDevice(szDevice, lData)$$

Get Device 函数的参数功能和数据类型见表 7-16。

表 7-16   Get Device 函数的参数功能和数据类型

数 据 类 型	参 数	功 能
Long	lRet	返回值
String	szDevice	软元件名
Long	lData	获取数据

7.4.3   【实例 7-5】基于 MX Component4 的 FX3U PLC 通信

 实例说明

基于 MX Component4 的 FX3U PLC 通信示意图如图 7-73 所示。图中，三菱 FX3U PLC 通过编程口与安装了 MX Component4 的计算机连接；FX3U PLC 接驳了 FX3U-3A-ADP 适配器，要求用 VB 编程，实现如下功能：

① 在计算机上动态反应按钮 X0~X3 的 ON/OFF 状态；

② 在计算机上控制输出 Y10 和 Y11；

③ 在计算机上输入 0~4000 的数值，并在送至 D0 后，复制到 D2，同时将 0~4000 的数值送到 AO1；

④ 在计算机上显示 AI1 和 AI2 的数值。

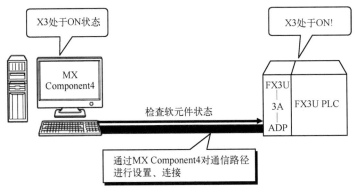

图 7-73   基于 MX Component4 的 FX3U PLC 通信示意图

 解析过程

（1）FX3U PLC 与计算机通过编程口进行电气连接。

（2）按照模拟量的读/写编写梯形图如图 7-74 所示。

（3）在 VB6.0 中安装 MX Component4 的步骤如下：经如图 7-75 所示菜单栏中的"工程（P）"→"部件（O）…"后，弹出"部件"选择界面，如图 7-76 所示，选择三菱相关部件。图 7-77 为添加了三菱 MX Component4 部件的界面。

图 7-74　按照模拟量的读/写编写梯形图

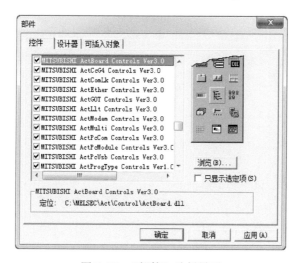

图 7-75　经"工程（P）"→"部件（O）…"

图 7-76　"部件"选择界面

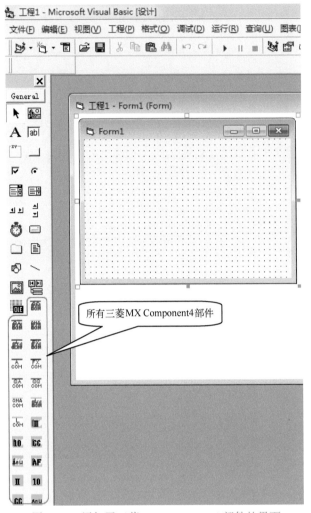

图 7-77 添加了三菱 MX Component4 部件的界面

（4）VB 程序的编写。

在 VB 中组态如图 7-78 所示的 "FX3U 数字量与模拟量通信" 画面。

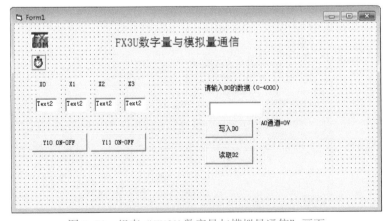

图 7-78 组态 "FX3U 数字量与模拟量通信" 画面

① 选择 FXCOM 部件，并设置 ActFX CPU 1 型号和串口地址，如图 7-79 所示。

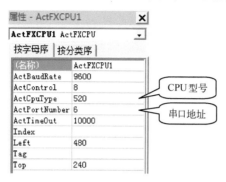

图 7-79　设置 ActFXCPU 1 的型号和串口地址

② 选择定时器，定时读取 X0 ~ X3 和 AI1 ~ AI2 的值；选择按钮，表示输出 Y10 ~ Y11，程序如下。

a. 定义变量：

```
Dim iRet1 As Long
Dim iRet2 As Long
Dim OutY2 As Boolean
Dim OutY3 As Boolean
Dim Data1(0 To 200) As Long
Dim iRet(0 To 200) As Long
```

b. Y10 输出：

```
Private Sub Command1_Click()
Dim i As Integer
OutY2 = Not OutY2
If OutY2 Then
    iRet1 = ActFXCPU1.SetDevice("Y10", 1)
Else
    iRet1 = ActFXCPU1.SetDevice("Y10", 0)
End If
End Sub
```

c. Y11 输出：

```
Private Sub Command2_Click()
OutY3 = Not OutY3
If OutY3 Then
    iRet2 = ActFXCPU1.SetDevice("Y11", 1)
Else
    iRet2 = ActFXCPU1.SetDevice("Y11", 0)
End If
```

```
        End Sub
```

d. AO 通道输出并显示电压值：

```
    Private Sub Command3_Click( )
    Dim N As Long
    Data1(0) = Val(Text1. Text)
    N = ActFXCPU1. WriteDeviceRandom("D0", 1, Data1(0))
    Label6. Caption = "AO 通道电压=" & Str(Val(Text1. Text) / 400) & "V"
    End Sub
```

e. D2 值读取并显示：

```
    Private Sub Command4_Click( )
    Dim N As Long
    N = ActFXCPU1. ReadDeviceRandom("D2", 1, Data1(2))
    Label2. Caption = Str(Data1(2))
    End Sub
```

f. 激活 FXCPU：

```
    Private Sub Form_Load( )
    ActFXCPU1. Open
    End Sub
```

g. 定时读取模拟量输入 AI1、AI2、X0~X3：

```
    Private Sub Timer1_Timer( )
    Dim i As Integer, ss As String
    Dim N1 As Long, N2 As Long
    N1 = ActFXCPU1. ReadDeviceRandom("D100", 1, Data1(100))
    N2 = ActFXCPU1. ReadDeviceRandom("D101", 1, Data1(101))
    Label4. Caption = "AI1 通道值=" & Str(Data1(100)) & "        AI2 通道值=" & Str(Data1
    (101))
    For i = 0 To 3
        Select Case i
            Case 0: ss = "X0"
            Case 1: ss = "X1"
            Case 2: ss = "X2"
            Case 3: ss = "X3"
        End Select
        iRet(i) = ActFXCPU1. GetDevice(ss, Data1(i))
        If Data1(i) = 1 Then Text2(i). Text = "ON" Else Text2(i). Text = "OFF"
    Next i
    End Sub
```

③ 运行 VB 程序，运行画面如图 7-80 所示。

图 7-80　运行画面

7.4.4　【实例 7-6】基于 MX Component4 的 Q00U CPU 通信

实例说明

基于 MX Component4 的 Q00U CPU 通信示意图如图 7-81 所示。图中，三菱 Q00U CPU 通过编程口与一台装有 MX Component4 的计算机连接，现要求在计算机上能控制 Y10、Y11 的连接/断开，能设定 D0 的数据，并通过 PLC 内部复制到 D2 后显示在计算机上。

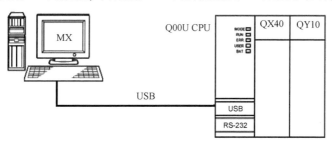

图 7-81　基于 MX Component4 的 Q00U CPU 通信示意图

解析过程

（1）根据要求为 Q00U CPU 配置 QX40 输入、QY10 输出，并用 USB 线与计算机连接。

（2）在 GX Works2 中配置 CPU、输入和输出的梯形图如图 7-82 所示。

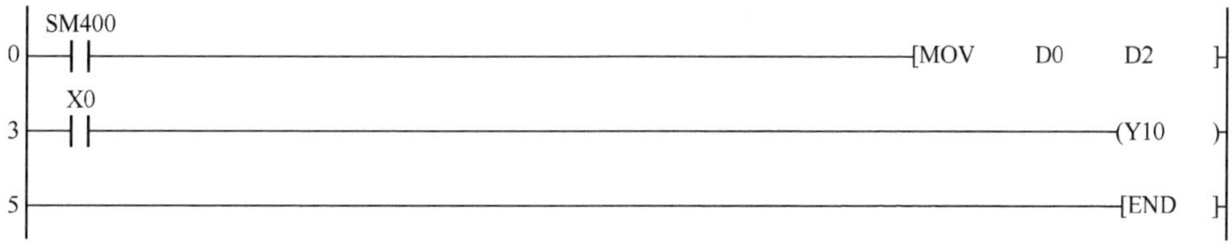

```
     SM400
0 ───┤├──────────────────────────────────[MOV    D0    D2 ]┤
     X0
3 ───┤├──────────────────────────────────────────────(Y10 )┤
5 ─────────────────────────────────────────────────────[END ]┤
```

图 7-82　在 GX Works2 中配置 CPU、输入和输出的梯形图

（3）VB 编程。

VB 组态如图 7-83 所示。

① 从已经添加的部件中找到图标并放置在 Form1 中，单击设置属性，如图 7-84 所示属性中最主要的是 ActCpuType = 129。

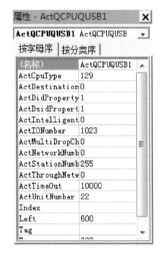

图 7-83　VB 组态　　　　　　　　　　图 7-84　设置属性

② 新建 Command1 命令按钮用于 Y11 的 ON-OFF 切换；新建 Command2 命令按钮用于 Y12 的 ON-OFF 切换。

③ 在 Text1 中输入 D0 要设置的数据。

④ 新建 Label1，其 Caption 为 "请输入 D0 的数据（0~2000）"；新建 Text1 用于 D0 数据的读取；新建 Command3 命令按钮用于写入 D0；新建 Command4 命令按钮用于读取 D2，并把读取的数据显示在 Label2 中。

具体程序如下。

a. 变量定义：

```
Dim iRet1 As Long
Dim iRet2 As Long
Dim OutY2 As Boolean
Dim OutY3 As Boolean
Dim Data1(0 To 10) As Long
```

b. 写入 Y11 状态：

```
Private Sub Command1_Click()
Dim i As Integer
OutY2 = Not OutY2
If OutY2 Then
    iRet1 = ActQCPUQUSB1. SetDevice("Y11", 1)
Else
    iRet1 = ActQCPUQUSB1. SetDevice("Y11", 0)
End If
End Sub
```

c. 写入 Y12 状态：

```
Private Sub Command2_Click( )
OutY3 = Not OutY3
If OutY3 Then
    iRet2 = ActQCPUQUSB1. SetDevice( "Y12", 1)
Else
    iRet2 = ActQCPUQUSB1. SetDevice( "Y12", 0)
End If
End Sub
```

d. 写入 D0 数据：

```
Private Sub Command3_Click( )
Dim N As Long
Data1(0) = Val(Text1. Text)
N = ActQCPUQUSB1. WriteDeviceRandom( "D0", 1, Data1(0))
End Sub
```

e. 读取 D2 数据：

```
Private Sub Command4_Click( )
Dim N As Long
N = ActQCPUQUSB1. ReadDeviceRandom
( "D2", 1, Data1(2))
Label2. Caption = Str( Data1(2))
End Sub
```

f. 加载窗口时，打开 ActQCPUQUSB 部件：

```
Private Sub Form_Load( )
ActQCPUQUSB1. Open
End Sub
```

⑤ 运行后的结果如图 7-85 所示。

图 7-85　运行后的结果

【思考与练习】

1. 请回答如下问题。

① 组态软件与 PLC 是如何实现数据交换的？

② MCGS 触摸屏的数据类型有哪些？

③ MCGS 触摸屏的各个画面如何切换？

④ 触摸屏与 PLC 如何连接？

⑤ 触摸屏要实现自动弹出报警画面，该如何设计？

2. 用 MCGS 触摸屏与 FX3U PLC 连接，实现交通控制灯的动画显示。

3. 用 MCGS 触摸屏实现某包装设备的数据统计，如图 7-86 所示。

图 7-86　用 MCGS 触摸屏实现某包装设备的数据统计

4. 画出 MCGS 触摸屏与三菱 FX3U PLC 连接的硬件图，并编程实现印刷机的定长控制。用户可以在 MCGS 触摸屏上输入印刷长度，选择印刷速度和设置印刷数量，如图 7-87 所示。

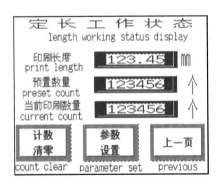

图 7-87　"定长工作状态"的设置界面

参 考 文 献

［1］李方园 . 智能工厂设备配置研究［M］. 北京：电子工业出版社，2018.

［2］李方园 . PLC 控制技术（三菱机型）［M］. 北京：中国电力出版社，2016.

［3］李方园 . PLC 工程应用案例［M］. 北京：中国电力出版社，2013.

［4］李金城，等 . 三菱 FX 系列 PLC 定位控制应用技术［M］. 北京：电子工业出版社，2015.

［5］陈忠平 . 三菱 FX/Q 系列 PLC 自学手册 第 2 版［M］. 北京：人民邮电出版社，2019.

［6］三菱电机自动化网站（cn. mitsubishielectric. com）

反侵权盗版声明

电子工业出版社依法对本作品享有专有出版权。任何未经权利人书面许可，复制、销售或通过信息网络传播本作品的行为；歪曲、篡改、剽窃本作品的行为，均违反《中华人民共和国著作权法》，其行为人应承担相应的民事责任和行政责任，构成犯罪的，将被依法追究刑事责任。

为了维护市场秩序，保护权利人的合法权益，本社将依法查处和打击侵权盗版的单位和个人。欢迎社会各界人士积极举报侵权盗版行为，本社将奖励举报有功人员，并保证举报人的信息不被泄露。

举报电话：(010) 88254396；(010) 88258888

传　　真：(010) 88254397

E-mail： dbqq@ phei. com. cn

通信地址：北京市海淀区万寿路 173 信箱
　　　　　电子工业出版社总编办公室

邮　　编：100036